LES

LÉPIDOPTÈRES DE L'EUROPE

PREMIÈRE SÉRIE

ESPÈCES OBSERVÉES EN BELGIQUE

(Ouvrage publié sous les auspices du Gouvernement Belge)

LES

LÉPIDOPTÈRES

DE LA BELGIQUE

LEURS

CHENILLES ET LEURS CHRYSALIDES

DÉCRITS ET FIGURÉS D'APRÈS NATURE

PAR

Ch.-F. DUBOIS

MEMBRE HONORAIRE DE PLUSIEURS SOCIÉTÉS SAVANTES

ET

Alphonse DUBOIS Fils

DOCTEUR EN SCIENCES NATURELLES, CONSERVATEUR AU MUSÉE ROYAL D'HISTOIRE NATURELLE DE BELGIQUE,
MEMBRE HONORAIRE, CORRESPONDANT OU EFFECTIF DE PLUSIEURS SOCIÉTÉS SAVANTES

TOME SECOND

AVEC 159 PLANCHES

BRUXELLES & LEIPZIG

LIBRAIRIE C. MUQUARDT, MERZBACH ET FALK SUCC[rs].

1880

TABLE SYSTÉMATIQUE DES ESPÈCES

FIGURÉES DANS LE TOME 2me

BOMBYCIDES

			NUMÉROS des PL.	FIG.
	FAM. XIV. — NYCTEOLIDÆ.			
141	Sarrothripe ondulée.	Sarrothripa undulana.	123	1
142	Halie verte.	Earias clorana.		2
143	Hylophile vert.	Hylophila prasinana.	124	
144	— du chêne.	— bicolorana.	125	
	FAM. XV. — LITHOSIDÆ.			
145	Nole aigrette.	Nola cristulalis.	126	1
146	— blanche.	— albula.		2
147	Nudaire sénile.	Nudaria senex.	127	1
148	— mondaine.	— mundana.		2
149	Calligène rosette.	Calligenia miniata.	128	1
150	Sétine irrorée.	Setina irrorella		2
151	— éborine.	— mesomella.	129	1
152	Lithosie muscerde.	Lithosia muscerda.		2
153	— bordée.	— griseola.	130	1
154	— lutéole.	— deplana.		2
155	— complanule.	— lurideola.	131	1
156	— unicolore.	— unita.		2
157	— aplatie.	— complana.	132	1
158	— blanchâtre.	— caniola.		2
159	— jaunet.	— lutarella.	133	1
160	— auréolée.	— sororcula.		2
161	— (Gnophrie) quadrille (1).	— (Gnophria) quadra.	134	
162	Gnophrie veuve	Gnophria rubricollis.	135	
	FAM. XVI. — ARCTIIDÆ.			
163	Emydie striée.	Emydia striata.	136	1
164	— crible.	— cribrum.		2
165	Deiopée gentille.	Deiopeia pulchella.	137	
166	Euchéline du seneçon.	Euchelia jacobææ.	138	
167	Néméophile ensanglanté.	Nemeophila russulla.	139	

(1) Les noms entre parenthèses sont ceux nouvellement admis.

			NUMÉROS des PL.	FIG
168	Néméophile à bandes jaunes.	Nemeophila plantaginis.	140	
169	Callimorphe dominula.	Callimorpha dominula.	141	
170	— héra.	— hera.	142	
171	Arctie caja.	Arctia caja.	143	
172	— fermière.	— villica.	144	
173	— hébé.	— hebe.	145	
174	Euprépie fuligineuse.	Euprepia (Spilosoma) fuliginosa.	146	
175	Estigmène luctifère.	Estigmene (—) luctifera.	147	
176	Euprépie mendiante.	Euprepia (—) mendica.	148	
177	— lubricipède	— (—) lubricipeda.	149	
178	— de la menthe.	— (—) menthastri.	150	
179	— de l'ortie.	— (—) urticæ.	151	

FAM. XVII. HEPIALIDÆ.

180	Hépiale des houblonnières.	Hepialus humuli.	152	1
181	— hépatique.	— hectus.	152	2
182	— sylvine.	— sylvinus.	153	
183	— du houblon.	— lupulinus.	154	

FAM. XVIII. — COSSIDÆ.

184	Cossus ligniperde.	Cossus ligniperda.	155	
185	Zeuzère du marronnier.	Zeuzera æsculi.	156	

FAM. XIX. — COCHLIOPODÆ.

186	Limacode tortue.	Limacodes (Heterogenea) testudo.	157	
187	— aselle.	Heterogenea asella.	158	1

FAM. XX. — PSYCHIDÆ.

188	Psyché des graminées.	Psyche unicolor.	158	2
189	— à fourreau de paille.	— viciella.	159	1
190	— opacelle.	— opacella.	159	2
191	— vitré.	— albida.	160	1
192	— calvelle.	— hirsutella.	160	2
193	Epichnoptéryx mignon.	Epichnopteryx pulla.	161	1
194	— nitidelle.	Fumea nitidella.	161	2

FAM. XXI. — LIPARIDÆ.

195	Orgye soucieuse.	Orgyia gonostigma.	162	1
196	— étoilée.	— antiqua.	162	2
197	— de la bruyère	— ericæ.	163	
198	Dasychire fascéliné.	Dasychira fascelina.	164	
199	— pudibond.	— pudibunda.	165	
200	Laria V noir.	Laria L nigrum.	166	
201	Liparis du saule.	Liparis (Leucoma) salicis.	167	
202	— cul brun.	— (Porthesia) chrysorrhœa.	168	1
203	— cul doré.	— (—) auriflua.	168	2
204	— moine.	— (Ocneria) monacha.	169	
205	— dispar.	— (—) dispar.	170	

FAM. XXII. — BOMBYCIDÆ.

206	Bombyx de l'aubépine.	Bombyx cratægi.	171	
207	— du peuplier.	— populi.	172	

		NUMÉROS des PL.	FIG.
254 Drynobie ardoisée.	Drynobia melagona.	217	1
255 Gluphisie crénelée.	Gluphisia crenata.		2
256 Cnéthocampe processionnaire.	Cnethocampa processionea.	218	
257 Phalère bucéphale. (1)	Phalera bucephala.	219	
258 Pygère grise.	Pygæra anastomosis.	220	1
259 — brune.	— pigra.		2
260 — curtule.	— curtula.	221	
261 — anachorète.	— anachoreta.	222	

FAM. XXVII. — CYMATOPHORIDÆ.

262 Thyatire dérase.	Thyatira (Gonophora) derasa.	223	
263 — batis.	— batis.	224	
264 Cymatophore or.	Cymatophora or.	225	1
265 — octogésime.	— octogesima.		2
266 — colon.	— duplaris.	226	1
267 — aqueux.	— fluctuosa.		2
268 Asphalie délayée.	Asphalia diluta.	227	
269 — flavicorne.	— flavicornis.	228	
270 — rieuse.	— ridens.	229	

NOCTUIDES

271 Dilobe double oméga.	Diloba cæruleocephala.	230	
272 Démas du noisetier.	Demas coryli.	231	
273 Acronycte lièvre.	Acronycta leporina.	232	
274 — de l'érable.	— aceris.	233	
275 — mégacéphale.	— megacephala.	234	
276 — aunette.	— alni.	235	
277 — grisette.	— strigosa.	236	
278 — psi.	— psi.	237	1
279 — trident.	— tridens.		2
280 — de la rose.	— cuspis.	238	
281 — de la menyanthe.	— menyanthidis.	239	
282 — chevelure dorée.	— auricoma.	240	
283 — de l'euphorbe.	— euphorbiæ.	241	
284 — de la patience.	— rumicis.	242	
285 — du troëne.	— ligustri.	243	
286 Bryophile lupule.	Bryophila ravula.	244	1
287 — chloé.	— algæ.		2
288 — des murailles.	— muralis.	245	1
289 — perle.	— perla.		2
290 Mome orion.	Moma orion.	246	
291 Agrote ondulée.	Agrotis porphyrea.	247	1
292 — de la bruyère.	— molothina.		2
293 — ombre.	— signum.	248	
294 — à casque.	— janthina.	249	
295 — lignée.	— linogrisea.	250	
296 — frangée.	— fimbria.	251	
297 — intermédiaire.	— interjecta.	252	1
298 — simple.	— neglecta.		2
299 — de la ronce.	— punicea.	253	

(1) La planche et le texte correspondant portent par erreur *Phalène* au lieu de *Phalère*.

			NUMÉROS des	
			PL.	FIG.
300	Agrote agréable.	Agrotis obscura.	254	
301	— fiancée.	— pronuba.	255	
302	— orbone.	— orbona.	256	
303	— suivante.	— comes.	257	
304	— omega.	— augur.	258	1
305	— agathine.	— agathina.		2
306	— sigma.	— triangulum.	259	1
307	— de la belladone.	— baja.		2
308	— C noir.	— C nigrum.	260	
309	— sérieuse.	— stigmatica.	261	
310	— trimaculée.	— xanthographa.	262	
311	— ombreuse.	— umbrosa.	263	
312	— bella.	— rubi.	264	1
313	— à point noir.	— dahlii.		2
314	— brune.	— brunnea.	265	
315	— de la primevère.	— festiva.	266	
316	— gravier.	— glareosa.	267	
317	— à tache sangulaires.	— multangula.	268	1
318	— pyrophile.	— simulans.		2
319	— cordon blanc.	— plecta.	269	1
320	— lucipète.	— lucipeta.		2
321	— putride.	— putris.	270	1
322	— pointillée.	— cinerea.		2
323	— double tache.	— exclamationis.	271	
324	— coureuse.	— cursoria.	272	
325	— rubiconde.	— saucia.	273	
326	— puta.	— puta.	274	1
327	— obélisque.	— obelisca		2
328	— noirâtre.	— nigricans.	275	1
329	— du froment.	— tritici.		2
330	— écorce.	— corticea.	276	
331	— valligère.	— vestigialis.	277	
332	— épineuse.	— suffusa.	278	1
333	— moissonneuse.	— segetum.		2
334	— précoce.	— præcox.	279	
335	Aplecte (agrote) du raifort.	Aplecta (Agrotis) herbida.	280	
336	Agrote occulte.	Agrotis occulta	281	

LES

LÉPIDOPTÈRES DE LA BELGIQUE

SUITE DES

HÉTÉROCÈRES. - HETEROCERA, Boisd.

2me Division.

BOMBYCINÉS. - BOMBYCINÆ.

Caractères. — Ce groupe comprend des lépidoptères de diverses tailles, ayant le corps très-velu et portant, au repos, les ailes inclinées en forme de toit. Les antennes sont pectinées. Les stemmates et la trompe manquent dans plusieurs genres. Les palpes sont saillants, le plus souvent visibles en dessus ; les pattes sont médiocres, de même longueur, dépourvues d'épines.

Les chenilles sont lisses, velues ou ornées de pinceaux de poils. Elles se métamorphosent à l'intérieur d'un cocon soyeux ou parcheminé, dans la composition duquel entrent souvent les poils dont leur corps est couvert.

Les chrysalides ont la partie caudale terminée en pointe.

Famille XIV.

NYCTÉOLIDÉS. - NYCTEOLIDÆ.

Car. — Formes générales ressemblant ordinairement à celles des noctuelles ; corps épais ou élancé, blanchâtre; ailes antérieures d'un vert pâle ;

varié parfois de dessins de couleur sombre, les postérieures blanches ou blanchâtres.

Chenilles nues, vertes, plus épaisses antérieurement. Les métamorphoses ont lieu sur les feuilles de certains arbres à l'intérieur d'une coque parcheminée.

Genre 44. — SARROTHRIPE. — SARROTHRIPA, Gn.

Car. — Corps allongé ; ailes antérieures ornées de taches sombres.

Chenilles élancées, assez larges, garnies de poils fins ; 16 pattes. Elles vivent entre des feuilles et s'y chrysalident.

Esp. : *S. undulana*, Hb.

Genre 45. — HALIE. — EARIAS, Hb.

Halias, Tr.

Car.—Corps plus ou moins épais, ailes antérieures vertes, les postérieures blanches ou blanchâtres.

Chenilles plus hautes au milieu du corps, grêles à leur extrémité, à tête petite et arrondie.

Esp. : *E. clorana*, L.

Genre 46. -- HYLOPHILE. — HYLOPHILA, Hb.

Car. — Caractères généraux du genre précédent.

Chenilles lisses ou avec un petit tubercule sur le deuxième segment.

Esp. : *H. prasinana*, L. ; 2. *bicolorana*, Fuessl.

Famille XV.

LITHOSIDÉS. – LITHOSIDÆ.

Car. — Ailes supérieures croisées au repos, les inférieures pliées, enveloppant l'abdomen ; corps grêle, allongé.

Chenilles herbivores ou lichénivores, à corps revêtu de poils disposés en brosses.

Chrysalides ramassées, à segments immobiles.

Genre 47. — NOLE. — NOLA, Leach.

Rœselia, Hb. — **Hercyna**, Tr.

Car. — Insectes de petite taille ; antennes pectinées, palpes courts.

Chenilles courtes, aplaties, larges, garnies de verrues poilues ; 14 pattes ; la première paire des abdominales manque.

Esp. : 1. *N. cristulalis*, Hb. (*confusalis*, *H. S.*) ; 2. *albula*, Hb.

Genre 48. — NUDAIRE. — NUDARIA, Steph.

Car. — Antennes sétacées, allongées, à peine ciliées chez les mâles ; ailes arrondies, semi-transparentes, à raies transversales obscures.

Chenilles légèrement aplaties, poilues, lichénivores.

Esp. : 1. *N. senex*, Hb. ; 2. *mundana*, L.

Genre 49. — CALLIGÈNE. — CALLIGENIA, Dup.

Car. — Antennes filiformes; ailes allongées, étroites, les postérieures arrondies ; abdomen allongé, dépassant les ailes.

Chenilles courtes, cylindriques, à verrues hérissées de longs poils; lichénivores.

Esp. : *C. miniata*, Forst. (*rosea*, *F.*)

Genre 50. — SÉTINE. — SETINA, Schrk.

Car. — Antennes ciliées chez les mâles, simples chez les femelles; palpes courts, squameux ; ailes légèrement croisées au repos, plus courtes chez les femelles, de couleur jaune et pointillées ou striées de noir.

Chenilles courtes et épaisses, garnies de poils disposés en brosses, à tête petite et globuleuse ; lichénivores.

Esp. : 1. *S. irrorella*, Cl. (*Irrorea*, Sch.) ; *mesomella*, L.

Genre 51. — LITHOSIE. — LITHOSIA, Fab.

Car. — Tête petite, écailleuse ; palpes et trompe courts ; antennes filiformes ; ailes antérieures allongées et étroites, enveloppant le corps au repos; les postérieures larges, plissées au repos ; abdomen allongé, dépassant les ailes.

Chenilles velues, plus ou moins colorées ; lichénivores.

Esp. : 1. *L. muscerda*, Hufn. ; 2. *griseola*, Hb. ; 3. *deplana*, Esp. ; 4. *lurideola*, Zinck. ; 5. *complana*, L. ; 6. *caniola*, Hb. ; 7. *unita*, Hb. ; 8. *lutarella*, L. (*luteola*, Sch.) ; 9. *sororcula*, Hufn. (*aureola*, Hb.)

Genre 52. — GNOPHRIE. — GNOPHRIA, Steph.

Car. — Palpes médiocres ; antennes simples, sétacées chez les mâles ; ailes antérieures allongées ; pattes courtes, robustes ; tibias courts, robustes, les postérieurs munis de quatre épines.

Chenilles comme les précédentes.

Esp. : 1. *G. quadra*, L. ; 2. *rubricollis*, L.

Famille XVI.

ARCTIIDÉS. — ARCTIIDÆ.

Car. — Antennes pectinées ou ciliées ; ailes amples, colorées ; corps robuste; abdomen épais, tacheté.

Chenilles revêtues de pinceaux de poils couvrant tout le corps ; polyphages.

Chrysalides enveloppées.

Genre 53. — EMYDIE. — EMYDIA, Boisd.

Car. — Antennes allongées, pectinées chez les mâles, ciliées chez les femelles; palpes plus courts que la tête; trompe distincte; ailes antérieures marquées de points ou de stries noirs ; corps grêle ; abdomen allongé. Volent pendant le jour.

Chenilles à poils courts.

Esp. : 1. *E. striata*, L. ; 2. *cribrum*, L.

Genre 54. — DEIOPÉE. — DEIOPEIA, Steph.

Car. — Antennes simples ; palpes courts, grêles, velus, dernier article obtus ; trompe roulée ; ailes tachetées. — Volent pendant le jour.

Chenilles cylindriques, à verrues garnies de poils allongés.

Esp. : *D. pulchella*, L.

Genre 55. — EUCHÉLINE. — EUCHELIA, Boisd.

Car. — Mêmes caractères que les précédents, mais à ailes striées.

Chenilles cylindriques, veloutées, avec quelques poils courts et isolés.

Esp. : *E. jacobææ*, L.

Genre 56. — NÉMÉOPHILE. — NEMEOPHILA, Steph.

Car. — Antennes pectinées chez les mâles, ciliées chez les femelles ; palpes courts, velus ; trompe grêle, distincte. — Les mâles volent pendant le jour.

Chenilles velues ; nocturnes.

Esp. : 1. *N. russula*, L. ; 2. *plantaginis*, L.

Genre 57. — CALLIMORPHE. — CALLIMORPHA, Latr.

Car. — Tête petite, squameuse ; antennes allongées, sétacées dans les deux sexes, légèrement ciliées ; palpes courts ; trompe distincte, enroulée ; thorax médiocre, squameux ; abdomen allongé, cylindrique.

Chenilles garnies de tubercules surmontés de poils disposés en étoiles.

Esp. : 1. *C. dominula*, L. ; 2. *hera*, L.

Genre 58. — ARCTIE. — ARCTIA, Schrk.

Chelonia, Latr. — **Eyprepia**, Ochs.

Car. — Antennes pectinées ou dentées chez les mâles, subdentées chez les femelles ; palpes médiocres, squameux, légèrement velus ; trompe presque nulle ; corps épais ; ailes tachées.— Nocturnes.

Chenilles velues, à poils allongés ; solitaires.

Esp. : 1. *A. caja*, L. ; 2. *villica*, L. ; 3. *hebe*, L

Genre 59. — SPILOSOME. — SPILOSOMA, Steph. (1)

Arctia, Boisd. — **Eyprepia**, Ochs. — **Estigmene**, Steph.

Car. — Antennes pectinées ou ciliées chez les mâles, subfiliformes chez les femelles ; palpes courts, écartés, très-distincts, velus ou subsquameux ; ailes unicolores ou pointillées de noir. Nocturnes.

---

(1) Les espèces du genre *Spilosoma* sont figurées dans l'ouvrage sous les noms génériques de *Eyprepia* et *Estigmene*.

Chenilles à tubercules garnis de pinceaux de poils allongés.

Esp. : 1. *S. fuliginosa*, L. ; 2. *luctifera*, Esp. ; 3. *mendica*, Cl. ; 4. *lubricipeda*, Esp. ; 5, *menthastri*, Esp. ; 6. *urticæ*, Esp.

Famille XVII.

HÉPIALIDÉS. – HEPIALIDÆ.

Car. — Antennes courtes ; ailes allongées, étroites ; abdomen grêle.
Chenilles cylindriques, vivant dans des racines.

GENRE 60. — HÉPIALE. — HEPIALUS, Fab.

Car. — Antennes courtes, moniliformes ou dentées ; palpes courts, hérissés ; les quatre ailes allongées et étroites ; abdomen grêle. Nocturnes.

Chenilles cylindriques, allongées, garnies de poils épars ; tête arrondie et brillante.

Esp. : 1. *H. humuli*, L. ; 2. *sylvinus*, L. ; 3. *lupulinus*, L. 4. *hectus*, L.

Famille XVIII.

COSSIDÉS. - COSSIDÆ.

Car. — Antennes médiocres ; ailes assez étroites et allongées ; corps épais.

Chenilles robustes, lignivores ; se métamorphosent dans le bois.

GENRE 61. — COSSUS. — COSSUS, Fab.

Car. — Antennes du mâle légèrement pectinées, dentées chez la femelle; trompe presque nulle ; corps épais, squameux ; thorax arrondi ; abdomen allongé ; oviducte découvert.

Chenilles aplaties, nues, avec quelques poils épars.

Esp. : *C. ligniperda*, F.

Genre 62. — ZEUZÈRE. — ZEUZERA, Latr.

Car. — Antennes des mâles pectinées à la base, sétacées à leur extrémité, pectinées chez les femelles mais tomenteuses à la base; trompe presque nulle; corps épais, squamoso-tomenteux; thorax arrondi; abdomen allongé; oviducte découvert.

Chenilles épaisses, cylindriques, légèrement aplaties à la partie ventrale.

Esp. : *Z. æsculi*, L.

Famille XIX.

COCHLIOPODÉS. - COCHLIOPODÆ.

Car. — Antennes des mâles subpectinées ou dentées et plus ou moins filiformes ; trompe très-courte.

Chenilles en forme de limace ou de tortue, déprimées, glabres ou légèrement pubescentes.

Genre 63. —LIMACODE. — HETEROGENEA, Kn.

Limacodes, Latr.

Car. — Antennes assez longues, dentées chez les mâles, filiformes ou ciliées chez les femelles ; trompe presque nulle ; palpes courts, droits. légèrement ascendants, à peine plus longs que le front ; corps robuste, villeux ; ailes courtes.

Chenilles raccourcies, ovales, voûtées ; tête petite, rétractile ; pattes écailleuses courtes, les membraneuses réduites à de simples tubercules.

Esp. : 1. *H. testudo*, Sch. — 2. *asella*, Sch.

Famille XX.

PSYCHIDÉS. - PSYCHIDÆ.

Car. — Insectes de petite taille, à corps villeux et à trompe courte ; ailes à peine écailleuses ou transparentes ; les femelles sont lavirformes, aptères et souvent apodes. Les mâles volent pendant le jour.

Les chenilles vivent dans des fourreaux formés de matières végétales ; les métamorphoses ont également lieu dans ces fourreaux.

GENRE 64. — PSYCHÉ. — PSYCHE, Schrk.

Car.— Antennes courtes chez les mâles, plumeuses; palpes courts; corps épais, très-velu ; ailes à peine écailleuses ou transparentes ; les femelles ont la forme de larves apodes.

Chenilles cylindriques, légèrement rétrécies en avant, garnies de petites verrues sur le dos et sur les flancs ; les segments thoraciques et les trois derniers segments du corps portent chacun un écusson corné. Ces chenilles vivent dans des fourreaux formés de matières végétales, et y opèrent leurs métamorphoses.

Les mâles s'envolent dès qu'ils sont parvenus à se débarrasser de leur enveloppe. Les femelles, au contraire, presque incapables de se mouvoir, restent dans leur fourreau dont elles ne laissent sortir que la partie postérieure de leur corps ; c'est dans cette position qu'elles attendent l'accouplement. Une fois fécondées, les femelles pondent dans le fourreau même ; leur rôle étant alors terminé, elles ne tardent pas à mourir.

Esp. : 1. *P. unicolor*, Hufn. ; 2. *viciella*, Schiff. ; 3. *opacella*, H. ; 4. *albida*, Esp. 5. *hirsutella*, Hb.

GENRE 65. — ÉPICHNOPTÉRYX. — EPICHNOPTERYX, Hb.

Fumea, H. S.

Car. — Antennes courtes chez les mâles, pectinées ; palpes courts ; corps assez grêle, velu ; femelles aptères mais à antennes et à pattes distinctes.

Chenilles petites, rétrécies en avant, avec quelques poils courts; segments thoraciques garnis d'écussons cornés. Vivent dans des fourreaux.

Esp. : *E. pulla*, Esp.

GENRE 66. — FUMÉA. — FUMEA, Hb.

Epichnopteryx, H. S.

Car. — Les espèces de ce genre ressemblent à celles du précédent.

Chenilles élancées en avant, avec des taches cornées sur les segments thoraciques. Vivent dans des fourreaux.

Esp. : *F. nitidella*, Hof.

Famille XXI.

LIPARIDÉS. – LIPARIDÆ.

Car. — Antennes plus fortement pectinées ou dentées chez les mâles que chez les femelles ; abdomen médiocre chez les premiers, épais chez les dernières. Les mâles volent souvent pendant le jour.

Chenilles généralement robustes, garnies de tubercules surmontés de poils ou de faisceaux de poils ; 9e et 10e segments présentant une fossette ; 16 pattes. — Chrysalides plus ou moins velues.

La chasse aux chenilles de ce groupe demande beaucoup de prudence, car les poils dont leur corps est couvert entrent très-facilement dans la peau, et occasionnent des ampoules et des démangeaisons très-douloureuses qui amènent parfois la fièvre.

Genre 67. — ORGYE. — ORGYIA, Ochs.

Car — Antennes pectinées ; trompe presque nulle; femelles aptères.

Chenilles ornées de pinceaux de poils dont deux plus longs et dirigés en avant sur les côtés du premier segment, et un droit sur le onzième.

Esp. : 1. *O. gonostigma*, *F.* ; 2. *antiqua*, *L.* ; 3. *ericæ*, Germ.

Genre 68. — DASYCHIRE. — DASYCHIRA, Steph.

Orgyia, Ochs.

Car. — Mêmes caractères que le genre précédent, mais les femelles sont ailées. Antennes des mâles plus fortement pectinées que chez les femelles.

Esp. : 1. *D. fascelina*, L, ; 2. *pudibunda*, L.

Genre 69. — LARIA. — LARIA, Hb.

Orgyia, B. – **Liparis**, Ochs.

Car. — Mêmes caractères que le genre précédent, mais à ailes blanches et à corps lisse.

Chenilles avec des pinceaux de poils sur le dos et de longs poils sur les flancs.

Esp. : *L. L. nigrum*, Muel.

Genre 70. — LEUCOME. — LEUCOMA, Steph.

Liparis, Ochs.

Car. — Mêmes caractères que les précédents ; ailes et corps d'un blanc argenté uniforme.

Chenilles garnies de verrues surmontées de poils disposés en étoiles ; tète grosse et arrondie.

Esp. : *L. salicis*, L.

Genre 71. — PORTHÉSIE. — PORTHESIA, Steph.

Liparis, Ochs.

Car. — Mêmes caractères que les précédents ; ailes blanches, mais la région anale brune ou jaune.

Chenilles à verrues poilues ; 4ᵉ et 11ᵉ segments portant une légère proéminence garnie de poils.

Esp. : 1. *P. chrysorrhœa*, *L.* ; 2. *auriflua*, F. (*similis*, Fuessl).

Genre 72. — OCNÉRIE. — OCNERIA, H. S.

Liparis, Ochs. — **Psilura**, Steph.

Car. — Antennes pectinées plus fortement chez les mâles que chez les femelles ; trompe nulle ; ailes unicolores ou tachetées.

Chenilles à tubercules hérissés de poils raides et disposés en étoiles ; poils des flancs plus denses.

Esp. : 1. *O. monacha*, L. ; 2. *dispar*, L.

Famille XXII.

BOMBYCIDÉS. — BOMBYCIDÆ.

Car. — Lépidoptères de taille plus ou moins forte, à antennes pectinées ; palpes assez longs, dépassant la tête ; la trompe et les stemmates manquent dans plusieurs genres ; pattes d'égale longueur.

Chenilles nues ou plus ou moins velues ; elles se métamorphosent à l'intérieur d'un cocon.

Les chrysalides sont terminées en pointe.

Genre 73. — BOMBYX. — BOMBYX, Boisd.

Gastropacha, Ochs. — **Eriogaster**, Steph.

Car. — Trompe nulle ; palpes courts, velus ; thorax globuleux, très-velu.

Chenilles allongées, plus ou moins velues.

Esp. : 1. *B. cratægi*, L.; 2. *populi*, L.; 3. *castrensis*, L.; 4. *neustria*, L.; 5. *lanestris*, L.; 6. *trifolii*, Esp.; 7. *quercus*, L. ; 8. *rubi*, L.

Genre 74. — CRATÉRONYX. — CRATERONYX, Dup.

Lasiocampa, Latr. — **Gastropacha**, Ochs.

Car. — Mêmes caractères que les précédents. Les mâles volent pendant le jour.

Esp. : *C. dumi*, L.

Genre 75. — LASIOCAMPE. — LASIOCAMPA, Latr.

Gastropacha, Ochs.

Car. — Antennes courtes, pectinées ; palpes saillants, en forme de bec, squameux ; ailes plus ou moins dentelées.

Chenilles épaisses, peu poilues sur le dos, davantage sur les flancs ; 11e segment garni d'une verrue ; pattes membraneuses charnues, poilues.

Esp. : 1. *L. potatoria*, L. ; 2. *pruni*, *L.* ; 3. *quercifolia*, L. ; 4. *populifolia*, Esp. 5, *betulifolia*, O. ; 6. *ilicifolia*, *L.*

Famille XXIII.

ENDROMIDÉS. - ENDROMIDÆ.

Car. — Tête petite, enfoncée ; antennes pectinées ; palpes courts, très-velus.

Chenilles nues, cylindriques, plus étroites en avant ; 11e segment muni d'une proéminence pyramidale ; 16 pattes.

Genre 76. — ENDROME. — ENDROMIS, Ochs.

Car. — Antennes pectinées; corps très-velu ; ailes légèrement écailleuses.

Chenilles comme ci-dessus. Les métamorphoses ont lieu à l'intérieur d'une coque parcheminée.

Esp. : *E. versicolora*, L.

Famille XXIV.

SATURNIDÉS. - SATURNIDÆ.

Car. — Antennes pectinées ou pennées ; trompe nulle ; ailes ocellées.

Chenilles épaisses, cylindriques, nues ou ornées de verrues poilues ; 16 pattes.

Genre 77. — SATURNE. — SATURNIA, Schrk.

Car. — Corps très-velu ; antennes courtes, pennées chez les mâles, pectinées chez les femelles; palpes courts, très-velus; abdomen court et épais.

Chenilles garnies de tubercules hérissés de poils ; se métamorphosent dans un cocon pyriforme.

Esp. : *S. pavonia*, L.

Genre 78. — AGLIE. — AGLIA, Ochs.

Car. — Antennes courtes, pennées chez les mâles, pectinées chez les femelles ; palpes courts, velus ; abdomen épais et court.

Chenilles nues, se métamorphosant à terre dans la mousse, à l'intérieur d'un léger tissu.

Esp. : *A. tau*, L.

Famille XXV.

DRÉPANULIDÉS. – DREPANULIDÆ.

Car. — Antennes pectinées chez les mâles, ciliées chez les femelles ; ailes antérieures larges, à bord terminé en faucille.

Chenilles à tête cordiforme ; corps parsemé de poils isolés et fins ; 14 pattes.

GENRE 79. — DRÉPANE. — DREPANA, Schrk.

Platypteryx, Lasp.

Car. — Antennes pectinées chez les mâles, ciliées chez les femelles ; palpes courts ; trompe assez allongée.

Chenilles à premier segment surmonté d'une proéminence ou couvertes de verrues sur la partie dorsale.

Esp. : 1. *D. falcataria*, L. ; 2. *curvatula*, Bkh. ; 3. *harpagula*, Esp. ; 4. *lacertinaria*, L. ; 5. *binaria*, Hufn. ; 6. *cultraria*, F.

GENRE 80. — CILIX. — CILIX, Leach.

Car. — Antennes pectinées chez les mâles, presque filiformes chez les femelles ; palpes courts ; trompe presque nulle ; corps grêle.

Chenilles avec les segments thoraciques tuberculeux.

Esp. : *C. spinula*, Schiff. (*Glaucata*, ?)

Famille XXVI.

NOTODONTIDÉS. – NOTODONTIDÆ.

Car. — Antennes pectinées chez les mâles ; trompe très-courte ; espèces entièrement nocturnes.

Chenilles de forme variable, nues ou poilues, les unes à 16, les autres à 14 pattes.

GENRE 81. — DICRANURE. — HARPYIA, Ochs.

Cerura, Schrk. — **Dicranura**, Latr.

Car. — Antennes pectinées dans les deux sexes.

Chenilles nues, 4e segment plus élevé ; tête aplatie, rétractile ; dernier segment apode, surmonté de deux prolongements en forme de tubes, de chacun desquels l'animal fait sortir un long filament dès qu'il est excité ; **14** pattes.

Esp. : 1. *H. bicuspis*, Bkh. ; 2. *furcula*, L. ; 3. *bifida*, Hb., ; 4. *erminea*, Esp. ; 5. *vinula*, L.

Genre 82. — STAUROPE. — STAUROPUS, Germ.

Cerura, Schrk. — **Harpyia**, Ochs.

Car. — Antennes pectinées chez les mâles, à extrémité libre ; trompe courte, mais visible.

Chenilles nues, avec les segments médians gibbeux ; dernier segment terminé par deux appendices en forme de massue ; **14** pattes, les pectorales très-longues.

Esp. *S. fagi*, L.

Genre 83. — HYBOCAMPE. — HYBOCAMPA, Lin.

Cerura, Schrk. — **Hoplitis**, Hb. — **Harpyia**, Ochs.

Car. — Comme le genre précédent.

Chenilles nues, bosselées ; 14 pattes, les pectorales de longueur et de forme normales ; dépourvues de pattes anales.

Esp. *H. milhauseri*, F.

Genre 84. — NOTODONTE. — NOTODONTA, Ochs.

Leiocampa, **Chaonia**, Steph. — **Drymonia**, **Spatalia**, H. S. — **Microdonta**, Dup. — **Gibbera**, C. Dub.

Car. — Antennes assez allongées, pectinées chez les mâles, dentées ou filiformes chez les femelles ; trompe très-courte ; dos le plus souvent surmonté d'une proéminence ; ailes antérieures présentant ordinairement, sur leur bord interne, une sorte de prolongement velu, qui s'élève au-dessus du dos pendant le repos.

Chenilles nues, lisses ou à segments médians gibbeux, ou encore garnies de petites pointes sur les derniers segments ; **16** pattes.

Esp. : **1**. *N. tremula*, Cl. (*dictæa*, L.) ; 2. *dictæoides*, Esp. ; 3. *ziczac*, L. ; **4**. *tritophus*, F. ; 5. *trepida*, Esp. ; 6. *torva*, Hb. ; 7. *dromedarius*, L. ; 8. *chaonia*, Hb. ; 9. *querna*, F. ; 10 *trimacula*, Esp. ; **11**. *bicolora*, Hb.

Genre 85. — LOPHOPTÉRYX. — LOPHOPTERYX, Steph.

Notodonta, Ochs. — **Odontosia,** Hb.

Car. — Mêmes caractères que le genre précédent.
Chenilles avec deux pointes sur le 11e segment ; 16 pattes.

Esp. ; 1. *L. carmelita.* Esp. ; 2. *camelina,* L. ; 3 *cucullа,* Esp.

Genre 86. — PTÉROSTOME. — PTEROSTOMA, Germ.

Ptilodontis, Steph.

Car. — Antennes des mâles pectinées ; palpes droits, très-allongés, velus.
Chenilles allongées, nues, à tête aplatie ; 16 pattes.

Esp. *P. palpina, L.*

Genre 87. — DRYNOBIE. — DRYNOBIA, Dup.

Car. — Antennes pectinées chez les mâles, dentées chez les femelles ; trompe très-courte.
Chenilles lisses, à tête arrondie et peu voûtée ; 16 pattes.

Esp. : 1. *D. velitaris,* Hufn. ; 2. *melagona,* Bkh.

Genre 88. — GLUPHISIE. — GLUPHISIA, Boisd.

Glyphidia, H. S.

Car. — Antennes des mâles largement pectinées ; palpes ordinaires.
Chenilles lisses, déprimées, glabres ; 16 pattes.

Esp : *G. crenata,* Esp.

Genre 89. — CNÉTHOCAMPE. — CNETHOCAMPA, Steph.

Gastropacha, Ochs. — **Bombyx,** Boisd.

Car. — Antennes pectinées dans les deux sexes, mais moins chez les femelles.
Chenilles courtes, cylindriques, couvertes de poils fins, cassants et ayant une propriété urticante très-prononcée ; 16 pattes.

Esp. : *C. processionea,* L.

Genre 90. — PHALÈRE. — PHALERA, Hb.

Pygæra, Ochs.

Car. — Tête rétractile ; antennes pectinées ; thorax épais, arrondi ; abdomen cylindrique, allongé.

Chenilles cylindriques, pubescentes, à tête arrondie ; 16 pattes.

Esp. : *P. bucephala*, L.

Genre 91. — PYGÈRE. — PYGÆRA, Ochs.

Clostera, Steph.

Car. — Antennes pectinées ; trompe courte ; abdomen allongé, redressé pendant le repos.

Chenilles pubescentes ; 4e et 11e segments surmontés d'une tache velue ; 16 pattes.

Esp. : 1. *P. anastomosis*, L. ; 2. *curtula*, L. ; 3. *anachoreta*, F. 4. *pigra*, Hufn.

Famille XXVII.

CYMATOPHORIDÉS. – CYMATOPHORIDÆ.

Car. — Antennes des mâles robustes ; trompe épaisse.

Chenilles nues, lisses ou à gibbosités ; 16 pattes.

Genre 92. — GONOPHORE. — GONOPHORA, Brd.

Thyatira, Ochs.

Car. — Antennes des mâles subcrénelées ; palpes velus sauf le dernier article qui est nu et plus long ; dos surmonté d'une espèce de crête ; pattes intermédiaires fasciculées.

Chenilles élancées, bosselées, à tête petite et arrondie.

Esp. : *G. derasa*, L.

Genre 93. — THYATIRE. — THYATIRA, Ochs.

Car. — Mêmes caractères que le genre précédent, mais pattes antérieures fasciculées.

Esp. : *T. batis*, L.

Genre 94. — CYMATOPHORE. — CYMATOPHORA, Treit.

Car. — Antennes médiocres, robustes, subcrénelées ; corps épais.
Chenilles assez larges, peu voûtées, rétrécies à leur extrémité ; tête forte et globuleuse.

Esp. : 1. *C. octogesima*, Hb. ; 2. *or*. F. ; 3. *duplaris*, L. ; 4. *fluctuosa*, Hb.

Genre 95. — ASPHALIE. — ASPHALIA, Hb.

Cymatophora, Tr.

Car. — Ce genre est difficile à distinguer du précédent.

Esp. : 1. *A. diluta*, F. ; 2. *flavicornis*, L. ; 3. *ridens*, F.

3me Division.

NOCTUELLES. – NOCTUÆ.

Car. — Les noctuelles ont généralement des formes trapues, des antennes filiformes, des pattes robustes dont les postérieures présentent des épines. La plupart des espèces possèdent des stemmates et une trompe roulée en spirale.

Les chenilles sont généralement nues, celles de quelques genres cependant sont couvertes de poils ; elles ont 16, 14 ou 12 pattes suivant les genres.

Les métamorphoses ont lieu à terre ou dans le sol et à l'intérieur d'un tissu.

Les noctuelles ne forment qu'une seule famille.

Famille XXVIII.

NOCTUIDÉS. – NOCTUIDÆ.

Car. — Ceux de la division.

GENRE 96. — DILOBE. — DILOBA, Steph.

Car. — Tête rentrée ; yeux nus, bordés de soies ; palpes, front, poitrine et pattes couverts d'une fourrure épaisse ; stemmates nuls ; antennes ciliées chez les mâles, dentelées chez les femelles ; plaque anale courte et faible.

Chenilles épaisses, cylindriques, à tête arrondie et voûtée ; corps portant de petits tubercules en forme de points et surmontés d'une soie ; 16 pattes.

Esp. : *D. cæruleocephala*, L.

GENRE 97. — DEMAS. — DEMAS, Steph.

Car. — Tête rentrée ; palpes courts, pendants, velus ; trompe faible, stemmates petits ; antennes pectinées chez les mâles, sétacées chez les femelles ; plaque anale courte et obtuse.

Chenilles très-poilues, avec des pinceaux de poils plus longs placés près de la tête et sur le 11e segment, et d'autre plus courts sur le milieu du dos ; 16 pattes.

Esp. : *D. coryli*, L.

GENRE 98. — ACRONYCTE. — ACRONYCTA, Treit.

Car. — Tête peu ou point rentrée ; front et palpes couverts de poils raides ; trompe longue et robuste ; yeux nus ; stemmates visibles ; antennes sétacées, à peine ciliées chez les mâles ; plaque anale courte, faible et obtuse.

Chenilles garnies de tubercules poilus, ou offrant, sur le dos, des éminences charnues et poilues ; tête arrondie ; 16 pattes.

Esp. : 1. *A. leporina*, L. ; 2. *aceris*, L. ; 3. *megacephala*, F. ; 4. *alni*, L. 5. *strigosa*. F. ; 6. *tridens*, Sch. ; 7. *psi*, L. ; 8. *cuspis*, Hb. ; 9. *menyanthidis*, View. ; 10. *auricoma*, F. ; 11. *euphorbiæ*, F. ; 12. *rumicis*, L. ; 13. *ligustri*, F.

GENRE 99. — BRYOPHILE. — BRYOPHILA, Tr.

Poecilia, Schrk.

Car.—Ce genre comprend de petites espèces assez grêles. Palpes retroussés, à dernier article de longueur variable ; yeux nus ; stemmates visibles ; antennes sétacées, finement ciliées chez les mâles ; pattes robustes ; plaque anale courte, faible et obtuse.

Chenilles à tubercules surmontés de poils courts ; tête petite, arrondie ; 16 pattes.

Esp. : 1. *B. ravula*, Hb. ; 2. *algæ*, F. ; 3. *muralis*, Forst. ; 4. *perla*, *F.*

Genre 100. — MOME. — MOMA, Hb.

Car. — Front court, poilu ; palpes retroussés, atteignant la base des antennes, les deux premiers articles courts et velus, le troisième écailleux, grêle, cylindrique, droit ; trompe en spirale ; yeux nus ; stemmates visibles ; antennes sétacées, ciliées chez les mâles.

Chenilles cylindriques, à tubercules très-poilus, portant sur le dos trois grandes taches de couleur claire ; tête petite, arrondie ; 16 pattes.

Esp. : *M. orion*, Esp.

Genre 101. — AGROTE. — AGROTIS, Ochs.

Chersotis, Spælotis, Boisd. — **Noctua, Phlogophora,** Tr. — **Aplecta,** Guen.

Car. — Palpes dépassant plus ou moins le front et légèrement retroussés, très-velus, à dernier article écailleux ; trompe robuste et longue ; yeux nus, non ciliés ; antennes robustes, sétacées, plus ou moins ciliées, dentelées ou pectinées chez les mâles ; pattes munies d'épines.

Chenilles cylindriques, généralement rétrécies en avant ; dos garni de petits tubercules en forme de points, au nombre de 4 à 6 par segment ; corps nu ou avec des poils fins et clair-semés ; tête petite.

Esp. : 1. *A. porphyrea*, Hb. ; 2. *molothina*, Esp. ; 3. *signum*, F. ; 4. *janthina*, Esp. ; 5. *linogrisea*, Sch. ; 6. *fimbria*, L, ; 7. *interjecta*, Hb. ; 8. *punicea*, Hb. ; 9. *augur*, F. ; 10. *obscura*, Brh. ; 11. *pronuba*, L. ; 12. *orbona*, Hufn. ; 13. *comes*, Hb. ; 14. *neglecta*, Hb. ; 15. *agathina*, Dup. ; 16. *triangulum*, Hufn. ; 17. *baja*, F. ; 18. *c. nigrum*, L. ; 19. *stigmatica*, Hb. ; 20. *xanthographa*, F. ; 21. *umbrosa*, Hb. ; 22. *rubi*, View. ; 23. *dahlii*, Hb. ; 24. *brunnea*, F. ; 25, *festiva*, Hb. ; 26. *glareosa*, Esp ; 27. *multangula*, Hb. ; 28, *plecta*, L. ; 29. *simulans*, Hufn. ; 30. *lucipeta*, F. ; 31. *putris*, L. ; 32. *cinerea*, Hb. ; 33. *puta*, Hb. ; 34. *exclamationis*, L. ; 35, *cursoria*, Hufn. ; 36. *nigricans*, L. ; 37. *tritici*, L. ; 38. *obelisca*, L, ; 39. *saucia*, Hb ; 40. *suffusa*, Hb. ; (*Ypsilon*, Rott.) ; 41, *segetum*, Sch. ; 42. *corticea*, Hb. ; 43. *vestigialis*, Rott. ; 44. *præcox*, L. ; 45. *herbida*, Hb. (*prasina*, *F.*) ; 46, *occulta*, L.

1. Sarrothripe ondulé, 2. Halie verte
sur le saule marceau.

SARROTHRIPE ONDULÉE

SARROTHRIPA UNDULANA, Hubn.

Hubn. TORT. pl 2, f. 6, 7. — Treits. SCHM EUR. VIII, p. 22. — ANN. SOC. ENT. B. II. p. 63. — Staud. CAT. p. 50, nº 650.

TORTRIX UNDULANA, Hb. — T. REVAYANA, Schiff. — PENTHINA REVAYANA, Tr. — SARROTHRIPUS REVAYANA, Wilde. — SARROTHRIPA UNDULANA, Stg. — *Var.* : DILUTANA, DEGENERANA, PUNCTANA et RAMOSANA, Hb. — RUSSIANA, Dup.

Habite l'Europe méridionale et centrale jusqu'au sud de la Scandinavie ; se trouve aussi en Asie mineure, en Syrie, dans l'Altaï et les provinces de l'Amour. Cette espèce est assez commune en Belgique, de même que les quatre premières variétés mentionnées ci-dessus.

Chenille en juin sur les saules et les chênes. Vole en juillet et août dans les taillis et les sapinières.

HALIE VERTE

EARIAS CLORANA, Lin.

Lin. F. S. p. 343. — Hb. TORT. pl. 25, f. 160. — Treits. VIII, p. 10. — Dup. IX, 237, 4. — Sepp. IV. pl. 13, f. a-e. — ANN. SOC. ENT. B. II, p. 63 — Staud. CAT. p. 51, nº 653.

TORTRIX CLORANA, L. — HALIAS CLORANA, Tr. — EARIAS CLORANA, Stg.

Habite l'Europe centrale et septentrionale ainsi que la Sibérie, sauf la zone boréale ; elle est commune en Belgique.

Il est rare de rencontrer l'insecte parfait, mais on l'obtient facilement en élevant la chenille, qui est très-commune à la fin de juillet et en août à l'extrémité des rameaux de saules. Vole en avril, mai et juin.

Hylophile vert.

HYLOPHILE VERT

HYLOPHILA PRASINANA, Lin.

HAGEICHENWICKLER

Lin. FAUNA SUEC. p. 342. — Hubn. TORTR. pl. 25, f. 158. — Treits. SCHM. EUR. VIII, p. 4. — Dup. LEP. DE FR. IX, pl. 237, f. 2,3 — Mill. Ic. pl. 116, f. 1, 2. — ANN. SOC. ENT. B. II, p. 62. — Staud. CAT. p. 51, n° 654.

TORTRIX PRASINANA, Lin. — HALIAS PRASINANA, Treits. — HYLOPHILA PRASINANA, Stgr.

Cette espèce habite toute l'Europe centrale et septentrionale, sauf la région polaire; on la rencontre également dans les parties orientales et méridionales de la France, dans le nord et le centre de l'Italie, dans les steppes de la Russie méridionale et en Sibérie. Elle est commune en Belgique.

La chenille vit, depuis le mois de juillet jusqu'en automne, sur le chêne, le hêtre, le bouleau, le charme et l'aune. Au moment de se métamorphoser, elle construit une espèce de coque contre une branche ou sur une feuille, et c'est dans ce tissu que la chrysalide passe l'hiver.

L'insecte parfait vole en mai.

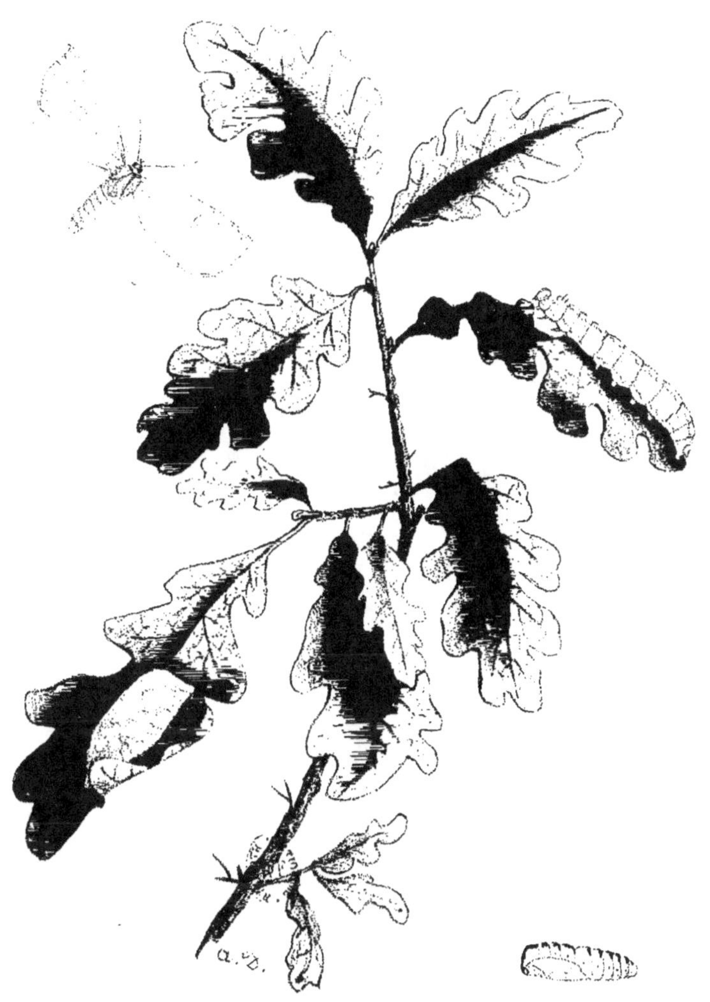

Hylophile du chêne.

HYLOPHILE DU CHÊNE

HYLOPHILA BICOLORANA, Fuessl.

EICHENWICKLER

Fuessl. Verz. p. 41. — Hein. Schm. Deutschl. p. 598 – Schiff. Syst. Verz. p. 145. — Hubn. Tortr. pl. 25, f. 159. — Treits. Schm. Eur. VIII, p. 7. — Wilde, Pfl. u. Raup. II, p. 359. — Ann. Soc. ent. B. II, p. 63. — Staud. Cat. p. 51, n° 655.

Phalæna bicolorana, Fuessl. (1775). — Tortrix quercana, Schiff. (1776). — Halias quercana, Treits. — Chloephora quercana, Wilde. — Hylophila bicolorana, Stg.

Ce joli lépidoptère habite l'Europe méridionale et centrale jusqu'au sud de la Scandinavie, mais il n'a pas encore été observé en Espagne, en Sicile et en Grèce ; on le rencontre également en Asie mineure.

Il n'est pas très-répandu en Belgique, où il paraît cependant être assez commun dans la province de Liége.

On trouve la chenille, sur les chênes, en automne et au printemps, car elle hiverne. La chrysalidation a lieu à l'intérieur d'un tissu fixé contre une branche ou sur une feuille.

L'insecte parfait vole en juin et en juillet.

1.Nole Aigrette, 2.N. blanche
sur la Menthe aquatique

NOLE AIGRETTE

NOLA CRISTULALIS, Hubn.

Hubn. Pyr. pl. 3, f. 17 — H. Sch. Syst. II, p 164. — Hein. Schm. Deuts. p. 275. — Haw. L. B. p. 387. — Dup. Lep. de Fr. VIII, pl. 227, f. 6, 7. — Step. Cat. B. L. p. 224.— Spey. Geogr. Verb. II, p. 251. —Staud. Cat., p. 52, n° 662.

Pyralis cristulalis, Hb. — P. strigulalis, Haw. — Noctua confusalis, H. S. — Nola strigulalis et cristulalis, Step. — N. confusalis, Stg.

Habite l'Allemagne occidentale, la Belgique, la France, l'Angleterre et le Piémont, mais elle est plus ou moins rare partout.

La chenille vit, en juillet, sur les menthes, le myrtille, etc. La chrysalide hiverne et l'insecte parfait vole en mai; il se repose souvent contre le tronc des hêtres et des chênes.

NOLE BLANCHE

NOLA ALBULA, Hb.

Hubn. Vog. et Schm. p. 93; Pyr. pl. 3, f. 14. — Treits. Schm. Eur. VII, 191. — Dup. Lep. de Fr. VIII, pl. 228, f. 2. — Spey. Geogr. Verb. II, p. 252. — Ann. Soc. ent. B. XV, p. xxxiv. — Staud. Cat. p. 52, n° 667.

Pyralis albula et albulalis, Hb. — Noctua albula, Sch. — Hercyna albulalis, Tr. — Nola albula, S.

On rencontre cette espèce, par-ci par-là, entre le 52° 1/2 et le 40° degré, depuis la France jusqu'en Asie mineure; en Belgique, elle a été prise près de Visé.

Treitschke dit que la chenille vit sur le *Mentha aquatica*, et que l'insecte parfait vole dans les endroits marécageux. C'est une espèce peu connue.

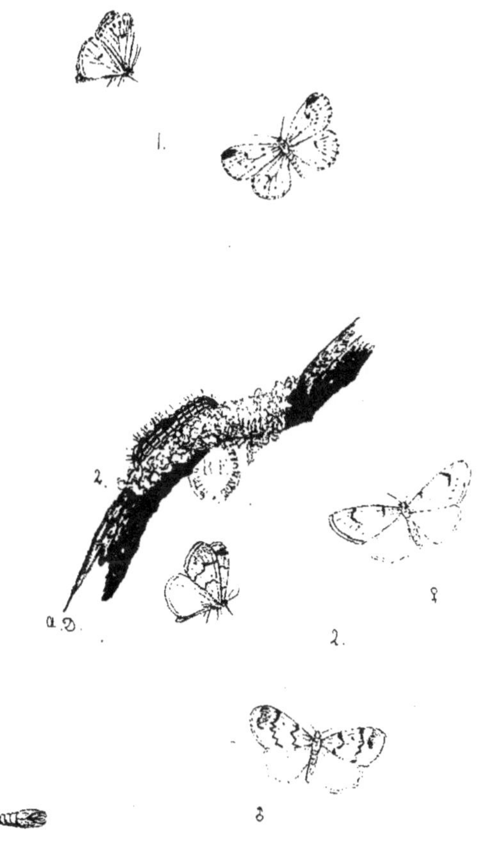

1. Nudaire sénile, 2. N. Mondaine.

NUDAIRE SÉNILE

NUDARIA SENEX, Hubn.

Hb. f. 236-7.—Ochs. III, p. 163.—Frey. N. Beitr. pl. 369, f. 2.—Ann. Soc. ent. B. I, p. 48. – Spey. Geogr. verb. I, p. 363.—Staud. Cat. p. 52, nº 676.

Bombyx senex, Hb. — Lithosia senex, Ochs. — Nudaria senex, Step. — Noctua rotunda, Haw.

Cette espèce habite l'Europe septentrionale et centrale à partir du cercle polaire; on la rencontre depuis l'Angleterre jusqu'au Volga; le Piémont paraît former sa limite méridionale. Elle est très-rare en Belgique, où elle a cependant été prise dans plusieurs localités, entre autres près de Bruxelles.

La chenille hiverne; on la retrouve en mai et en juin sur les jungermannes. L'insecte parfait vole en juillet dans les endroits herbeux et humides.

NUDAIRE MONDAINE

NUDARIA MUNDANA, Lin.

Lin. F. S. p. 349. — Esp. pl. 6, f. 1.2. — Hubn. f. 63-65. — Ochs III, p. 160. — Frey. N. Beitr. pl. 524. — God. IV, pl. 40, f. 7. — Ann. Soc. ent. B. I. p. 48. — Spey. Geogr. Verb. I, p 364. — Staud. Cat. p 52, nº 677.

Tortrix mundana, L. — Bombyx nuda et hemerobia, Hb. — B. mundana, Bkh. — Phalæna mundana, Fuessl. — Lithosia mundana, O. — Nudaria mundana, Steph.

Cette nudaire est répandue dans une grande partie de l'Europe depuis le centre de la Scandinavie jusqu'en Ligurie; la Dalmatie et le nord-ouest de l'Asie-Mineure paraissent être sa limite orientale. Elle est rare en Belgique, mais on la prend parfois sur les rochers des bords de la Meuse.

La chenille vit en mai et en juin sur les lichens et les jungermannes qui croissent sur les murs et les rochers, particulièrement sur les chryptogames des genres *Byssus* et *Anthoceros*.

L'insecte vole en juillet.

1. Calligène rosette, 2. Sétine irrorée.

CALLIGÈNE ROSETTE

CALLIGENIA MINIATA, Forst.

Forst. Nov. spec. ins. p. 75. — Fab. Syst ent. p. 587. — Sch. Syst Verz., p. 68. — Hb Bomb f. 111. — Esp pl. 77, f. 1,3. — Ochs. III, p. 145. — God. IV, pl. 39, f. 6. — Schr Faun. boic. II, p. 166. — Ann Soc. ent. B. I, p. 47. — Snel. Ned. Ins. 2e ser. I, pl. 42. — Spey. Geogr. verb. I, p. 363. — Staud. Cat. p. 52. no 681.

Phalena miniata, Forst (1771). — Bombyx rosea. F. (1775). — Noctua rubicunda, Sch. — Setina rubicunda, Schr — Lithosia rosea, Ochs — Calligenia rosea, Dup. — C. miniata, Stgr. — Callimorpha miniata et Miltochrис miniata, Step.

Cette espèce habite toute l'Europe centrale à partir du 60°, depuis l'Angleterre jusqu'à l'Altaï. Elle est commune en Belgique.

La chenille hiverne ; on la retrouve au printemps jusqu'à la fin de mai sur des lichens croissant sur les chênes et les hètres. L'insecte parfait vole en juin et juillet.

SÉTINE IRRORÉE

SETINA IRRORELLA, Cl.

Cl. Icon ins. 4, 5. — Sch. Syst. v. p. 68. — Esp. IV. pl. 94, f 3 4 — Hb. Bomb. f. 105. — Ochs. III, p. 148. — Frey. N. Beitr. pl. 662, f. 1. — Ann. Soc. ent. B. I, p. 48. — Spey. Geogr. verb. I, p 366. — Staud Cat. p. 53, no 685.

Tinea irrorella, Cl. — Noctua irrorea, Esp. — Bombyx irrorea. Hb. — Lithosia irrorata. F. — L. irrorea, O. — Endrosa irrorella. Step. — Setina irrorea, Boisd. S. irrorella. Stgr — Var. : Signata, Bkh. = Binumerica. Drap — Flavicans, B. — Freyeri, Nick. = Signata. Z. — Anderegghi, H. S — Riffelensis, Fal.

Habite toute l'Europe depuis la région polaire jusqu'aux Pyrénées, et se trouve également en Sibérie et dans l'Asie mineure. Elle est commune en Belgique. — La var. *Signata* se montre dans plusieurs localités de l'Allemagne ; la var. *Flavicans* est propre au midi de la France ; les autres variétés habitent les hautes régions des Alpes.

Chenille en mai et en juin sur des lichens et se métamorphose dans un léger tissu entre des racines. L'insecte vole en juillet et août.

1.

2

1. Sétine éborine, 2. Lithosie muscerde.

SÉTINE ÉBORINE

SETINA MESOMELLA, Lin.

Lin. S. N. x, p. 535; F. S. p. 354. — Hubn. f. 104,266.—Esp. IV, pl. 93, f. 4,5. —Ochs. III, p. 152. — Frey. N. Beitr. pl. 692. — Ann. Soc. ent. B. XIV, p. lx. — Spey. Geogr. verb. I, p. 369. — Staud. Cat. p. 53, n° 689.

Tinea mesomella, L. — Bombyx eborina Hb. — Noctua eborina, Sch. — Lithosia eborina, O. — Setina eborina, Schr — S. mesomella, Stgr.

Cette espèce habite l'Europe centrale et la Sibérie, depuis l'Angleterre jusqu'à l'Altaï; on la rencontre entre le 60° et le 43°, aussi bien dans les bois des plaines que dans les montagnes. Elle est rare en Belgique, mais elle paraît être assez abondante dans les environs de Hestreux et de la Baraque Michel.

La chenille vit en avril et en mai sur des jungermannes et autres lichens, entre lesquels a lieu la chrysalidation. La sétine vole dans les bois à la fin de juin et en juillet.

LITHOSIE MUSCERDE

LITHOSIA MUSCERDA, Hufn.

Hufn. Berl. Mag. III, p. 400. — Esp. IV, pl. 191, f. 4 5 — Hubn. f. 103.—Ochs. III, p. 143. — Boisd. Ic. pl. 58, f. 5. — Dup. III, pl. 2, f. 6. — Ann. Soc. ent. B. I, p. 47. — Spey. Geogr. verb. I, p. 369. — Staud. Cat. p. 53, n° 690.

Phalæna muscerda, Hufn.—Noctua pudorina, Esp.—Bombyx muscerda, Hb.—Lithosia muscerda, O.

La lithosie muscerde est répandue dans l'Europe centrale et méridionale; ses limites géographiques sont: la Livonie au nord, la Sardaigne au midi, l'Angleterre à l'ouest et le Volga à l'est. Elle est assez rare en Belgique.

La chenille n'est pas connue. Cette lithosie vole en juillet et août dans les prés et les bois humides.

1. Lithosie bordée, 2. L. lutéole.

LITHOSIE BORDÉE

LITHOSIA GRISEOLA, Hub.

Hb. Bomb f. 95. — Ochs III, 128. — Sepp, Ned. Ins IV, pl. 16 — Haw. Lep. B. 147. — Doub. Zool V, 1914. — Step. Cat. B L 57. — Ann Soc. ent. B. I, p. 46. — Spey. I, 370. — Staud. Cat. p. 53, nº 691.

Bombyx griseola. Hb — Noctua luteolina, Haw. — *Var.* ou *Ab.* : Flava Haw. — Stramineola. Doub. — Gilveola et Plumbeolata, Step.

Cette espèce habite l'Europe et l'Asie entre le 57ᵉ et le 44ᵉ degré. Elle est commune en Belgique.

On trouve la chenille, en mai et en juin, sur des lichens, et particulièrement sur ceux qui croissent sur les peupliers et les chênes. Vole en juin dans les bois.

LITHOSIE LUTÉOLE

LITHOSIA DEPLANA, Esp.

Esp. Schm. IV, pl 93, f. 1-3. — Hb. Bomb. f. 95, 96; Beitr. I. pl. 3, f. 1c. — Ochs. III, 132-33. — Ann. soc. ent. B. I, p. 47. — Spey. Geogr. verb. I, 371. — Staud. Cat. p. 53, nº 692.

Noctua deplana et depressa. Esp. — Bombyx ochreola et luteola, Hb. — Lithosia helveola, Ochs. — L depressa, Boids. — L. deplana, Stg.

Habite l'Europe centrale, entre le 60ᵉ et le 45ᵉ degré, depuis l'Angleterre jusque dans le midi de la Russie. Elle est peu commune en Belgique.

La chenille vit, en mai, de préférence sur les lichens des conifères. Au commencement de juin, elle se métamorphose dans un léger tissu; l'insecte parfait vole depuis la fin de juin jusqu'aux premiers jours du mois d'août.

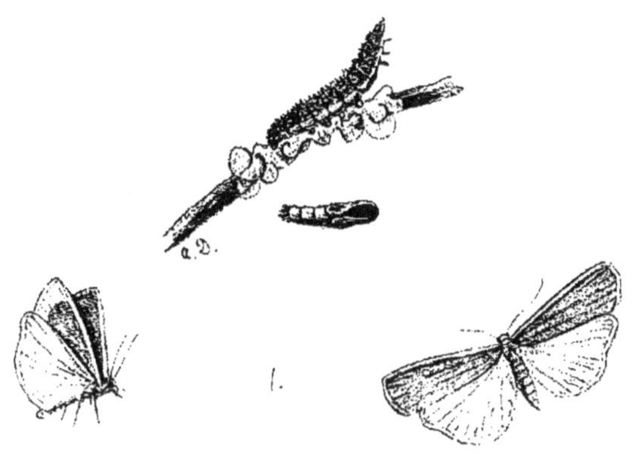

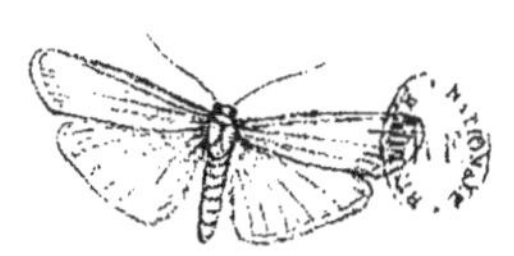

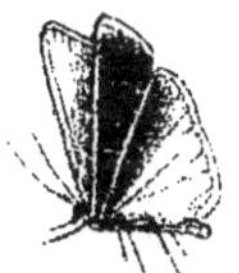

1. Lithosie complanule,
2 L. unicolore.

LITHOSIE COMPLANULE

LITHOSIA LURIDEOLA, Zinck.

Zinck. ALLEG. LIT. n° 217, p. 68. — H. S. II, p. 158. — Hb. f. 100 ? — Treits. X, 1, p. 162. — Frey. N. BEITR. pl. 687, f. 2. — Boisd. Ic. II p. 97. — ANN. SOC. ENT. B. I, p. 46. — Spey. GEOGR. VERB. I, p. 373. — Stg. CAT. p. 54, n° 693.

LITHOSIA LURIDEOLA, Zinck. — L. COMPLANULA, Boisd.

Cette lithosie est plus ou moins répandue entre le 44° et le 57°, depuis l'Angleterre jusqu'à l'Oural ; elle est très-rare en Belgique où on la trouve principalement dans les provinces de Liége et de Namur.

La chenille vit en mai sur des lichens croissant sur les pierres ou sur les vieux troncs d'arbres. L'insecte vole dans les bois depuis la fin de juin jusqu'en août.

LITHOSIE UNICOLORE

LITHOSIA UNITA, Hb.

Hb. f. 93,221. — Ochs. III, p. 135,137; X. 1, p. 165. — Boisd. Ic. II, p. 101. — Rbr. CAT. S. AND, pl. 2,3. — Gn. p. 45-47 — Her. STETT. E. Z. 1844, p. 415; 1846, p. 233 — ANN. SOC. ENT. B. I. p. 46. — Spey GEOGR. VERB. I, p 375. — Stg. CAT. p 54, n° 699.

BOMBYX UNITA, Hb. — LITHOSIA UNITA, O. — L. GILVEOLA, Boisd. — *Var.* : FLAVEOLA, Rbr. = ARUNDINEOLA, Gn. — PALLEOLA, Hb = GILVEOLA, O. = UNITA, B. = BECKERI, Gn. — VITELLINA, Tr. — ARIDEOLA, Her. = PETREOLA, Gn.

Cette espèce habite le sud de la Russie et de l'Allemagne, la Hongrie et la Belgique où elle est très-rare : elle a été découverte dans la forêt de Marlagne par M. Pôlet de Faveaux. La var. *Flaveola* se trouve en Espagne et en Hongrie; *Palleola* est répandue en Hongrie, dans le midi de la Russie et de l'Allemagne et en Sicile; la var. *Arideola* habite différentes parties de l'Allemagne.

La chenille vit en mai sur des lichens ; l'insecte parfait vole en juin et en juillet dans les endroits secs et exposés au soleil.

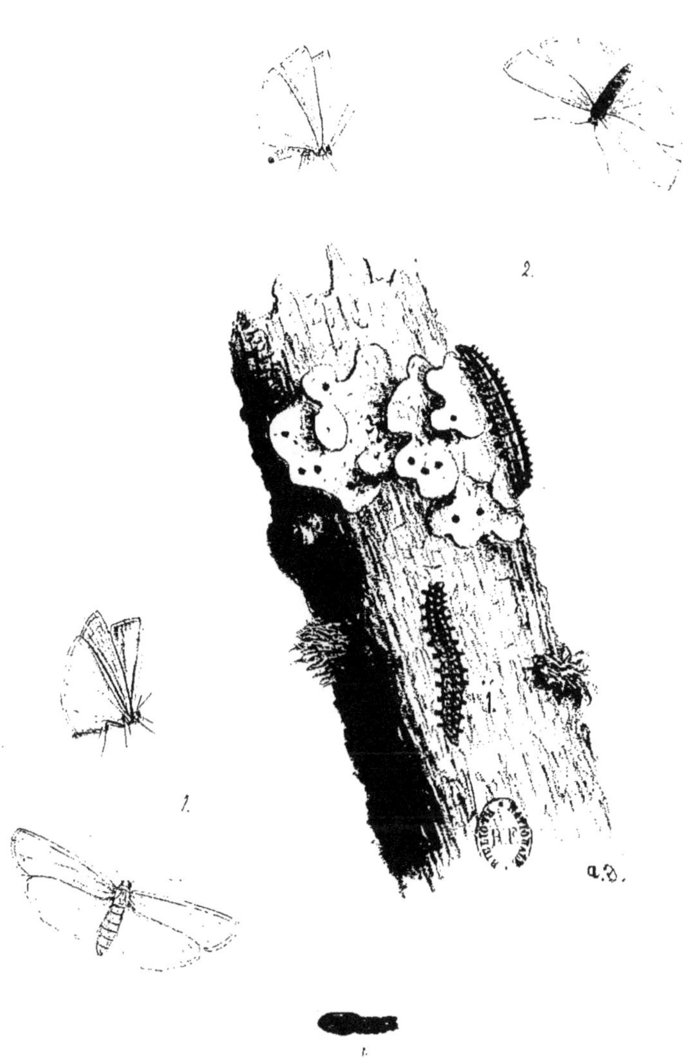

1. Lithosie aplatie. 2. Lithosie blanchâtre.

LITHOSIE APLATIE.

LITHOSIA COMPLANA, LIN.

THE SCARCE FOOTMAN. — MAUSGRAUER SPINNER.

Lin. S. N, x, 512; F S. 307. — Hb. BEITR. I. 3 f. 1 F. — Esp. IV, pl. 92, f. 7. — Ochs. III, 129. — God. V, 41, f. 5. — Frey. BEITR. pl. 380, f. 1 et pl. 687, f. 1. — ANN DE LA SOC. ENT. B., I, p. 46. — Spey. GEOGR. VERB. I, 374. — Staud. CAT. 54, n° 695.

PHALÆNA COMPLANA, L. — BOMBYX PLUMBEOLA, Hb. — B. COMPLANA, Brk. — LITHOSIA COMPLANA, F. — L. DEPRESSA, Steph. — SETINA COMPLANA, Schk.

Habite l'Europe, la partie N.-O. de l'Asie mineure et la Sibérie.

La chenille vit en avril et mai sur les lichens. Pour se métamorphoser, elle file dans les fissures des écorces une coque blanche recouverte de lichens. L'insecte vole en juillet et août.

LITHOSIE BLANCHATRE.

LITHOSIA CANIOLA, HUBN.

Hubn. pl. 81, f. 220. — Ochs. IV, 196. — God. V, 18; Ic. pl. 1, f. 4. 5. — Boisd. Ic. 57. 6; 58, 4. — Dup. III, pl. 2, f. 1, et pl. 3, f. 3. — Spey. GEOGR. VERB. I, 373. — ANN. SOC. ENT. B. III, 133. — Staud. CAT. p. 54, n° 697.

BOMBYX CANIOLA, Hb. — LITHOSIA CANIOLA, Ochs. — *Ab.*: LACTEOLA, Boisd. — ? ALBEOLA, Hb.

Habite la Carniole, le Tyrol, la Dalmatie, l'Italie, le midi de la France et l'Espagne; un exemplaire a été pris le 10 août 1858 par M. J. Colbeau, dans la forêt de Marlagne, près de Namur.

La chenille vit sur les lichens, particulièrement sur ceux des toits, depuis le mois de mars jusqu'à la mi-mai. La chrysalidation se fait comme chez la précédente, et l'insecte éclôt vers le milieu de juin.

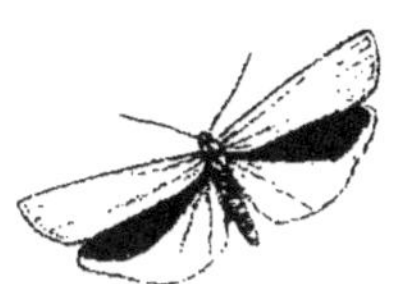

1.

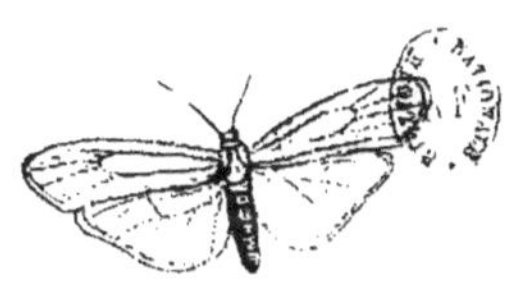

2.

1. Lithosie jaunet, 2. L. auréolée.

LITHOSIE JAUNET

LITHOSIA LUTARELLA, Lin.

Lin. S. N. x, p. 535; F. S. p. 353. — Esp. IV, pl. 93, f. 8,9. — Schiff. S. V p. 68. — Hubn. f. 92.—Ochs. IV, p. 138. — Boisd. Ic. pl. 58, f. 1. —Dup. III, pl. 2, f. 4 — Frey. N. Beitr. pl. 380, f. 4. — Stett. ent. z. (1847), p. 339. — Dbld. Zool. (1847) 1914. — Ann Soc. ent. B. I, p. 47.—Spey. Geogr. verb. I, p. 372; II, p. 285. — Staud. Cat. p. 54, nº 702.

Tinea lutarella, L. — Bombyx luteola, Hb. — Noctua luteola, Sch. — N. lutosa, Esp. — Lithosia luteola, O. — L. lutarella, Stg. — *Var.* : Nigrocincta, Spey. — Pallifrons, Zel. — Vitellina, B. — Pygmæola, Dbld.

Habite presque toute l'Europe et la Sibérie mais manque dans beaucoup de localités. Plusieurs exemplaires ont été pris dans les dunes d'Ostende. La var. *Nigrocincta* se rencontre dans l'Allemagne centrale et occidentale; la var. *Pallifrons*, se trouve en Allemagne, en France, en Dalmatie et en Grèce; enfin la var. *Pygmæola*, habite l'Angleterre et la Hollande.

La chenille vit en avril et mai sur des lichens. L'insecte vole de juin à août.

LITHOSIE AURÉOLÉE

LITHOSIA SORORCULA, Hufn.

Hufn. Berl. Mag. III, p. 398. —Esp. IV. pl. 93, f. 67.—Hubn. f. 98. — Ochs. III, p. 140. — Frey. N. Beitr. pl. 380, f. 3. — God. IV, pl. 40, f. 5. — Spey. Geogr. verb. I, p. 371. — Ann. Soc. ent. B. I, p. 47. — Staud. Cat. p. 55, nº 705.

Bombyx sororcula, Hufn. — B. aureola, Hb. — Noctua unita, Esp. — Lithosia aureola, O. — L. sororcula, Stgr.

Habite, entre le 56° et le 45°, toute l'Europe centrale depuis l'Angleterre jusqu'au Volga; elle est commune dans la plupart des bois de la Belgique.

On trouve la chenille en mai et en juin sur des lichens, et principalement sur ceux qui croissent sur les troncs de conifères. L'insecte vole depuis la fin d'avril jusqu'en juin.

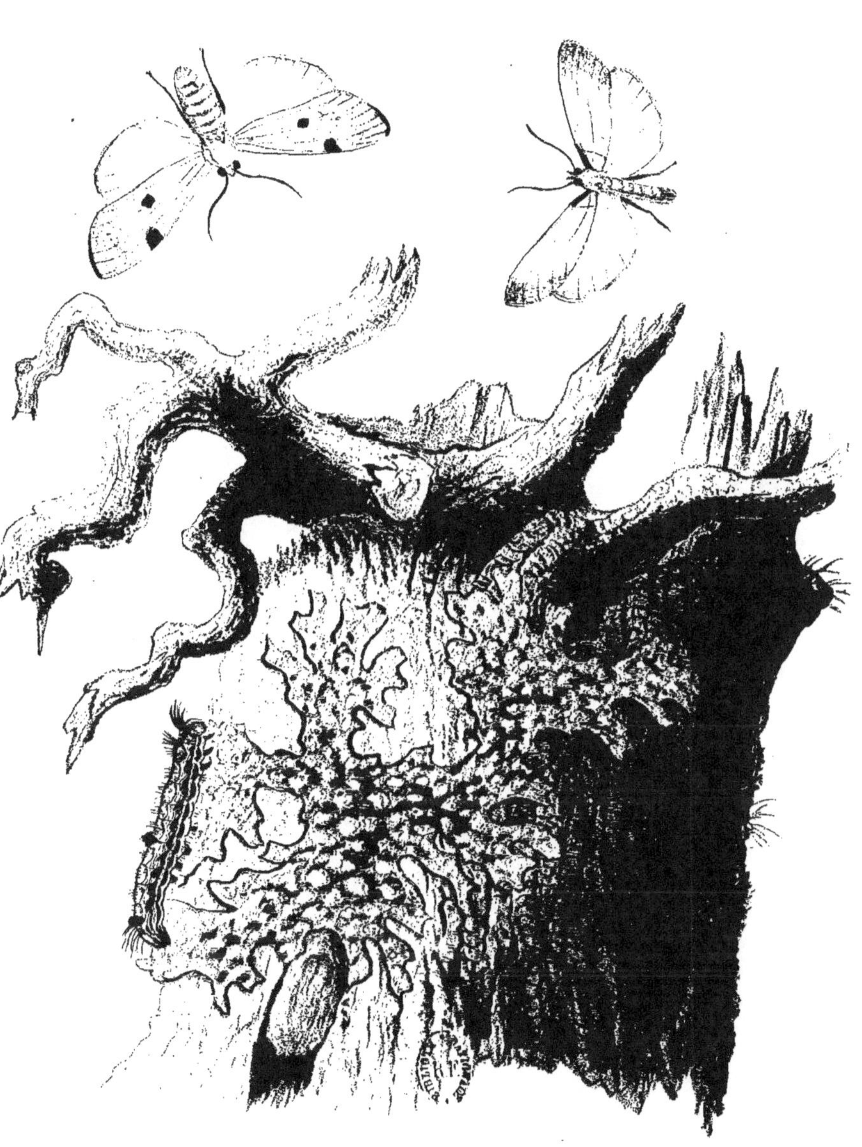

Lithosie quadrille,

sur la sticta pulmonacea.

GENRE LITHOSIE. — LITHOSIA, Fabr.

LITHOSIE QUADRILLE.

LITHOSIA QUADRA, STEP.

LARGE FOOTMAN. — PFLAUMENFLECHTEN SPINNER.

Ochsenh., t. III, p. 126. — Esp., t. IV, pl. XCII. — Spey., GEOGR. VERB., t. I, p. 375. — Boisd., p. 58, n° 468. — NOCTUA QUADRA et N. DEPLANA, Lin. — PHALÆNA QUADRA, Scopoli. — BOMBYX QUADRA, Hüb. — ŒNISTIS QUADRA, West. — ARIDEOLA QUADRA, Her.

Cette lithosie se voit en Suède, en Russie dans le voisinage du Volga, en Allemagne, en Hollande, en Belgique, en France, en Espagne, en Italie et en Grande-Bretagne ; elle se tient dans les bois de conifères et dans les forêts composées d'autres essences ; elle est assez rare pendant certaines années.

La chenille vit dans le mois d'avril et de mai sur le hêtre (*Fagus sylvatica*), les chênes à fleurs sessiles et pédonculées (*Quercus sessiliflora* et *pedunculata*), le tilleul (*Tilia sylvestris*), le pin sylvestre (*Pinus sylvestris*), et principalement sur le charme (*Carpinus betulus*); on en trouve quelquefois aussi sur les arbres fruitiers, ainsi que sur la *Jungermannia complanata,* la *Parmelia parietina* et le *Sticta pulmonacea*. Vers la fin de mai ou en juin, la chenille a toute sa taille et opère sa métamorphose; à cet effet elle s'entoure d'un léger tissu de couleur blanchâtre, dans la composition duquel elle fait entrer une partie des poils dont son corps est couvert. La chrysalide, entourée de son tissu, est placée entre les fissures de l'écorce des arbres ou entre des feuilles ; le papillon s'en dégage après y avoir séjourné douze à quinze jours.

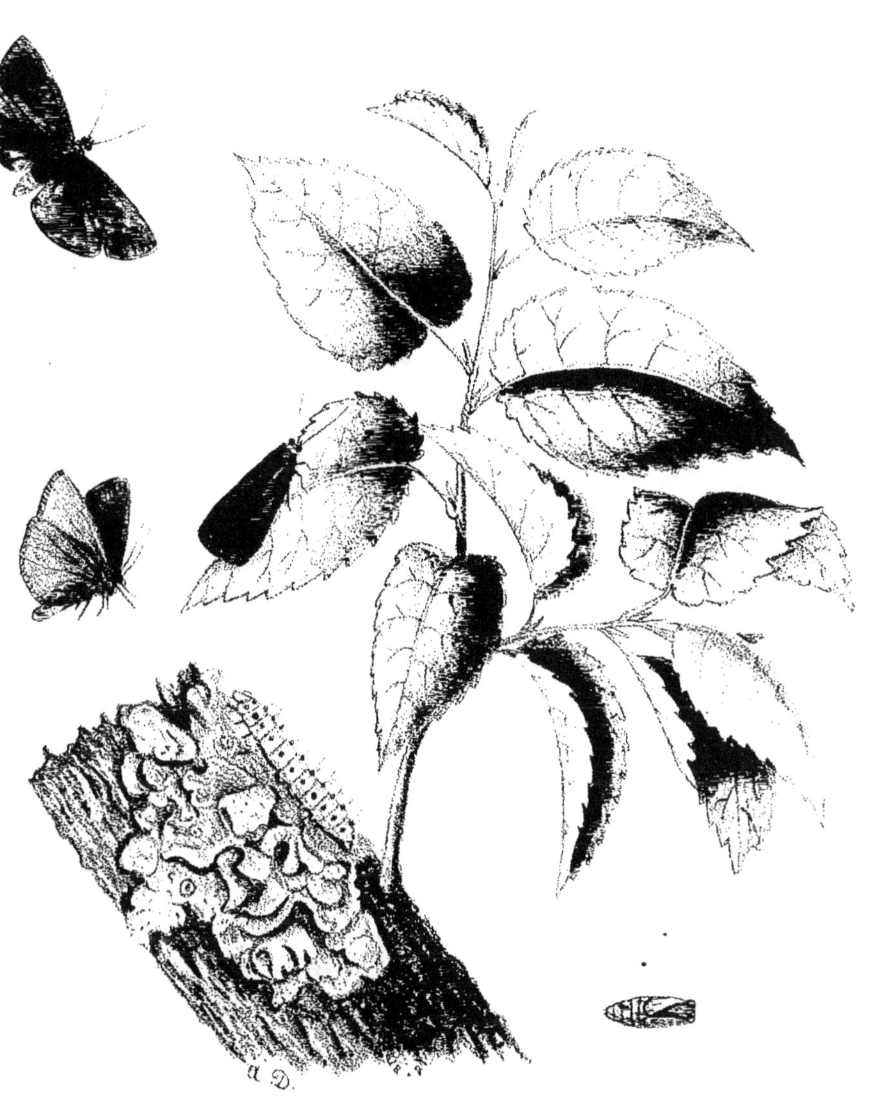

Gnophrie veuve

GNOPHRIE VEUVE

GNOPHRIA RUBRICOLLIS, Lin.

THE RED-NECKED FOOTMAN. — AFTERMOOS-SPINNER.

Lin. S. N. X, p. 511; F. S., p. 307. — Cl. Ic. 2, 3. — Esp. Schm. IV, pl. 92, f. 1. — Hubn. Bomb. pl. 23, f. 94. — Ochs. Schm. Eur. III, p. 142. — God. Lep. de Fr. V, pl. 42 f. 3. — Step. II. II, p. 98. — Sepp. Ned. Vl. VI, pl. 39. — Step. Cat. B. L., p. 58.—Ann. Soc. ent. B. I, p. 46. — Spey. Geogr. verb. I, p. 376. — Staud. Cat. p. 55, n° 709.

Phalæna rubricollis, Lin. — Noctua rubricollis, Esp. — Bombyx rubricollis, Hb.— Lithosia rubricollis, Ochs. — Gnophria rubricollis et Atolmis rubricollis, Step.

Cette espèce habite presque toute l'Europe, mais elle est plus répandue dans les montagnes que dans les plaines, sans cependant être très-abondante nulle part; on la rencontre jusque près des régions alpines. L'aire géographique de cet insecte s'étend entre l'Angleterre et l'Altaï, depuis le Piémont, la Sicile et la Dalmatie jusqu'en Laponie (du 38° au 60°); on l'observe également près de l'Amour.

Elle est assez commune dans les bois des environs de Bruxelles, de Louvain, de Liége, de Mons, etc.

On trouve la chenille en août et en septembre sur les lichens et les jungermannes, particulièrement sur le *Jungermannia complanata* et sur les *Lichen parietinus*, *olivaceus* et *pulmonarius*.

La chrysalidation a lieu avant l'hiver à l'intérieur d'un léger tissu et l'insecte parfait vole en mai et en juin.

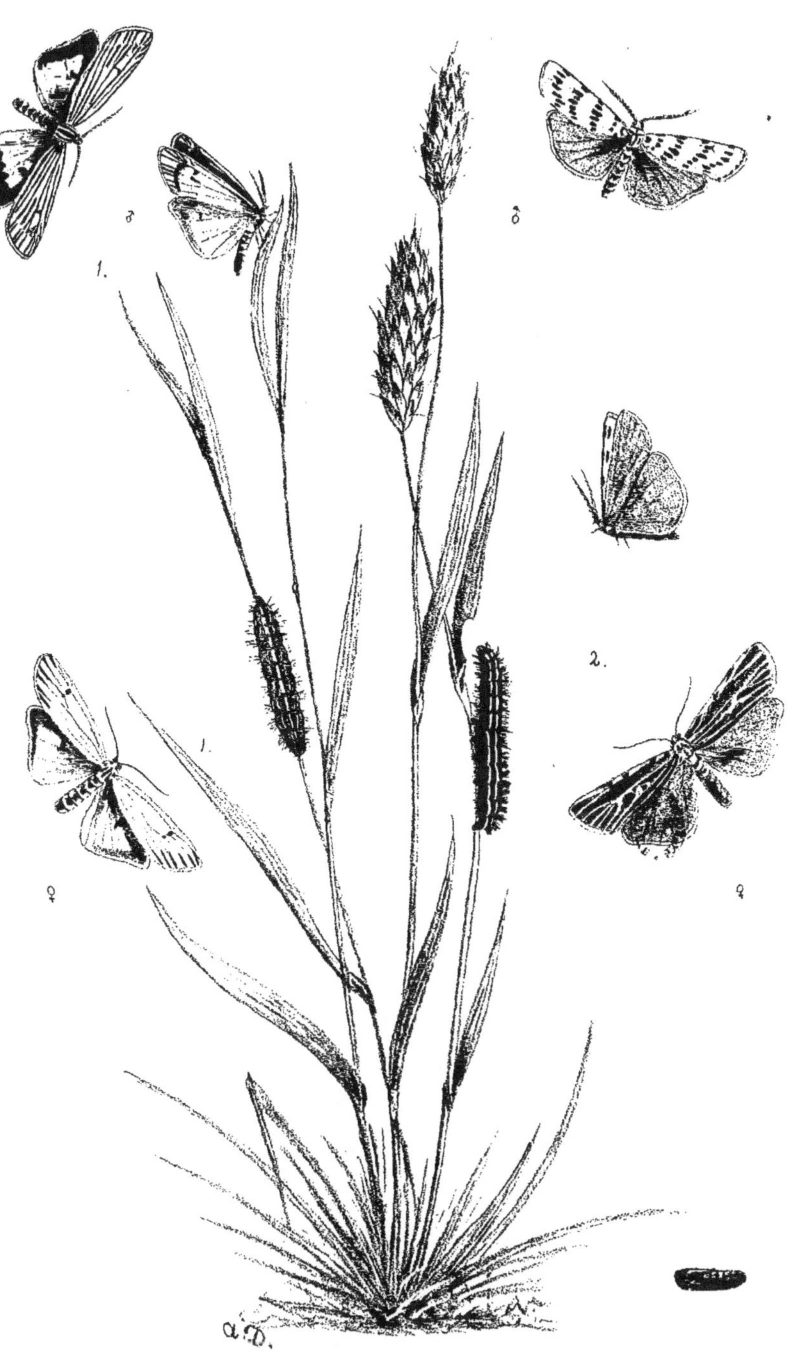

1 Emydie striée, 2 E.crible
sur la Flouve odorante.

EMYDIE STRIÉE.

EMYDIA STRIATA, Lin.

THE FEATHERED FOOTMAN. — SCHWINGELSPINNER.

Lin. S. N. x, p. 205 et Append. p. 822. — Esp. Schm. III, pl. 68, f. 5.-8. — Hubn. Bomb. pl. 28, f. 122, 123, — Ochsenh. Schm. Eur. III, p. 306. — Brahm. Ins. Kal. II, p. 435. — Boisd. Ind. p. 57, n° 165. — Ann. s. ent. B. III, p. 133. — Spey. Geogr. verb. I p. 377. — Staud. Cat. p. 55, n° 715.

Phalena striata et Ph. grammica, L. — Bombyx grammica, Hb. — Eyprepia grammica, Ochs. — Eulepia grammica, Steph. — Emydia grammica, Boisd. — E. striata, Staud. — *Var.* : Melanoptera, Brh. = Striata, Bkh.

L'émydie striée habite toute l'Europe sauf la région polaire; on la rencontre également en Asie mineure, en Syrie et en Arménie. Cette espèce est très-rare en Belgique où elle a été découverte près de Rochefort par MM. Sauveur et Péteau. La var. *Melanoptera* est répandue dans l'Europe méridionale et orientale.

Les jeunes chenilles passent l'hiver sous des feuilles mortes et se montrent au printemps presque exclusivement sur des graminées; on les rencontre parfois aussi sur les *Hieracium pilosella*, *Artémisia vulgaris* et *campestris*, *Plantago major*, *Gallium*, *Prunus spinosa*, *Erica vulgaris*, etc. Ces chenilles se plaisent particulièrement dans les clairières des bois.

L'insecte parfait vole à la fin de juin et en juillet.

EMYDIE CRIBLE.

EMYDIA CRIBRUM, Lin.

THE SPECLED FOOTMAN. — GROBPUNCTIRTE SPINNER.

Lin. F. S. 302. — Esp. Schm. III, pl. 69, f. 1. — Hubn. Bomb. pl. 28, f. 120-21. — Ochsenh. Schm. Eur. III, 302. — Boisd. Ind. p. 57. nº 462. — Frey. N. Beitr. pl. 128. — Ann. Soc. ent. B. I, 45. — Spey. Geogr. verb. I, 378. — Staud. Cat. p. 55, nº 717.

Phalæna cribrum, L. — Bombyx cribrum, H. — Eyprepia cribrum, O — Eulepia cribrum, Curt. — Emydia cribrum, Boisd. — *Var.* : Rippertii, B. — Punctigera, Fr. = *Candida*, Tr. — Candida, Cyr. = *Colon*, H. = *Cribrellum*, Esp. — Inquinata, Rbr. — Chrysocephala, H. = *Coscinia*, O. = *Candida*, H. S. = *Albeola*, H. et G.

Cette espèce habite l'Europe centrale, occidentale et septentrionale, sauf la région polaire. On rencontre les variétés: *Rippertii*, Pyrénées; *Punctigera*, Allemagne méridionale, France, vallées des Alpes; *Candida*, sud de l'Allemagne, Italie, vallées des Alpes, Espagne, Dalmatie; *Inquinata*, France; *Chrysocephala*, Espagne, Algérie et Maroc septentrional.

Les jeunes chenilles sont d'abord blanchâtres avec de petits points noirâtres, et se tiennent principalement dans les lieux arides et sablonneux. Après avoir hiverné sous des plantes basses, elles se montrent de nouveau en avril et en mai, sur des graminées, des bruyères, etc. Elles filent, comme celles de l'espèce précédente, une coque grisâtre dans la composition de laquelle entrent quelques poils. L'insecte parfait vole en juin et en juillet.

Deiopée gentille
sur le Myosotis intermédia

DEIOPÉE GENTILLE

DEIOPEIA PULCHELLA, Lin.

CRIMSON SPECKLED FOOTMAN. — SONNENWENDESPINNER.

Lin. S. N. X, p. 534; XII, p. 884. — Esp. Schm. IV, pl. 164, f. 3-5. — Schiff. W. V p. 65. — Hubn. Bomb. f. 413. — Ochs. Schm. Eur. III, p. 304. — God. V, pl. 42, f. 4. — Curt. Brit. Ent. p. 169. — Ann. Soc. ent. B. XII, p. LXI. — Spey. Geogr. Verb. I, p. 379. — Staud. Cat. p. 56, n° 718.

Tinea pulchella, L. — Noctua pulchella, Schiff. — N. lotrix, Cram — Phalæna pulchella, Scop. — Bombyx pulchella, F. — Eyprepia pulchella, O. — Deiopeia pulchella, Curt.

Cette espèce habite une grande partie de l'Europe à partir du 54°; d'après M. Speyer, on la rencontre dans les régions tempérées et chaudes des cinq parties du monde : l'Europe centrale et méridionale, le sud de l'Asie, presque toute l'Afrique, l'Amérique du nord et l'Australie.

Elle est rare en Allemagne et en Angleterre. En Belgique elle a été prise dans les environs de Bruxelles par M. Capronnier; M. Maurissen de Maestricht en possède un individu pris, par lui, à Schalkhoven (Limbourg belge) le 1er juin 1874. Elle est surtout répandue sur les côtes de la Méditerranée.

La chenille vit en mai et en juin sur l'héliotrope commun *(Heliotropium europæum)*, les myosotis *(Myosotis arvensis, etc.)*, le *Solanum tomentosum* et sur les plantains; elle se chrysalide à terre à l'intérieur d'un cocon.

L'insecte parfait vole en juillet. On rencontre parfois en mai des individus provenant de chrysalides qui ont hiverné et qui appartiennent probablement à une seconde génération.

Euchéline du Seneçon.
sur le Seneçon Jacobée.

GENRE EUCHÉLINE. — EUCHELIA, Boisd.

EUCHÉLINE DU SENEÇON.

EUCHELIA JACOBÆÆ, BOISD.

CINNABAR MOTH. — JAKOBSBLUM-SPINNER.

Ochenh., t. III, p. 154. — Esper, t. IV, pl. XCI. — Boisd., p. 56, nº 458. — PHALÆNA JACOBÆÆ, Linné. — NOCTUA JACOBÆÆ, Esper. — BOMBYX JACOBÆÆ, Esper. — LITHOSIA JACOBÆÆ, Ochenh. — SETINA JACOBÆÆ, Schrank. — CALLIMORPHA JACOBÆÆ Step. — C. SEMIFLAVA, Step. var.

Ce papillon se rencontre dans toute l'Europe, sauf dans les contrées polaires; on le trouve en Sibérie, en Asie Mineure, dans une grande partie de la Russie, de la Suède et de la Norwége, en Allemagne, en Belgique, en Hollande, en France, en Italie et en Grande-Bretagne, mais très-rarement en Écosse.

Cette espèce, assez commune dans certaines localités, voltige en mai au soleil, dans les prairies, les clairières des bois et dans d'autres endroits où se trouvent beaucoup de fleurs. Les chenilles se tiennent en société vers les mois de juillet et d'août sur le seneçon jacobée (*Senecio jacobœa*), et ce n'est que la faim qui peut les décider à se nourrir d'autres espèces du même genre. Elles mangent aussi bien les fleurs que les feuilles, de telle manière qu'elles ne laissent ordinairement que la tige principale toute nue, sur laquelle elles se tiennent agglomérées jusqu'à ce que le besoin de nourriture les oblige à chercher une autre plante. Nous avons trouvé ces mêmes chenilles sur l'Aster annuel (*Stenactis annua*), qu'elles ne paraissaient pas dédaigner. Lorsqu'elles ont toute leur grandeur, elles se font dans l'herbe ou entre des feuilles mortes, un tissu très-fin dans lequel se trouve la chrysalide, qui est petite proportionnellement au papillon qui lui succède. Cette chrysalide passe tout l'hiver sous la neige, et le papillon parfait n'en sort qu'en mai ou juin du printemps suivant.

Néméophile ensanglanté
sur la Bruyère.

NÉMÉOPHILE ENSANGLANTÉ.

NEMEOPHILA RUSSULA, Lin.

THE CLOUDED BUFF. — APOSTEMKRAUTSPINNER.

Lin. S. N. x, 506 (*mas.*) 510 (*fem.*); F. S. 302 (*mas.*) 308 (*fem.*) — Esp. Schm. pl. 67, f. 2–7. — Hubn. Bomb. pl. 29, f. 124-25. — Ochsenh. Schm. Eur. III, 309. — God. Lep. de Fr. IV, pl. 34, f. 4–5. — Boisd. Ind. 62, nº 507. — Frey. N. Beitr. pl. 622. — Step. Cat. 49. — Ann. soc. ent. B. I, 49. — Spey. Geogr. verb. I, 383. — Staud. Cat. 56, nº 722.

Phalæna russula, L. (*fem.*) — Ph. sannio, L (*mas.*) — Ph. vulpinaria, L. — Bombyx russula, Hb. — Eyprepia russula, O. — Euthemonia russula, Step. — Arctia russula, Sp. — Nemeophila russula, Boisd.

Cette espèce habite toute l'Europe et les parties occidentales de l'Asie : on la rencontre depuis le 60ᵉ jusqu'au 40ᵉ degré, et depuis les îles Britanniques jusqu'aux monts Altaï et les provinces de l'Amour. En Belgique, elle est assez commune dans les bruyères et les herbages élevés des bois, surtout dans la forêt de Soignes et aux environs de Liége, Namur, Dinant, Mons, etc.

Les chenilles vivent sur le plantain, le pissenlit, la scabieuse *(Scabiosa arvensis)*, la cynoglosse *(Cynoglossum officinale)*, les épervières *(Hieracium)*, la stellaire *(Stellaria media)*, la bruyère *(Calluna erica)*, etc.; en captivité, on les élève fort bien avec de la laitue. On les trouve en septembre et en octobre, mais elles hivernent et n'acquièrent toute leur taille que dans le courant d'avril; la majorité de ces chenilles périssent pendant l'hiver. Une seconde génération se montre en juillet et au commencement d'août. La chrysalidation se fait dans un léger tissu fixé entre des graminées, des tiges ou des feuilles.

L'insecte parfait prend son essor en mai et en juin; la deuxième génération vole dans la seconde quinzaine d'août.

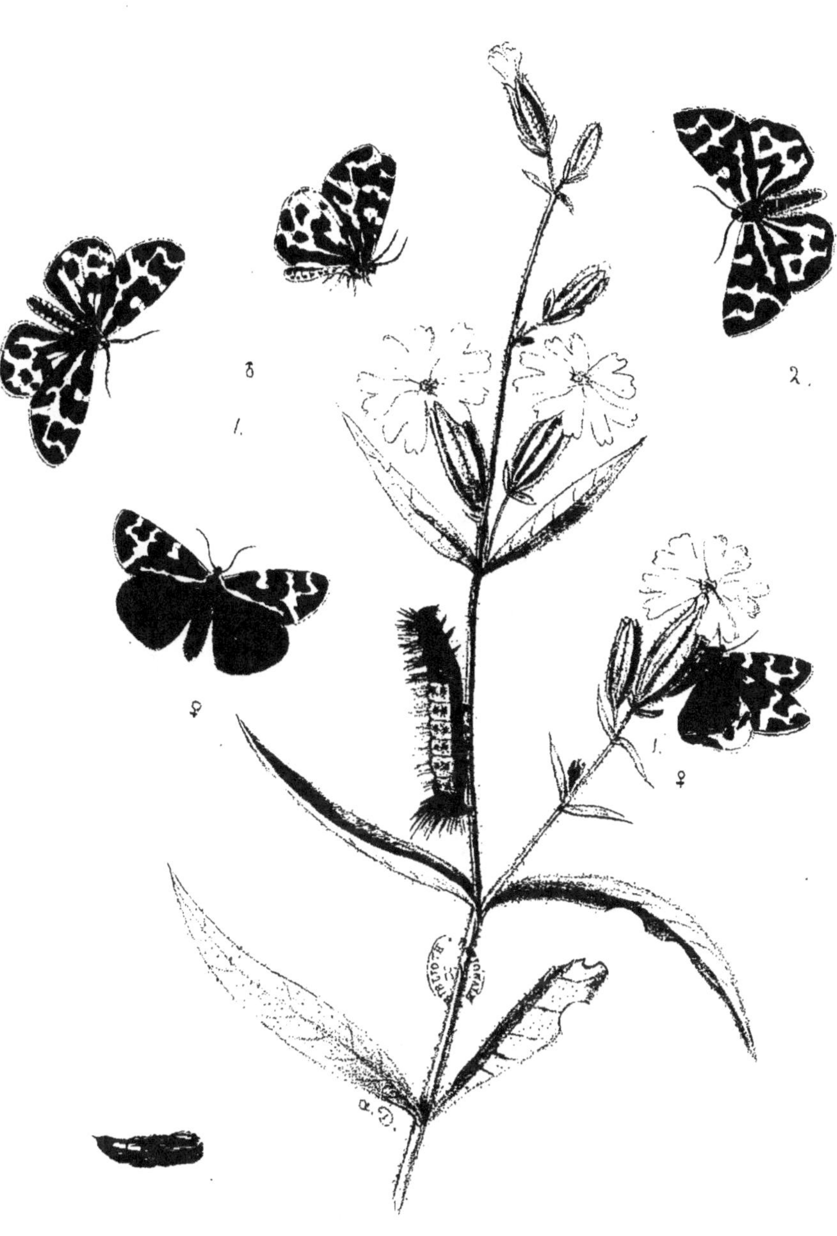

Néméophile à bandes jaunes
sur le Lychnis dioïca.

NÉMÉOPHILE A BANDES JAUNES

NEMEOPHILA PLANTAGINIS, LIN.

THE WOOD TYGER. — WEGERICHSPINNER.

Lin S N. x, 501 (*fem*). — F. S. 301. (*mas*) — Scop. ENT. CARN. 205, 507. — Esp. SCHM. pl. 36, f. 1-5. — Hubn. BOMB. pl. 29, f. 126-28 et pl. 55. f. 238. — Ochsenh. SCHM. EUR. III, 312, 314. — God. LEP. DE FR. pl. 33, f. 2-4. — Men. CAT. RAIS. 262. — Frey. N. BEITR. pl. 612, 405. — Schiff. SYST. VERS. 310 — Step. CAT. 50. — ANN. SOC. ENT. B. I, 49. — Spey. GEOGR. VERB. I, 384. — Staud. CAT. 56, nº 724.

PHALÆNA PLANTAGINIS, L. — PH. ALPICOLA, Scop. — BOMBYX PLANTAGINIS, Hb. — EYPREPIA PLANTAGINIS, O. — ARCTIA PLANTAGINIS, Sp. — PARASEMIA PLANTAGINIS et NEMEOPHILA PLANTAGINIS, Step. — *Var.* : CAUCASICA, Men. — *Aber.* : HOSPITA, Schiff. — MATRONALIS, Fr.

Ce néméophile habite, à partir de la Laponie, toute l'Europe et la Sibérie jusqu'aux monts Altaï. Il se tient de préférence dans les régions montagneuses et il est assez commun dans les bois et les taillis de la Belgique. L'ab. *Hospita* a également été trouvée dans plusieurs localités du pays, entre autres à Boitsfort, à Namur, à Dinant, à Liége, etc. La var. *Caucasica* est propre au Caucase et à l'Arménie.

Les œufs éclosent au bout d'une huitaine de jours, mais il est à remarquer que les chenilles d'une même ponte ne croissent pas toujours également vite; ainsi, il arrivera qu'un certain nombre de chenilles auront toute leur taille au moment de l'hivernation, tandis que d'autres, de la même ponte, continueront à croître au printemps. On trouve donc cette chenille en septembre et en octobre, et, après son réveil, en avril et en mai sur le plantain, le lycnide *(Lychnis dioica)*, le pissenlit *(Taraxacum dens leonis)*, le silené *(Silene noctiflora)*, etc.

La chrysalide est enveloppée d'un léger tissu. L'insecte parfait vole à la fin de juin et en juillet.

La figure 2 de notre planche représente l'ab. *Hospita*.

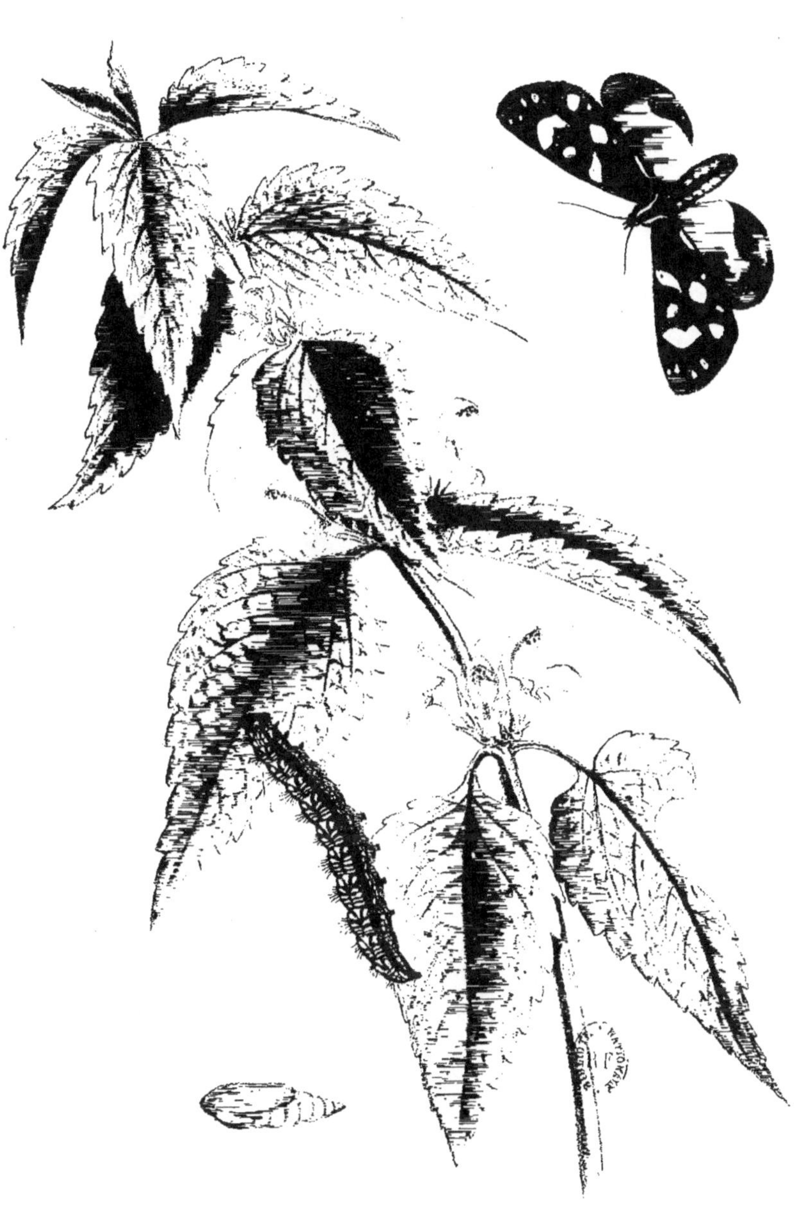

Callimorphe dominule,

sur le Lamier blanc.

GENRE CALLIMORPHE. — CALLIMORPHA, Doub.

CALLIMORPHE DOMINULE.

CALLIMORPHA DOMINULA, DOUB.

SCARLET TYGER. — HUNDSZUNGEN SPINNER.

Ochsenh., t. III, p. 316. — Esp., t. IV, pl. LXXXIII. — Frey., t. IV, pl. 369, var. — Spey., Geogr. Verb., t. I, p. 380. — Boisd., p. 61, n° 501. — Phalæna dominula, Lin. — Bombyx dominula, Illig. — B. domina et B. persona, Hüb., var. — Heraclia dominula, West. — Hypercompa dominula, Bree. — Noctua dominula, Esp. — Arctia dominula, Schra. — Euprepria dominula, Ochs.

Cette espèce habite la Suède, la Laponie, la Russie, le versant du Volga, les monts Ourals, l'Allemagne, la Suisse, la Hollande, la Belgique, la France, la Grande-Bretagne et l'Italie. Elle est assez commune dans plusieurs de ces contrées, tandis qu'elle est rare dans d'autres.

La chenille vit sur le prunellier (*Prunus spinosa*), le framboisier (*Rubus idæus*), la ronce frutescente (*R. fruticosus*), le sorbier (*Sorbus aucuparia*), l'anémone hépatique (*Anemone hepatica*), l'anémone pulsatille (*A. pulsatilla*), l'anémone des bois (*A. nemorosa*), le frêne (*Fraxinus excelsior*), la cynoglosse officinale (*Cynoglossum officinale*), le lamier blanc (*Lamium album*), l'ortie brûlante et dioïque (*Urtica urens* et *dioïca*), le saule marceau (*Salix caprea*) et le noisettier (*Corylus avellana*). Cette chenille passe l'hiver en léthargie; on la retrouve au printemps, en avril et mai, dans son état normal. La métamorphose s'opère sous un léger tissu blanchâtre et quelquefois on trouve plusieurs chrysalides cachées sous la même couverture. Le papillon s'en échappe au bout d'une quinzaine de jours ; on voit alors, en juin et en juillet, cette magnifique espèce voltiger dans les petits bois et les vallées humides ainsi que le long des cours d'eau ; elle se repose parfois sur des chardons en fleurs.

GENRE CALLIMORPHE. — CALLIMORPHA, Latr.

CALLIMORPHE DOMINULE

CALLIMORPHA DOMINULA, Linn.

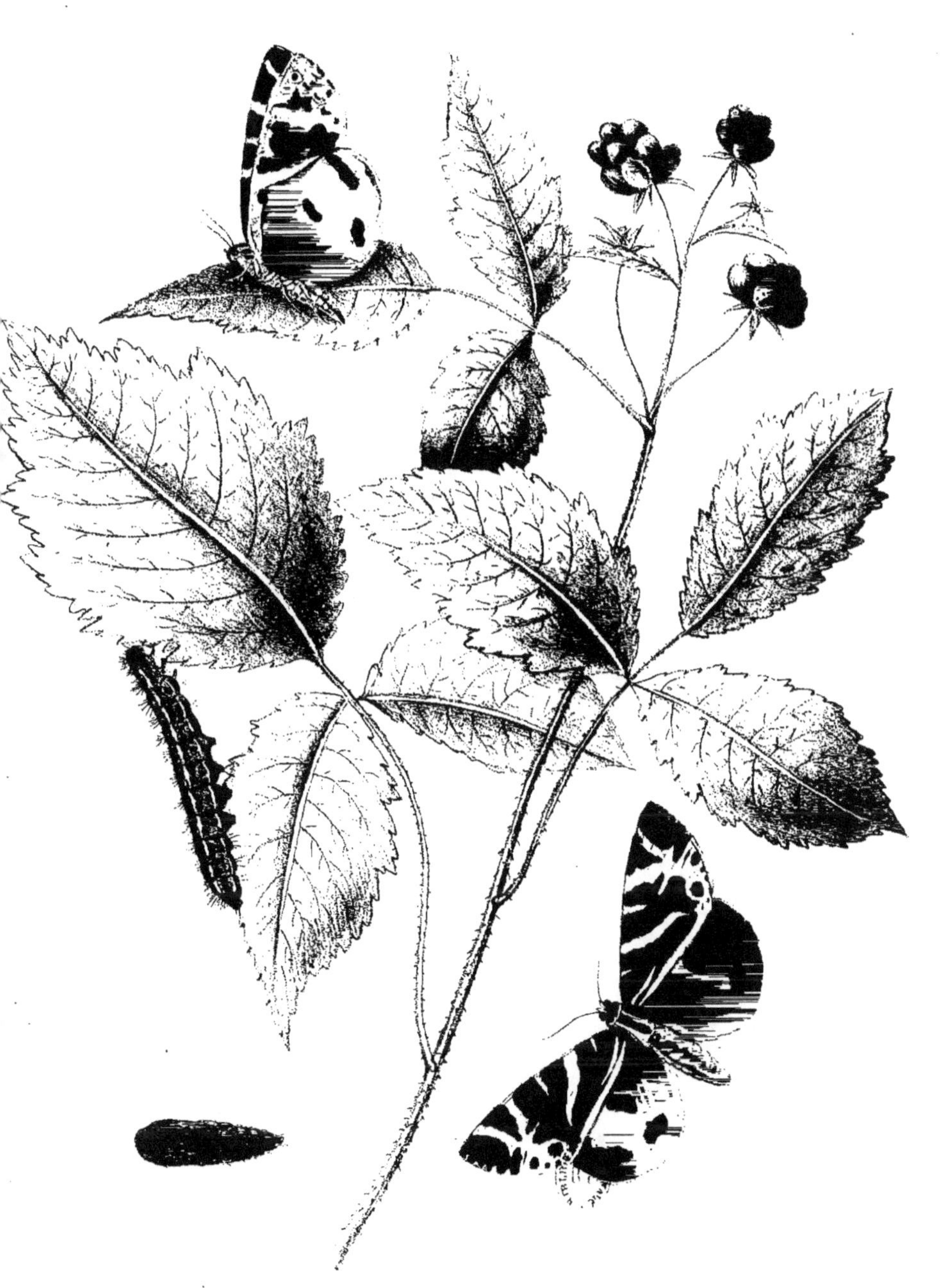

Callimorphe Hera,

sur la Ronce bleue.

CALLIMORPHE HERA.

CALLIMORPHA HERA, GOD.

HERA TYGER. — BEINWELL SPINNER.

Ochsenh., t. III, p. 319. — Esp., t. IV, pl. LXXXIII. — Frey., t. III, pl. 284. — Spey., GEOGR. VERB., t. I, p. 381. — Boisd., p. 61, nº 503. — PHALÆNA PLANTAGINIS, Scop. — NOCTUA HERA, Lin. — N. CHIMENE, Esp. — N. QUADRIPUNCTARIA, Pod. — BOMBYX HERA, Fab. — B. COLONA, Hüb. — CYPREPIA HERA, Ochs.

Ce beau lépidoptère n'habite que le midi de l'Europe, jusqu'aux monts Ourals et le sud de la Perse. On le rencontre en Italie, en France, en Belgique, en Suisse, dans quelques parties de l'Allemagne et dans les environs du Volga.

La chenille passe l'hiver en léthargie et se retrouve en avril et mai sur le sarothamne à balais ou genêt commun (*Sarothamnus scoparius*), sur le trèfle des prés (*Trifolium pratense*), des champs (*T. arvense*) et incarnat (*T. incarnatum*), le framboisier (*Rubus idæus*), la ronce bleue (*R. cæsius*), les épilobes des montagnes (*Epilobium montanum*) et hérissé (*E. hirsutum*), les plantains moyen (*Plantago media*) et à larges feuilles (*P. major*), le saule blanc (*Salix alba*), le hêtre (*Fagus sylvatica*), le chêne (*Quercus robur*) et le gléchome, lierre terrestre (*Glechoma hederacea*).

Pour se métamorphoser, cette chenille se construit un tissu de couleur grise, duquel le papillon s'échappe après y avoir séjourné pendant quinze jours à trois semaines. Celui-ci voltige de préférence durant le jour dans les endroits montagneux et sur le versant des rochers bien exposés au soleil; on le voit encore souvent entre des buissons et des hautes herbes, où il se repose ordinairement sur les fleurs de l'*Eupatoria cannabinum* et des chardons.

Arctie caja
sur le Pissenlit.

ARCTIE CAJA.

ARCTIA CAJA, STEPHENS.

GARDEN TYGER. — CAJA-SPINNER.

Ochsenheimer, t. II, p. 335. — Esper, t. III, pl. XXX, fig. 1. — Boisduval, p. 64. — PHALÆNA CAJA, Linné. — BOMBIX CAJA. Hüb.— B. ERINACEA, Retz.— EYPREPIA CAJA, Schäff. — CHELONIA CAJA, Godart. — ARCTIA SEMICOCCINEA, Step. var.

Cette espèce se trouve dans toute l'Europe, dans le nord de l'Asie et de l'Amérique, ainsi qu'aux États-Unis. On la rencontre en Russie, en Laponie, en Suède et en Norwége; elle est commune en Allemagne, en Belgique, en Hollande, en Grande-Bretagne, en France et en Italie.

Ce caja se tient aussi volontiers dans les plaines que dans les régions montagneuses jusqu'à une assez grande hauteur, ainsi que dans les jardins, sur les plantes herbacées, les haies et le long des routes. La chenille se nourrit de feuilles de graminées, du pissenlit (*Taraxacum dens leonis*), de la salade (*Lactuca sativa*), de la pomme de terre (*Solanum tuberosum*), du rosier, du prunier sauvage (*Prunus spinosa*), du groseillier (*Ribes rubrum* et *R. grossularia*). Ces chenilles, vivant séparément, n'occasionnent jamais de grands dégâts dans les jardins; aussi beaucoup d'entre elles sont piquées par les mouches ou par les ichneumons, et servent, de cette manière, d'enveloppe protectrice aux œufs de ces derniers; le coucou en détruit également un grand nombre pour sa consommation. Tant de causes de destruction empêchent ces chenilles, qui sont très-voraces, d'exercer leurs ravages. Les poils dont leur corps est couvert occasionnent de fortes démangeaisons à la peau. Elles marchent très-vite, et se transforment au mois de juin, sur la terre, en une chrysalide qui est entourée d'une enveloppe soyeuse, qui, elle-même, est enveloppée d'une espèce de toile grise dans la composition de laquelle entrent tous les poils de la chenille. Environ quatre semaines après sa transformation, le papillon parfait quitte sa chrysalide. La femelle dépose, au mois d'août, à la partie inférieure des feuilles de plantes peu élevées, deux à trois cents œufs verdâtres, qui sont collés très-près les uns des autres et d'où sortent, deux à trois semaines après, les petites chenilles qui, un peu plus tard, s'abritent sous les feuilles pour hiverner.

Arctie fermière.
sur le Plantain à larges feuilles

ARCTIE FERMIÈRE.

ARCTIA VILLICA, STEP.

THE CREAM-SPOT TYGER. — BAUMFLECK SPINNER.

Ochsenh. t III, p. 330. — Esp. t. III, pl. XXXV. — Spey. GEOGR. VERB., t. I, p. 386. — Boisd., p. 63, nº 115. — Phalæna villica, Lin. — Bombyx villica, Esp. — Arctia æthiops, var. et A. cordiger, Step., var. — A. Konewkai, Frey., var.

Ce lépidoptère est rare en Livonie et en Suède, mais il est assez répandu dans plusieurs localités de l'Allemagne, de la Hollande, de la Grande-Bretagne, de la Belgique, de la France, de l'Italie, de l'Espagne et de l'Asie mineure.

La chenille se montre à partir du mois de juillet et ne se métamorphose qu'en mai de l'année suivante ; elle passe l'hiver en léthargie. On la trouve sur l'alsine (*Alsine stellarina*), la stellaire (*Stellaria media*), l'achillée (*Achillea millefolium*), l'épinard (*Spinacia inermis*), l'ortie (*Urtica urens* et *U. dioïca*), le fraisier (*Fragaria vesca*), les laitues (*Lactuca*), le pissenlit (*Taraxacum officinale*), le froment rampant (*Triticum repens*) et le plantain (*Pantago major*).

Quand la chenille est en état de se chrysalider, elle se construit un cocon d'un tissu solide, mais à jours. C'est à l'intérieur de ce cocon que se font les métamorphoses ; l'insecte parfait se montre au bout de trois à quatre semaines. On le voit voler en juin et en juillet dans les endroits ombragés des bois ; durant le jour il n'est pas rare de le trouver, à l'état de repos, sur les haies, dans l'herbe et autres endroits analogues.

Arctie hébé,
sur la Cynoglosse officinale.

ARCTIE HÉBÉ.

ARCTIA HEBE, Lin.

GARBENSPINNER.

Lin. S. N, xii, 820. — Esp. Schm. pl. 34, f. 1-4. — Hubn. Bomb. pl. 30, f. 129. — Ochsenh. Schm. Eur. *III*, 339. — Boisd. Ind. p. 64, nº 524. — Frey. N. Beitr. pl. 458, f. 3 (*ab.*) et 632. — Spey. Geogr. verb. I, 390. — Ann de la Soc. ent. B., I, p. 50. — Staud. Cat. 57, nº 741.

Phalæna hebe, L. — Bombyx hebe, Hb. — Eyprepia hebe, O. — Arctia hebe, Schk — Chelonia hebe, Boisd — *Var.* : Interrogationis, Men.

Ce bel insecte, connu vulgairement sous le nom d'*Ecaille rose*, habite l'Europe centrale et méridionale, mais il est rare dans certaines localités. On ne l'a pas encore trouvé aux îles Britanniques et il ne paraît se montrer qu'accidentellement en Belgique : le premier exemplaire observé dans notre pays, a été pris dans les environs de Virton par M. de Sélys-Longchamps. On rencontre également cette espèce en Arménie, dans les monts Altaï et en Syrie ; la var. *Interrogationis* est propre à la Sibérie.

La chenille est commune dans les départements du centre et du midi de la France, où elle vit sur un grand nombre de végétaux herbacés. Après avoir passé l'hiver sous la mousse, elle se montre en avril sur l'achillée mille-feuilles *(Achillea millefolium)*, le séneçon *(Senecio vulgaris)*, les euphorbes *(Euphorbia esula, cyparissias, helioscopia)*, la Cynoglosse *(Cynoglossum officinale)*, l'armoise *(Artemisia vulgaris)*, etc. Pour élever cette chenille avec succès en captivité, on doit l'exposer au soleil, car elle meurt facilement de la moisissure ; on peut la nourrir avec toute espèce de salade.

Les métamorphoses ont lieu au commencement de mai dans un cocon blanchâtre, mou, mais formé d'un tissu assez serré. L'insecte parfait prend son essor au bout de trois à quatre semaines.

Euprépie ſuligineuse,

sur la Shérardie des champs.

GENRE EUPRÉPIE. — EUPREPIA, Ochsenh.

EUPRÉPIE FULIGINEUSE.

EUPREPIA FULIGINOSA, OCHS.

RUBY TYGER MOTH. — AMPFER-SPINNER.

Ochsenh., t. III, p. 346. — Esper, t. IV, pl. LXXXVI. — Speyer, GEOGR. VERB., t. I, p. 395. — Boisd., p. 65, nº 529. — NOCTUA FULIGINOSA, Lin. — PHALÆNA FULIGINOSA, Fab. — BOMBYX FULIGINOSA, Hüb. — ARCTIA FULIGINOSA, Lat. — PHARGMATOBIA FULIGINOSA, Step.

Cette euprépie se rencontre en Asie Mineure, en Sibérie, en Russie, en Suède, en Norwége, en Grande-Bretagne, en Allemagne, en Hollande, en Belgique, en France et en Italie.

Ce papillon, assez commun dans notre pays, se trouve dans les endroits montagneux, où il vole ordinairement en plein soleil. La chenille de cette espèce est une des premières qu'on aperçoit au printemps, et si la température est favorable, on la trouve même quelquefois en février, car elle passe l'hiver dans un état de léthargie dont elle ne se réveille prématurément que par l'action d'une chaleur bienfaisante. On la rencontre plus tard, en juillet et août, sur la patience (*Rumex acutus*), les gaillet jaune, mollugine et des bois (*Galium verum, mollugo* et *sylvaticum*), la cynoglosse officinale (*Cynoglossum officinale*), la shérardie des champs (*Sherardia arvensis*), le pissenlit officinal (*Taraxacum officinale*), la verveine (*Verbena officinalis*), la grande ortie (*Urtica dioica*) et les plantains (*Plantago*).

La chenille passe l'hiver dans un léger tissu, entre les crevasses des écorces d'arbre ou contre des murs; elle se chrysalide au printemps, et le papillon fait son apparition au bout de trois semaines.

A Dubois, ad nat. del.

Estigmène luctifère.
sur la Bruyère commune.

ESTIGMÈNE LUCTIFÈRE.

ESTIGMENE LUCTIFERA, STEP.

BROWN BUFF. — SPITZWEGERICH SPINNER.

Ochsenh., t. III, p. 349. — Esp., t. III, pl. XLIII. — Spey., GEOGR. VERB., t. 1, p. 594. — Boisd., p. 65, n° 350. — PHALAENA LUCTIFERA, Linn. — BOMBYX LUCTIFERA, Esp.

Ce lépidoptère se rencontre dans la plus grande partie de l'Europe ; on le trouve en Turquie, en Autriche, en Bohême, en Bavière, dans le duché de Nassau, en Prusse, en Belgique, en Hollande, en France et en Italie.

La chenille vit en avril et en mai sur la stellaire des bois (*Stellaria nemorum*), la stellaire intermédiaire (*S. media*), la cynoglosse officinale (*Cynoglossum officinale*), plusieurs espèces de véroniques, la bruyère commune (*Calluna vulgaris*), le pissenlit officinal (*Taraxacum officinale*), l'épervière piloselle (*Hieracium pilosella*) et les divers plantains (*Plantago major, media* et *lanceolata*). Cette rare chenille, pour notre pays, a été trouvée dans le Jardin botanique de Bruxelles par M. J.-E. Bommer, conservateur des collections de la Société royale d'horticulture de Belgique ; c'est d'après cet exemplaire que nous donnons la figure ci-jointe.

Quand cette chenille a atteint le terme de sa croissance, elle se chrysalide dans un tissu soyeux, à terre ou entre les crevasses d'un vieux mur. L'insecte parfait éclot en juin ou en juillet.

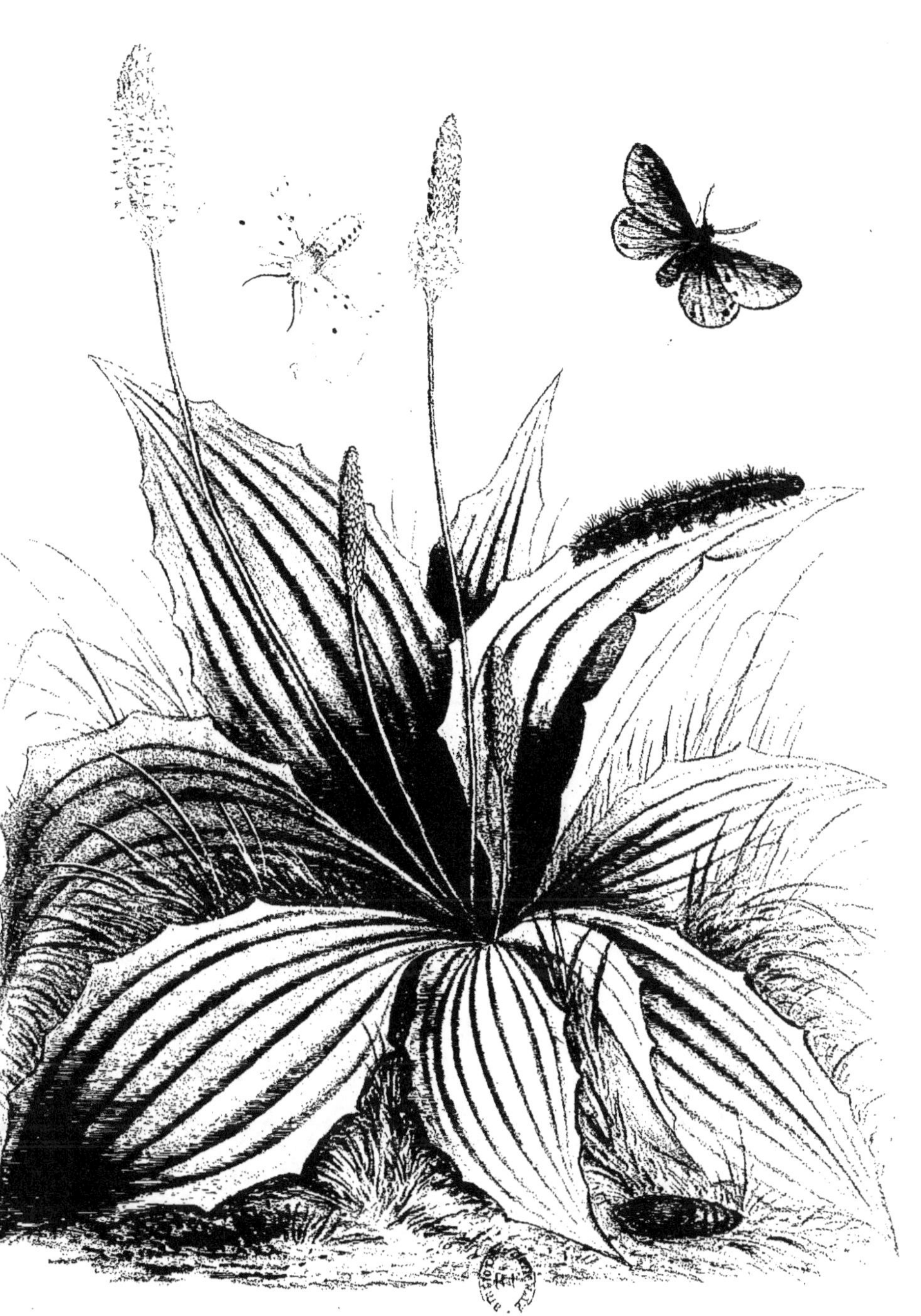

Euprepie mendiante,

sur le Plantain moyen.

EUPRÉPIE MENDIANTE.

EUPREPIA MENDICA, OCHSENH.

SPOTTED MUSLIN. — FRAUENMÜNZE SPINNER.

Ochsenh., t. III, p. 331. — Esper, t. III, pl. XLII — Speyer, GEOGR. VERB , t. I, p. 393. — Boisd., p. 65, n° 535. — PHALÆNA MENDICA, Lin. — BOMBYX MENDICA, Esp. — B. BASTICA, Hüb. var. — DIAPHORA MENDICA, Step. — CYCNIA MENDICA, West. — ARCTIA MENDICA, Schrank.

Cette espèce habite la Sibérie et la plupart des contrées de l'Europe ; c'est surtout en Russie, en Suède, en Norwége, en Allemagne, en Grande-Bretagne, en Hollande, en Belgique et en France qu'on la trouve le plus ordinairement.

La femelle dépose ses œufs, qui sont d'un blanc jaunâtre, vers le mois de mai ou de juin. On trouve encore les chenilles jusqu'en octobre sur l'inule conyze (*Inula Conyza*), le pissenlit (*Taraxacum officinale*), le plantain moyen (*Plantago media*), le plantain lancéolé (*P. lanceolata*), la patience oseille (*Rumex acetosa*), l'ortie brûlante (*Urtica urens*), ainsi que sur plusieurs autres petites plantes herbacées. La chenille se construit à terre et au-dessous des feuilles ou de la mousse, un léger tissu brunâtre dans lequel la chrysalide est renfermée. Le papillon parfait n'abandonne cette dernière qu'en mai ou juin de l'année suivante ; on le voit à cette époque dans presque toutes les localités, où il est tantôt commun, tantôt plus ou moins rare.

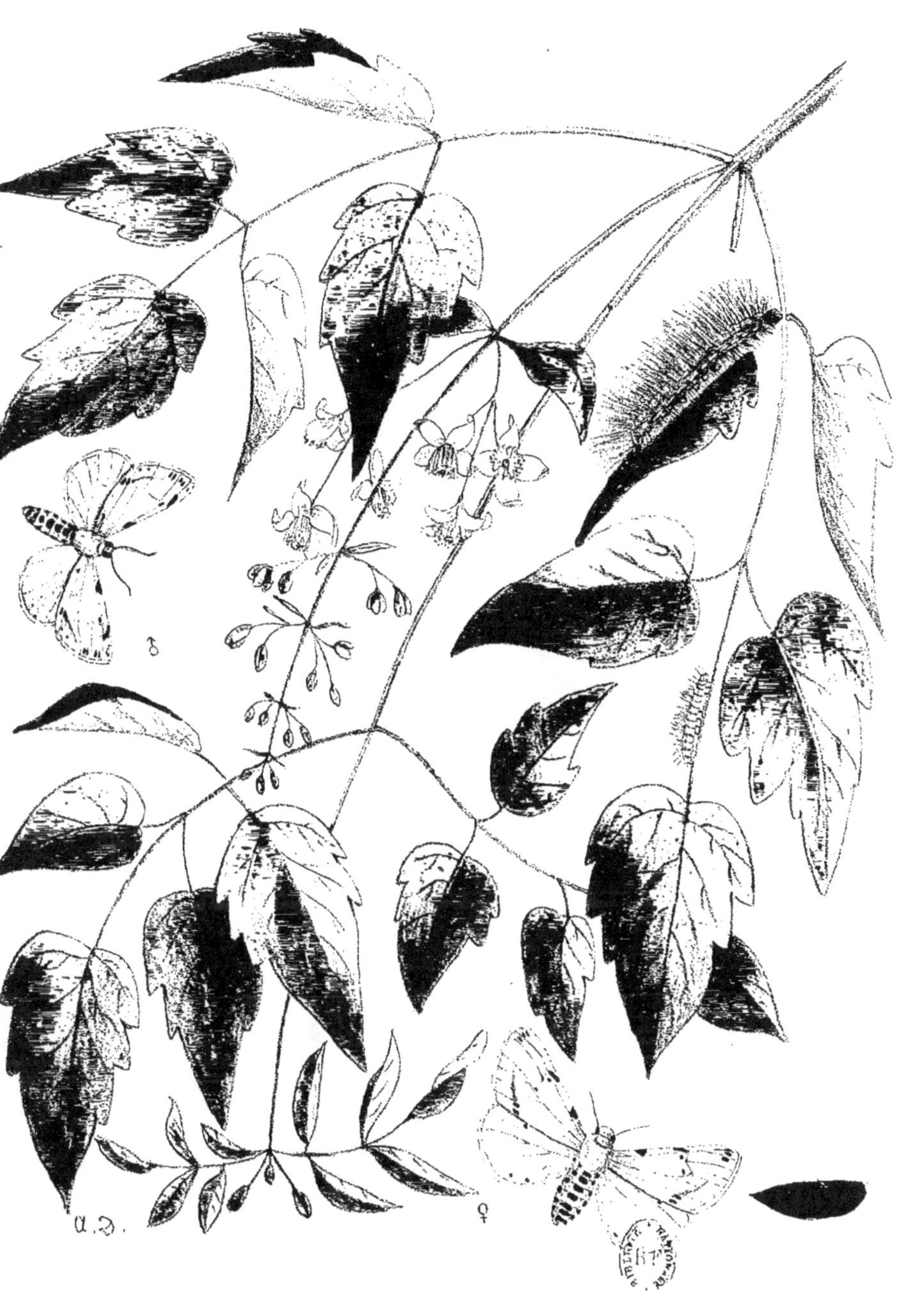

Euprépie lubricipède
sur la Clématie des haies.

EUPREPIE LUBRICIPÈDE.

EUPREPIA LUBRICIPEDA, OCHSENH.

SPOTTED BUFF. — HOLLUNDER-SPINNER.

Ochsenh., t. III, p. 359. — Esper, t. III, pl. LXVI, fig. 1. — Boisd., p. 65, n° 532. — PHALÆNA LUBRICIPEDA, Linné. — PH. LEPUS, Retz. — BOMBYX LUBRICIPEDA, Hüb. — B. MIRABILIS, LUXERII, God. var. — B. RADIATUS, Haw. var. — B. LUBRICIPES LUTEA, Berg. — ARCTIA LUBRICIPEDA, Fab. — SPILOSOMA LUBRICIPEDA, Step.

Ce papillon se trouve dans presque toute l'Europe : en Russie, en Suède, en Norvége, en Danemark, en Allemagne, en Hollande, en Grande-Bretagne, en Belgique, en France et en Italie.

Il se tient aussi volontiers dans les terrains plats que dans les lieux élevés; dans certaines localités, où il est assez commun, les chenilles de cette espèce causent quelque dommage aux arbres fruitiers, principalement aux abricotiers (*Armeniaca vulgaris*). On trouve cette chenille également sur la ronce (*Rubus fruticosus*), le framboisier (*R. idæus*), le pissenlit (*Taraxacum dens-leonis*), le gaillet (*Galium verum*), l'ibéride en ombelle (*Iberis umbellata*), le seringa (*Philadelphus coronarius*), l'épilobe hérissé (*Epilobium hirsutum*), la bette (*Beta vulgaris*), la julienne (*Hesperis matronalis*), la clématite sauvage (*Clematis vitalba*), le sureau noir (*Sambucus nigra*), la polémoine (*Polemonium cœruleum*), les menthes (*Mentha*), les plantains (*Plantago*), la persicaire (*Polygonum persicaria*) et le mûrier blanc (*Morus alba*). Les jeunes chenilles, d'abord d'un blanc verdâtre avec la tête jaunâtre, acquièrent toute leur croissance en juin ou en juillet. Elles se métamorphosent vers le mois d'août ou de septembre, sur la terre entre des feuilles. La chrysalide est entourée d'un cocon brunâtre, composé des poils de la chenille, et le papillon quitte cette double enveloppe au mois de mai de l'année suivante.

Euprépie de la menthe,

sur la Menthe des champs.

EUPRÉPIE DE LA MENTHE.

EUPREPIA MENTHASTRI, OCHSENH.

LARGE ERMINE. — ROSSMÜNZEN SPINNER.

Ochsenh., t. III, p. 354. — Esper, t. III, pl. LXVI. — Speyer, GEOGR. VERB., t. I, p. 392. — Boisd., p. 65, n° 534. — PHALÆNA ERMINEA, Marsh. — BOMBYX MENTHASTRI, Schiff. — SPILOSOMA MENTHASTRI, Step. — S. WALKERII, Cuv., var. — ARCTIA MENTHASTRI, Schrank.

On rencontre cette euprépie dans une partie de l'Asie et dans presque toute l'Europe, particulièrement en Russie, en Allemagne, en Grande-Bretagne, en Hollande, en Belgique, en France et en Italie.

Les œufs de cette espèce sont d'une forme arrondie et de couleur blanche un peu jaunâtre ; on les trouve déposés en juillet sur les plantes nourricières des chenilles. Ces dernières vivent, depuis le mois d'août jusqu'en octobre, sur la menthe crépue (*Mentha crispata*), la menthe sauvage (*M. sylvestris*), la menthe des champs (*M. arvensis)*, la menthe aquatique (*M. aquatica*), la chataire (*Nepeta cataria*), la tanaisie commune (*Tanacetum vulgare*), le poivre d'eau (*Polygonum hydropiper*), la persicaire (*P. persicaria*), les orties (*Urtica dioïca* et *U. urens*), et les plantains (*Plantago*) A l'époque de la chrysalidation, la chenille se tisse, à l'aide des poils dont son corps est couvert, un tissu grisâtre qui sert d'enveloppe protectrice à la chrysalide. L'insecte parfait se développe en mai ou en juin ; il est assez commun dans certaines localités.

Euprépie de l'ortie,
sur le Poivre d'eau.

EUPRÉPIE DE L'ORTIE.

EUPREPIA URTICÆ, OCHSENH.

WATER ERMINE. — NESSEL SPINNER.

Ochsenh., t. III, p. 357. — Esp., t. IV, pl. LXXXIII. — Spey., GEOGR. VERB., t. I, p. 393. — Boisd., p. 65, n° 533. — PHALÆNA PAPYRATIA, Marsh. — BOMBYX URTICÆ, Esp.— B. MENTHASTRI, Bork. var. — SPILOSOMA PAPYRATIA, Step.

Cette euprépie habite la Russie, la Suède, l'Allemagne, la Suisse, la Hollande, la Grande-Bretagne, la France et la Belgique. Durant certaines années elle est commune et pendant d'autres elle est assez rare.

La chenille se tient dans les endroits humides et herbeux, ainsi que dans les chemins creux et ombragés. On la trouve dans ces localités, en août et en septembre, sur la menthe sauvage (*Mentha sylvestris*), le trèfle d'eau (*Menyanthes trifoliata*), l'herbe aux chats (*Nepeta cataria*), la renouée persicaire (*Polygonum persicaria*), le poivre d'eau (*P. hydropiper*), la tanaisie balsamite (*Tanacetum balsamita*), les plantains à larges feuilles, lancéolé et moyen (*Plantago major, lanceolata* et *media*), la patience aquatique (*Rumex aquatica*), les orties brûlante et dioïque (*Urtica urens* et *dioïca*), ainsi que les carex des bois, distique et jaunâtre (*Carex sylvatica, disticha* et *vulpina*). La chrysalidation se fait en automne, mais le papillon ne se débarrasse de son enveloppe momentanée qu'en mai ou en juin de l'année suivante. Les œufs que la femelle dépose dans le courant de juillet, sont sphériques et d'une couleur jaunâtre qui devient grise à l'approche de l'époque de l'éclosion.

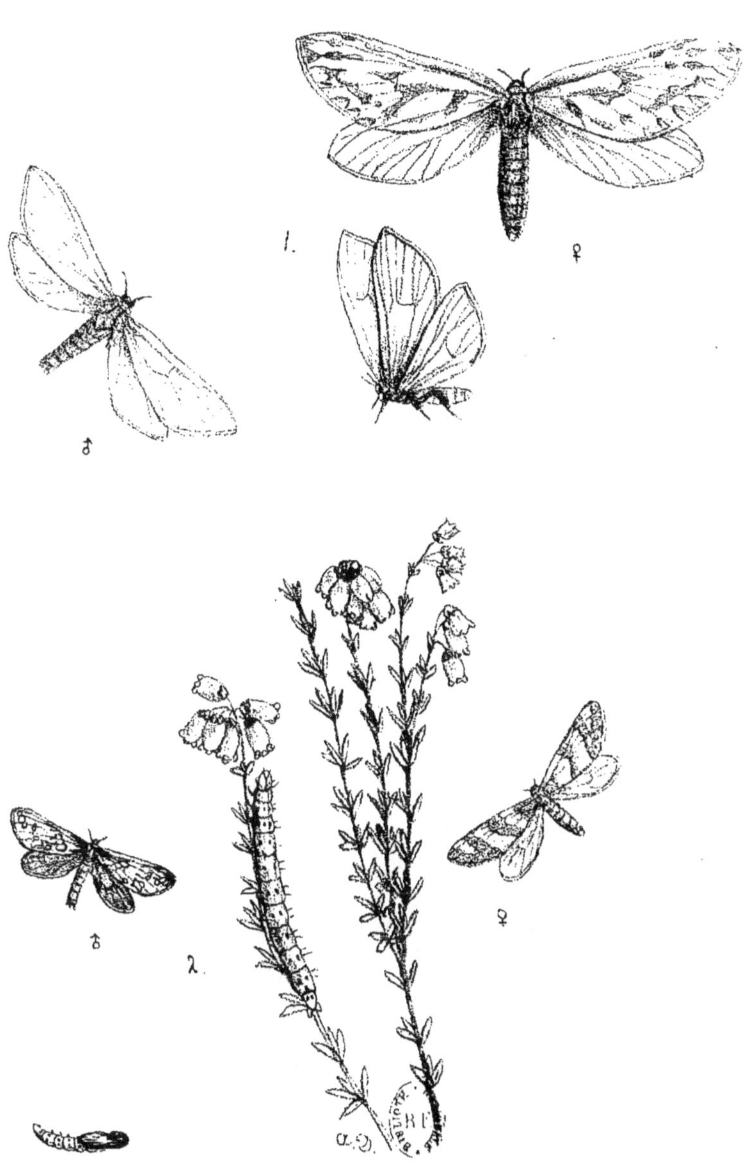

1 Hepiale des Houblonnières,
2. H. hépatique.

HEPIALE DES HOUBLONNIÈRES

HEPIALUS HUMULI, Lin.

Lin. S. N. X. 508; F. S. p. 305. — Esp. IV, pl. 80, f. 1-4. — Hub. f. 203-4. — Ochs. III, p. 104. — God. IV, 1. 1,2. — Mill. Ic. III, 5, 6. — Ann. Soc. ent. B. I, 62. — Spey. Geogr. verb. I, p. 298. — Staud. Cat. p. 60, n° 784.

Phalæna humuli, L. — Bombyx humuli, Hb. — Hepiolus humuli, Ochs. — Hepialus humuli, Step. — H. humulator, Haw.

Habite l'Europe entre le 60° et le versant méridional des Alpes et le Caucase, depuis l'Angleterre jusqu'à l'Oural. Elle est assez rare en Belgique, mais se trouve dans beaucoup de localités.

La chenille vit, depuis le mois d'août jusqu'au printemps, dans les racines du houblon et d'autres plantes voisines. L'insecte parfait vole en juin et en juillet dans les prairies humides.

HEPIALE HÉPATIQUE

HEPIALUS HECTUS, Lin.

Lin. S. N. X, app. 822.; F. S. p. 305 — Esp. IV. pl. 80, f. 5-7. — Hubn. ff. 208-9 et 258. — Ochs. III, p. 116. — Frey. N. Beitr. pl. 540. — Ann. Soc. ent. B. I, p. 62. — Spey. Geogr. verb. I, p. 301. — Staud. Cat. p. 60, n° 796.

Phalæna hecta, Lin. — Noctua hecta, nemorosa et jodutta, Esp. — Bombyx hecta, Hb. — Hepiolus hecta, Hb. — Hepiolus hectus, Ochs. — Hepialus hectus, Step. — H. hecta, Stgr.

Cette espèce est plus ou moins répandue entre le 44° et le 60°, depuis l'Angleterre jusqu'aux provinces de l'Amour; elle est assez commune en Belgique.

La chenille, d'après Freyer, vit dans la terre aux dépens des racines de mousses; cet entomologiste l'a souvent trouvée, en avril, en arrachant de ces plantes; en captivité il la nourrissait de feuilles de pissenlit et de plantain. On la trouve également aux racines des bruyères. La chrysalidation a lieu en mai et l'insecte vole en juin et en juillet. On le rencontre, vers le soir, dans les prés humides des bois.

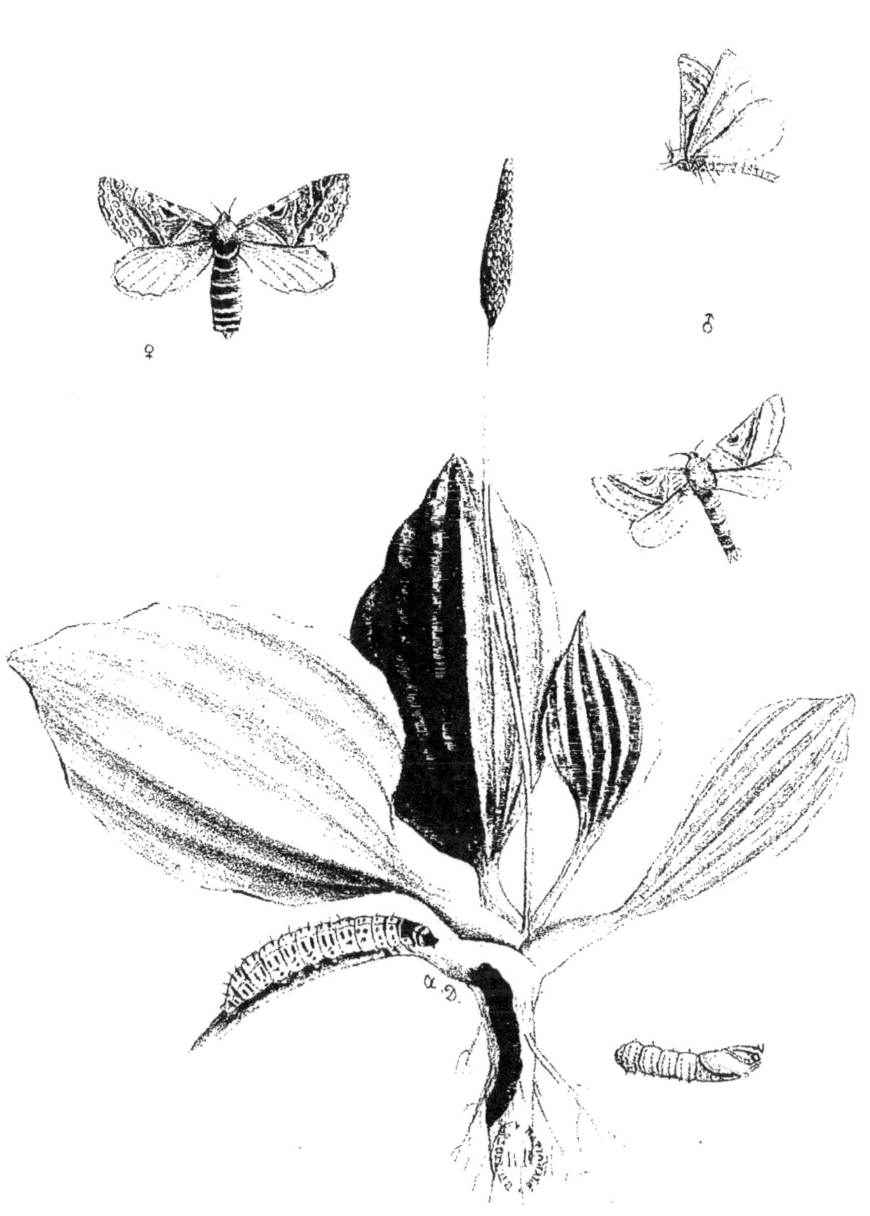

Hépiale sylvine

HEPIALE SYLVINE

HEPIALUS SYLVINUS, Lin.

THE ORANGE SWIFT. — OCKERGELBERSPINNER

Lin. F. S., p. 306.- Esp. SCHM. pl. 82, f. 5-7 et pl. 84, f. 2-4. — Hubn. BOMB. f. 205-7, 252. — Ochs. SCHM. EUR. III, p. 109. — Sepp, NED. INS. VIII, pl. 33. — ANN. SOC. ENT. B. I, p. 62. — Spey. GEOGR. VERB. I, p. 301. — STAUD. CAT p. 60, n° 785.

PHALÆNA SYLVINA, L. — NOCTUA FLINA, Esp. — BOMBYX LUPULINA, Hb. — HEPIOLUS SYLVINUS, Ochs — HEPIALUS SYLVINUS, Curt. — H. HAMMA, Schr.

Ce lépidoptère habite l'Europe centrale, à partir du sud de la Scandinavie et de Saint-Pétersbourg jusqu'au centre de l'Italie et de l'Asie mineure; l'Oural et le Caucase sont ses limites orientales. Il est très-mun en Belgique.

On trouve les chenilles très-tôt au printemps sur les racines des malvacées, des plantains et autres plantes herbacées.

L'insecte parfait vole depuis le mois de juin jusqu'en septembre. Il varie beaucoup par la taille et la couleur des ailes.

Hépiale du Houblon,

sur le Plantain lancéolé.

HÉPIALE DU HOUBLON.

HEPIALUS LUPULINUS, OCHSENH.

COMMON SMALL SWIFT. — HOPFEN SPINNER.

Ochsenh., t. III, p. 114. — Esp., t. IV, pl. LXXXI. — Frey., t. II, pl. 122. — Spey., GEOGR. VERB., t. I, p. 300. — Boisd., p. 77, n° 612. — PHALÆNA LUPULINA, Lin. — P. FLINA, Schiff. — P. HECTA, Harris. — BOMBYX LUPULINA, Hüb. — B. FLINA, Esp. — HEPIALUS LUPULATOR, Haw. — H. CORA, Schrank. — H. FUSCUS, Haw. — H. ANGULUM, var., E. OBLIQUUS, var. et H NEBULOSUS, var., Haw.

Les contrées dans lesquelles cette espèce se voit particulièrement sont : la Russie, la Suède, la Norwége, le Danemark, l'Allemagne, la Hollande, la Belgique, la Grande-Bretagne, la France et l'Italie; elle habite généralement la plus grande partie de l'Europe.

La chenille se tient dans la terre près des racines d'un grand nombre de plantes, telles que le plantain à larges feuilles (*Plantago major*), le plantain lancéolé (*P. lanceolata*), le froment ordinaire (*Triticum vulgare*), le froment rampant (*T. repens*), et le houblon (*Humulus lupulus*). On la trouve aussi souvent dans les jardins où elle ravage les plantes d'agrément, telles que les *Rhododendron*, etc.; elle s'attaque surtout aux jeunes plantes de semis, dont elle ronge la partie supérieure des racines. Dès que cette chenille a atteint le terme de sa croissance, elle se construit un cocon allongé, formé de terre et affermi au moyen de fils et dans lequel se forme la chrysalide.

Ce n'est que vers les mois de juin et de juillet qu'on peut se procurer le papillon, qui fait ordinairement ses évolutions après le coucher du soleil, dans les endroits humides, les prairies par exemple.

Cossus ligniperde

GENRE COSSUS. — COSSUS, Fabricius.

COSSUS LIGNIPERDE.

COSSUS LIGNIPERDA, FABR.

GOAT MOTH. — HOLZBOHRER.

Ochsenh., t. III, p. 90. — Esper, t. III, pl. LXI, fig. 1. — Boisd., p. 75, n° 602. — PHALÆNA COSSUS, Lin. — BOMBYX COSSUS, Hüb. — HEPIALUS COSSUS, Schrank.

Cette espèce, si nuisible aux arbres, est répandue dans la plus grande partie de l'Europe : on la trouve en Russie, en Suède, en Norvége, en Danemark, en Allemagne, en Hollande, en Belgique, en Grande-Bretagne, en France et en Italie.

Ce cossus vit aussi bien dans les plaines que sur les montagnes. La femelle porte à la partie anale un oviducte qu'elle peut faire sortir à volonté, ce qui lui permet de déposer ses œufs dans les crevasses des écorces à une assez grande profondeur. Les jeunes chenilles ne tardent pas à perforer le bois, et bien souvent des arbres entiers sont détruits par elles, à cause des galeries en tout sens qu'elles y creusent, et qui aboutissent à une ou plusieurs ouvertures placées ordinairement au pied de l'arbre. Ces chenilles vivent aux dépens des arbres dans lesquels elles se tiennent pendant deux ou trois ans avant de pouvoir se métamorphoser; mais la nécessité de se chrysalider les fait parfois quitter leur tronc d'arbre pour chercher un endroit convenable à leur transformation ; c'est vers cette époque qu'on en trouve quelquefois sur la terre. La chrysalide est entourée d'une espèce de cocon très-dur composé de parcelles de bois et d'écorces rongées et agglutinées, dont elle se dégage ordinairement en partie au bout de trois semaines pour faciliter la sortie du papillon.

La chenille du cossus exhale une odeur désagréable ; possédant une très-forte mâchoire pour ronger le bois qui lui sert de nourriture, on doit se garder de la conserver dans une boîte en bois, car elle l'aurait bientôt percée, mais on doit avoir soin de la mettre dans un bocal ou dans une boîte en fer-blanc.

Zeuzère du Marronnier.

ZEUZÈRE DU MARRONNIER.

ZEUZERA ÆSCULI, CUR.

THE WOOD-LEOPARD. — ROSSKASTANIEN SPINNET.

Ochsenh., t. III, p. 99. — Esp., t. III, pl. LXII. — Spey., GEOGR. VER., t. I, p. 302. — Boisd., p. 76, n° 606 — PHALÆNA ÆSCULI et PH. PYRINA, Lin. — BOMBYX ÆSCULI, Esp. — COSSUS ÆSCULI, Ochs.

La patrie de cette espèce est la Suède, la Livonie, la Russie, l'Allemagne, la Hollande, la Grande-Bretagne, la Belgique, la France et l'Italie.

La chenille de ce zeuzère cause beaucoup de dégâts aux arbres tels que le hêtre (*Fagus sylvatica*), le marronnier d'Inde (*Æsculus hippocastanum*), l'aune (*Alnus glutinosa*), les tilleuls (*Tilia platyphyllos* et *T. sylvestris*), le chêne (*Quercus robur*), les saules (*Salix*), les peupliers (*Populus*), les pommiers (*Malus*) et les poiriers (*Pyrus*), dont la moelle lui sert de nourriture. Les mœurs de cette chenille ne permettent de la trouver que dans l'intérieur et à la partie supérieure des troncs, principalement sur les jeunes arbres, dont elle perfore même quelquefois les branches. C'est pendant le mois de septembre qu'elle cause le plus de ravages; on reconnaît facilement sa présence dans les arbres, par les petits trous qui existent entre les fissures de l'écorce. Cette chenille passe l'hiver dans le bois, et ne se chrysalide que vers l'été de l'année suivante, dans une petite excavation qu'elle se creuse sous l'écorce. Le papillon est entièrement développé au mois d'août, époque à laquelle on peut se le procurer.

Limacode tortue

sur le Hêtre.

GENRE LIMACODE. — LIMACODES, Lat.

LIMACODE TORTUE.

LIMACODES TESTUDO, STEP.

TESTOON. — ZWERGEICHEN SPINNER.

Treits., t. VIII, p. 14. — Esp., t. III, pl. XXVI. — Spey., GEOGR. VERB, t. I, p. 304. — Boisd., p. 81, n° 643. — PHALÆNA LIMAX, Bork. — PH FUNALIS, Don. — PH. TESTUDO, Lin. — BOMBYX TESTUDO, Schiff. — B. LIMACODES, Esp. — B. BUFFO, masc. et B. SULPHUREA, fem., Fab. — B. ASELLA, Esp. — TORTRIX TESTUDINANA, Hüb. — HETEROGENEA TESTUDO, Koch. — H. TESTUDINANA, Treits.

La Russie, la Livonie, la Suède, les îles Britanniques, l'Allemagne, la Hollande, la Belgique et la France sont les contrées qu'habite cette limacode. Elle est commune dans beaucoup de localités des pays que nous venons de citer, les lieux qu'elle habite sont les bois et les endroits plantés d'arbres, aussi bien dans les plaines que sur les montagnes.

La chenille vit sur le hêtre (*Fagus sylvatica*) et sur les chênes pédonculé et sessiliflore (*Quercus pedunculata* et *Q. sessiliflora*), où l'on peut la trouver de juillet jusqu'en septembre. Dans le courant du mois d'octobre, elle commence la construction d'un cocon, à parois épaisses, dont la couleur est brune à l'extérieur et blanche à l'intérieur ; ce cocon est fixé à une feuille, à une tige, ou contre le tronc d'un arbre ; parfois il est encore recouvert d'un léger tissu blanc. La chenille y reste enfermée jusqu'au printemps suivant, époque à laquelle a lieu sa transformation en chrysalide.

Le papillon ne se développe qu'en juin ou juillet ; il se tient durant le jour contre les branches et les feuilles, mais on peut le faire tomber facilement en secouant les plantes sur lesquelles il séjourne. La femelle dépose ses œufs sur les feuilles de chêne ou de hêtre et ils éclosent dans l'espace d'une huitaine de jours.

1. Limacode aselle.
2. Psyché des graminées.

LIMACODE ASELLE

HETEROGENEA ASELLA, Schiff.

Schiff. W. V. p. 65. — Kn. BEITR. III, p. 60, pl. 3 f. 1. — Hb. TORTR. pl. 26, f. 166-67. — Treits. SCHM. EUR. VIII, p. 18. — Boisd. IND. p. 81. — ANN. SOC. ENT. B. I, p. 64. — Spey. GEOGR. VERB. I, p. 304. — Staud. CAT. p. 62, nº 813.

BOMBYX ASELLA, Schiff. — HETEROGENEA CRUCIATA, Kn. — H. ASELLA, Stgr. — TORTRIX ASELLANA, Hb. — LIMACODES ASELLUS, Boids.

Plus ou moins répandu en Europe entre le 43° et le 58°, depuis l'Angleterre jusqu'aux frontières de la Sibérie. M. Fologne l'a pris abondamment dans la forêt de Soignes et dans presque tous les bois qui en dépendent.

Chenille sur le hêtre à l'arrière saison; elle hiverne à l'intérieur d'une coque fixée entre des feuilles. La chrysalidation se fait au printemps et l'insecte vole en juin et en juillet.

PSYCHÉ DES GRAMINÉES (1)

PSYCHE UNICOLOR, Hufn.

Hufn. BERL. MAG. II, 418. — Sch. W. V. pp. 133,291. — Esp. pl. 44, f. 1-5. — Hb. TIN. pl. 1, f. 1. — Ochs. III, p. 181. — Frey. N. BEITR. pl. 682 — ANN. SOC. ENT. B. V, p. 49. — Staud. CAT. p. 62, nº 815.

PHALÆNA UNICOLOR, Hufn.—TINEA GRAMINELLA, Scb. — BOMBYX VESTITA, Esp.—B. GRAMINELLA, Bkh. — PSYCHE GRAMINELLA, Ochs. — P. UNICOLOR, Staud.

Habite une grande partie de l'Europe à partir du sud de la Suède, mais on ne l'a pas encore rencontré en Angleterre, en Espagne et en Grèce. En Belgique on le trouve dans la Campine anversoise.

La chenille, comme celles de tous les psychés, vit dans un fourreau formé de fragments végétaux. On la trouve, d'après Freyer, à la fin de mai et en juin sur des graminées. M. Fologne l'a prise en Campine le 26 août; il doit donc y avoir deux générations. Le mâle vole en juillet, parfois déjà à la fin de juin. La femelle a la forme d'une larve apode et ne peut se mouvoir que par des contractions vermiculaires.

(1) *Explication de la planche:* fig. 2. *a.* mâle, *b.* femelle, *c.* chenille dans son fourreau, *d.* chrysalide du mâle, *e.* de la femelle.

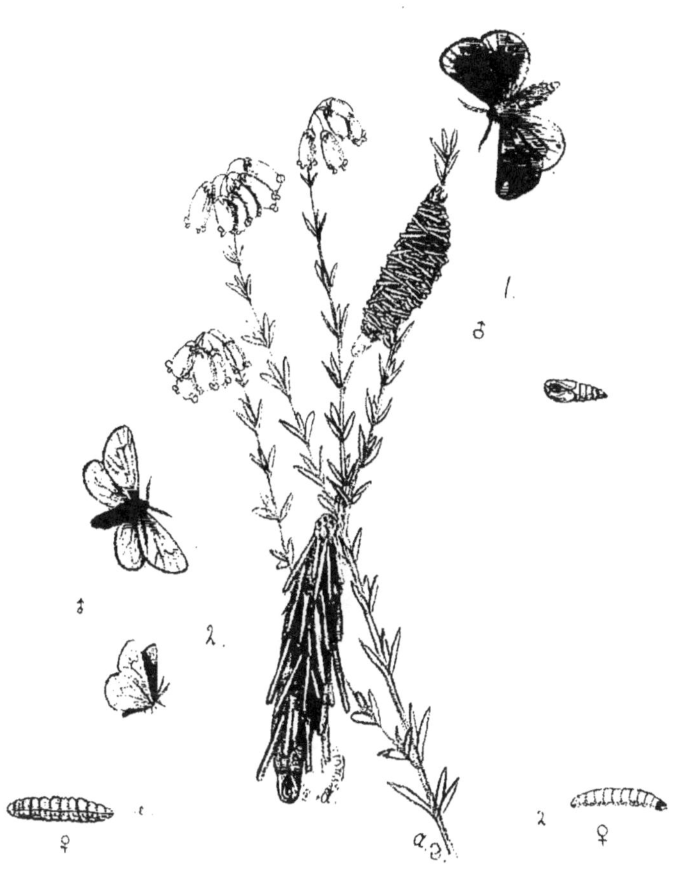

1. Psyché à fourreau de paille.
2. P. opacelle.

PSYCHÉ A FOURREAU DE PAILE

PSYCHE VICIELLA, Schiff.

Sch. W. V. pp. 133,288. — Hb. TIN. f. 280. — Ochs III, p. 178. — Frey. N. B. pl. 662, f. 2. — ANN. SOC. ENT. B. V. p. 49. — STAUD. CAT. p. 62, nº 819.

TINEA VICIELLA, Sch. — T. SICIELLA, Hb. — BOMBYX VICIELLA, F — PSYCHE VICIELLA, O. — *Var.* : STETINENSIS, Her. — FASCICULELLA, H. S.

Cette espèce habite l'Allemagne, l'Autriche, la Hongrie, la Dalmatie, la Bulgarie et la Russie centrale; elle a été découverte dans la Campine anversoise par M. Fologne.

On trouve la chenille, d'après Freyer, à la fin de mai et en juin sur l'*Euphorbia verrucosa;* elle a été trouvée à Calmpthout le 16 septembre sur l'*Erica tetralix*, ce qui fait supposer qu'il y a deux générations. Les mâles volent vers la fin de juillet.

PSYCHÉ OPACELLE

PSYCHE OPACELLA, H. Schäff.

H. Sch. SYST. II, 20, pl. 19, f 102. — Newm. ZOOL. 1851.—Frey. N. B. pl. 663, f. 2.—ANN. SOC. ENT. B. V, p. 60 — Staud. CAT. p. 63, nº 828.

PSYCHE FENELLA, Newm. — STERRHOPTERIX OPACELLA et S. HYALINELLA, Step.

Ce lépidoptère paraît peu répandu : on ne l'a encore observé qu'en Angleterre, en Allemagne, en Livonie, en Finlande, en Belgique et au Piémont ; M. Fologne l'a découvert dans un bois de sapins près de La Hulpe, où il paraît être assez commun.

On trouve les fourreaux au printemps fixés sur les troncs de sapins, sur les tiges de bruyères et autres végétaux, mais on ne sait pas encore de quoi se nourrit la chenille. Le fourreau de la chenille est formé, en partie, d'aiguilles de sapins placées longitudinalement.

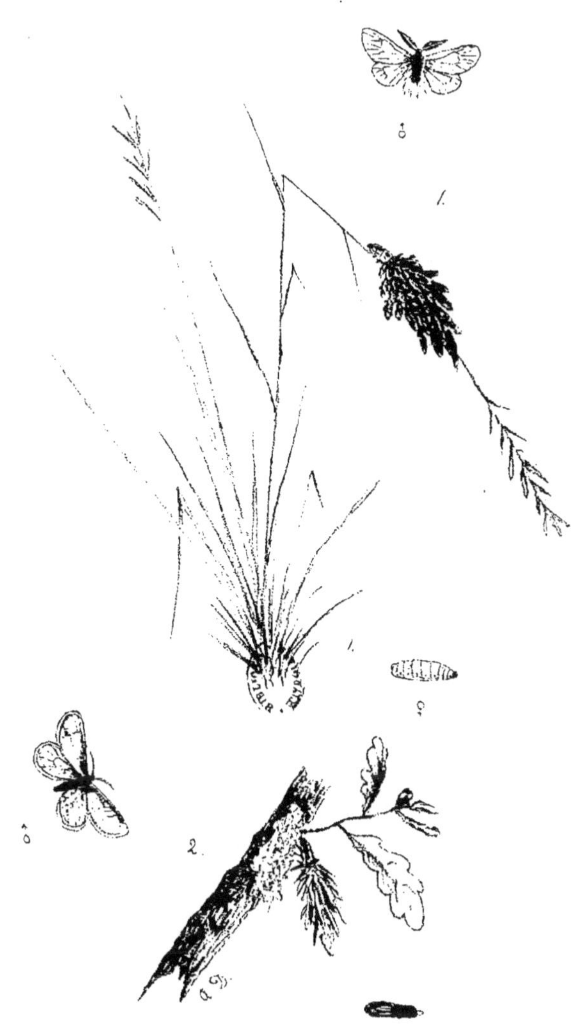

1. Psyché vitré, 2. P. calvelle.

PSYCHÉ VITRÉ

PSYCHE ALBIDA, Esp.

Esp. pl. 72, f. 2. — Hub. TIN. 55, f 272. — Treits. X. 1, p. 171.- Bd. MON. Ps. p. 24, 25. — Hbr. CAT. S. AND. pl. 3, 4a — ANN. SOC. ENT. B. I, p. 63. — Staud. CAT. p. 63, n° 835.

BOMBYX ALBIDA, Esp. — TINEA VITRELLA, Hb. — PSYCHE ALBIVITRELLA, Bd. — PS. ALBIDA, Boisd.

Ce lépidoptère habite les parties septentrionales et orientales de la France; il est très-rare en Belgique où il a été pris dans la province de Liége par M. Fologne.

La chenille paraît vivre en avril sur des graminées. Son fourreau est ordinairement formé de mousse. Le mâle, dont les ailes sont complètement hyalines, vole en juin.

Le *Ps. millierella* est une espèce distincte et non une variété de l'*albida*, comme le prétend M. Staudinger.

PSYCHÉ CALVELLE

PSYCHE HIRSUTELLA, Hubn.

Hb TIN. f. 3.—Ochs. SCHM EUR. III, p. 172. — Dup. IV, pl. 56. f. 7.—Hw. LEP. BR p. 157. —Westw. BR. M. pl. 16, 17.—Frey. N. B. pl. 653, f. 2. — ANN. SOC. ENT. B. I, p 83. — Staud CAT. p. 64, n° 849.

TINEA HIRSUTELLA, Hb.—PSYCHE CALVELLA, Ochs.—P. FUSCA, Step.- P. HIRSUTELLA, Stg. NUDARIA FUSCA, Haw.

Ce psyché habite l'Allemagne, la Hollande, la Belgique, la France, l'Angleterre et la Pologne ; il est assez commun dans les bois des provinces de Brabant et de Liége.

On trouve la chenille dès le mois d'avril sur le tronc des chênes, et elle paraît se nourrir des lichens qui croissent sur cet arbre. Le mâle vole en juin; la femelle,comme celles de tous les psychides, est aptère et a la forme d'une larve.

1. Epichnoptéryx mignon, 2. E. nitidelle.

EPICHNOPTÉRYX MIGNON

EPICHNOPTERYX PULLA, Esp.

Esp. Schm. pl. 44, f. 3. — Hubn. Tin. f 7. — Ochs. III, p. 167. — Dup. IV, pl. 56, f. 11. — Frey. N. B. pl. 653, f. 1. — Brd. Mon. Ps. pl. 61, a-c. — Ann. Soc. ent. B. I. p. 63. — Spey. Geogr. Verb. I, p. 310. — Staud. Cat. p. 64, nº 857.

Bombyx pulla, Esp.—Tinea plumella, Hb.—Psyche pulla, Ochs.—Fumea pulla, Step. Epichnopteryx pulla, Stg.

Ce petit lépidoptère habite l'Europe centrale et méridionale, depuis la Livonie jusqu'en Espagne, et depuis les îles Britanniques jusqu'au Caucase. Il est plus ou moins répandu dans une grande partie de la Belgique.

C'est sur des graminées qu'on trouve la chenille dans son fourreau pendant l'été, l'automne et l'hiver jusqu'en avril. Le mâle vole à la fin de ce mois et en mai, dans les endroits herbeux et exposés au soleil. La femelle est aptère.

EPICHNOPTÉRYX NITIDELLE

FUMEA NITIDELLA, Hb.

Hubn. Tin. pl. 1, f. 6.— Ochs. III, p. 169.—Step. Cat. B. L., p. 53.—Hofm. Nat. Ps p. 32. — Frey. N. Beitr. pl. 666, f. 2. — Brd. Mon. Ps, p. 95, pl. 69 a-c. —Spey. Geogr. Verb. 1, p. 312 et 459.– Ann. Soc. ent. B. I, p. 63. — Staud. Cat. p. 65, nº 868.

Tinea nitidella, Hb.— Psyche nitidella, Ochs. — Fumea nitidella, Step. — F. intermediella, Brd.

Cette espèce habite toute l'Europe à partir du sud de la Laponie; elle est commune en Belgique dans les bois des provinces de Brabant et de Liége.

La chenille vit dans son fourreau depuis l'automne jusqu'en mai de l'année suivante, et se tient sur des graminées ainsi que sur l'épine-vinette, le prunellier, le chêne et le hêtre. Le mâle vole en juin.

1. Orgye soucieuse 2. O. étoilée
sur le Cérisier

ORGYE SOUCIEUSE.

ORGYIA GONOSTIGMA, FAB.

THE SCARCE VAPOURER. — ZWETSCHKENSPINNER.

Fab. ENT. SYST. 537. — Esp. SCHM. pl. 56, f. 6-10. — Hubn. BOMB. pl. 20, f. 78, pl. 59, f. 253. — Ochsenh. SCHM. EUR. III, 218. — Boisd. IND. p. 68, n° 551. — ANN. DE LA SOC. ENT. B. I, 55. — Spey. GEOGR. VERB. I, p. 395. — Staud. CAT. 65, n° 878.

PHALÆNA ANTIQUA, Scop. — BOMBYX GONOSTIGMA, F. — LARIA GONOSTIGMA, Schk. — ORGYIA GONOSTIGMA, Ochs.

Ce bombycide habite l'Europe centrale et septentrionale, sauf la région boréale et la Finlande; il se trouve aussi en Piémont et en Sibérie.

La chenille vit en mai, août et septembre sur la plupart des arbres fruitiers, ainsi que sur le tilleul, l'orme, la ronce, le framboisier, le prunellier, le chêne, le peuplier, etc. La chrysalidation a lieu dans un cocon mou et grisâtre, placé entre des feuilles ou dans les crevasses des écorces.

L'insecte parfait éclôt à la fin de mai ou au commencement de juin; une seconde génération se montre depuis le mois d'août jusqu'en octobre. La femelle est aptère, c'est-à-dire dépourvue d'ailes propres au vol. Cette espèce est rare en Belgique.

ORGYE ÉTOILÉE.

ORGYIA ANTIQUA, LIN.

THE COMMON VAPOURER. — SCHLEHENSTRANCHSPINNER.

Lin. S. N. x, 503, XIII. 825. — Esp. SCHM pl. 56, ? f. 1-5. — Hubn. BOMB. pl. 20, f. 77, pl. 54, f. 235. — Ochs. SCHM. EUR. III. 221. — Boisd. IND. 68, nº 555. — ANN. DE LA SOC. ENT. B. I, 55. — Staud. CAT. 66, nº 879.

PHALÆNA ANTIQUA, L. — Ph. GONOSTIGMA, Scop. — BOMBYX ANTIQUA, Hb. — B. ANTIQUUS et LARIA ANTIQUA, Schk. — ORGYIA ANTIQUA, Ochs.

Cette orgye habite toute l'Europe et l'Algérie, et elle est généralement répandue partout.

La chenille est très-commune, depuis le mois de mai jusqu'en octobre, sur la plupart des arbres et des arbrisseaux et elle occasionne même parfois des dommages assez considérables aux arbres fruitiers. Pour se chrysalider, elle file un cocon blanchâtre formé en partie de ses poils. L'insecte parfait se montre en juin et une seconde fois à l'arrière saison. La femelle aptère dépose ordinairement ses œufs à la surface du cocon dont elle est sortie; ils éclosent au printemps et les petites chenilles se dispersent après la première mue.

Le mâle vole en plein soleil et, suivant Linné, il porterait sa femelle d'arbre en arbre pendant l'accouplement.

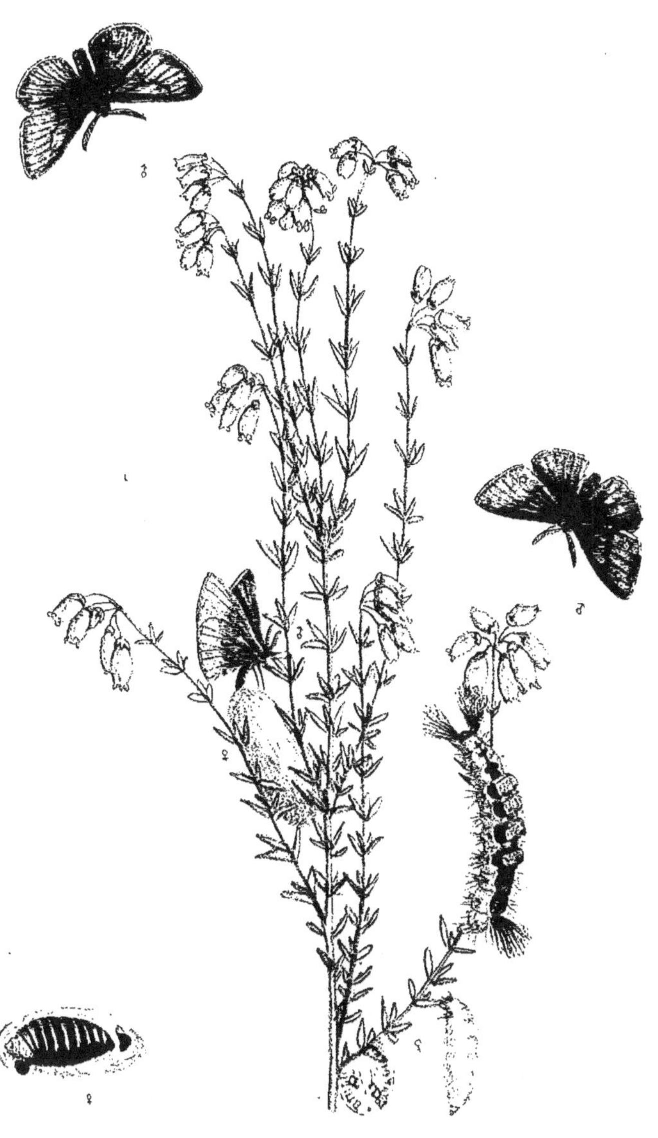

Orgye de la Bruyère
sur la Bruyère Tétralix

ORGYE DE LA BRUYÈRE.

ORGYIA ERICÆ, Germ.

Germ Fauna Ins. Eur. Fasc. viii. pl. 17 et 18. -- Hubn. Bomb. pl. 66, f 279-80. — Treits. Schm. Eur x, 1. p 160. — Ann. de la Soc. ent. B., V, pl. 1, f. 2, p. 48, et VI, pl. 1, f. 1 a, b. c. d, p. 15. – Staud. Cat. p. 66, no 883

Bombyx antiquoides, Hb — *Var.* : Intermedia, Friv.

Cette espèce a été observée dans les parties septentrionales et occidentales de l'Allemagne, en Livonie, en Esthlande, dans la Russie centrale, en Hollande et en Belgique; la var. *Intermedia* habite la Hongrie.

Ce petit bombycide a été découvert en 1861 à Calmpthout, dans la campine anversoise, par M. Fologne, et dans la campine limbourgeoise par M. Colbeau.

La chenille, qui est très-commune près de Calmpthout en juillet et en août, vit sur les bruyères *(Calluna vulgaris* et *Erica tetralix)*, l'andromède *(Andromeda polyfolia)* et probablement encore sur d'autres plantes. Le Dr Breyer a observé avec soin les différentes phases que parcourt la femelle aptère de cette espèce, et il a remarqué qu'elle ne sort jamais de son cocon : celui-ci sert de berceau, de lit nuptial et de tombeau; la femelle se retourne simplement sur elle-même afin que l'oviducte puisse se présenter librement au dehors et permettre l'approche du mâle. « J'ai constaté, dit M. Breyer, que le renversement de la femelle à l'intérieur de la chrysalide est la règle. La partie frontale se casse d'avant en arrière et reste attachée au front de la femelle en guise de masque. La femelle se retourne alors sur elle-même, grimpe le long de son ventre, place la tête à l'intérieur du segment anal de sa chrysalide, passe son oviducte et son segment anal à travers le trou frontal, et vient jusqu'au bord du cocon présenter son oviducte à la rencontre du mâle. » La ponte a lieu dans le cocon et à l'intérieur de l'ancienne chrysalide; les œufs sont enveloppés d'un duvet maternel. (1)

---

(1) Nous avons figuré sur notre planche un mâle pendant l'accouplement, ainsi qu'un cocon ouvert, qui permet de voir comment la femelle fait sortir la partie postérieure de son corps de l'enveloppe de la chrysalide.

Dasychire fascéliné,

sur le Genêt à balais.

GENRE DASYCHIRE. — DASYCHIRA, Step.

DASYCHIRE FASCÉLINÉ.

DASYCHIRA FASCELINA, STEP.

DARK TUSSOCK. — KLEEBLUMEN SPINNER.

Ochsenh., t. III, p. 214. — Esp., t. III, pl. LV. — Spey., GEOGR. VERB., t. I, p. 397. — Boisd., p. 67, n° 551. — PHALÆNA FASCELINA, Lin. — BOMBYX FASCELINA, Borkh. — B. FASCELINUS, Schr. — B. MEDICAGINUS, Hüb. — B. MEDICAGINIS, Hüb., var. — ORGYA FASCELINA, Ochs. — LARIA FASCELINA, Schr.

Ce papillon habite la Russie, la Laponie, la Suède, la Norwége, l'Allemagne, la Suisse, l'Italie, la France, la Belgique, la Hollande et la Grande-Bretagne.

La chenille se trouve sur le genêt velu (*G. pilosa*), le genêt à balais (*Sarothamnus scoparius*), la luzerne (*Medicago sativa*), le trèfle des prés (*Trifolium pratense*), le sainfoin (*Onobrychis sativa*), le prunellier (*Prunus spinosa*), la bruyère (*Erica vulgaris*), l'achillée millefeuille (*Achillea millefolium*), le pissenlit (*Taraxacum dens leonis*), les différentes espèces de plantains, le peuplier d'Italie (*Populus fastigiata*), le chêne (*Quercus robur*) et le saule marceau (*Salix caprea*). Après avoir passé l'hiver en léthargie, cette chenille ne possède toute sa taille qu'en avril ou mai, et parfois seulement qu'en juin si la température a été défavorable. Elle se chrysalide dans un tissu d'un gris noirâtre, que le papillon abandonne douze à quinze jours après sa métamorphose.

La femelle dépose ses œufs en juillet et les recouvre de poils provenant de sa partie anale. Ces œufs sont sphériques et de couleur blanchâtre; ils éclosent en automne et les petites chenilles ne tardent pas alors à s'engourdir.

Dasychire pudibond
sur le Noisetier.

DASYCHIRE PUDIBOND.

DASYCHIRA PUDIBUNDA, STEP.

LIGHT-TUSSOCK. — WALLNUSS-SPINNER.

Ochsenh., t. III, p. 209. — Esper, t. III, pl. LIV, fig. 1. — Boisd., p. 67, n° 549. — PHALÆNA PUDIBUNDA et PH. SCOPULARIA, Linné. — BOMBYX PUDIBUNDA, Borkh. — B. JUGLANDIS, Hüb. — ORGYA PUDIBUNDA, Ochsenh. — DEMAS PUDIBUNDA, Zett. — LARIA PUDIBUNDA, Schrank.

La plus grande partie de l'Europe jusqu'aux frontières de la Sibérie est la patrie de cette espèce : on la rencontre surtout en Russie, en Suède, en Norvége, en Allemagne, en Hollande, en Belgique, en France, en Grande-Bretagne et en Italie.

La belle chenille de ce papillon se trouve, depuis le mois de juillet jusqu'en septembre, dans les clairières des bois, dans les jardins et près des chemins sur les ronces (*Rubus fruticosus*), les framboisiers (*R. idæus*), le houblon (*Humulus lupulus*), les roses (*Rosa canina* et *R. centifolia*); les arbres fruitiers, le noisettier (*Corylus avellana*), le noyer (*Juglans regia*), le charme (*Carpinus betulus*), le hêtre (*Fagus sylvatica*), le tilleul (*Tilia europæa*), le saule blanc (*Salix alba*), le bouleau blanc (*Betula alba*), le peuplier blanc (*Populus alba*), le chêne (*Quercus robur*) et même sur le marronnier (*Æsculus hippocastanum*).

Le papillon femelle, qui est d'une nature nonchalante, dépose environ une centaine d'œufs agglomérés entre les crevasses des écorces d'arbre.

Les jeunes chenilles ne mangent d'abord que l'épiderme des feuilles, mais lorsqu'elles sont adultes et en grand nombre, elles peuvent occasionner quelque dommage aux arbres, par leur voracité, dont les tristes effets sont heureusement atténués par les températures défavorables, les mouches, et surtout par une espèce d'ichneumon, le *Pimpla pudibundæ*, leur plus grand ennemi, qui en détruit un grand nombre.

Le pinceau de soie qui se trouve sur la partie caudale est quelquefois rosâtre, ou bien d'un rouge-brun. Cette chenille se métamorphose de préférence à terre, entre de la mousse ou des feuilles, et elle entoure sa chrysalide d'une toile jaunâtre composée de ses poils. Le papillon commence ses évolutions aériennes en avril ou en mai de l'année suivante.

Laria V noir.

LARIA V NOIR.

LARIA L NIGRUM, MULL.

THE BLACK V MOTH. — WINTEREICHENSPINNER.

Mull. FAUN. FRIED. 40. — Fab. SYST. ENT. 577. — Esp. SCHM. pl. 40, f. 1-6. — Hubn. BOMB. pl. 18, f. 71. — Ochsenh. SCHM. EUR. III, 200. — God. LEP. DE FR. IV, pl. 27 f. 1. — Lang. VERZ. SCHM. 86. — Borkh. EUR. SCHM. III, 290. — Frey. BEITR. pl. 21. — Boisd. IND. 67, n° 547. — Step. CAT. 48. — ANN. SOC. ENT. B. I, 53. — Spey. GEOGR. VERB. I, 400. — Staud. CAT. p. 66, n° 984.

BOMBYX L NIGRUM, Mull. — B. VAU NIGRUM, Esp. — B. NIVOSA, Hb. — B. V NIGRUM, F. — LIPARIS V NIGRUM, O. — ORGYA V NIGRUM, Boisd. — LEUCOMA VAU NIGRUM, Step. — DEMAS V NIGRUM, ? (Soc. e. B.). — LARIA NIVOSA, Schk. — L. V NIGRUM, Sp. — L. L NIGRUM, Staud.

Ce liparide habite toute l'Europe centrale depuis les îles Britanniques jusqu'aux monts Ourals, ainsi que le Danemark, la Livonie, la Finlande, la Savoie et le Piémont. Il est rare en Belgique, où il a cependant été pris dans un grand nombre de localités, notamment dans les environs de Liége, de Namur, de Louvain, de Mons, dans la forêt de Soignes, etc.

Les œufs éclosent vers la fin de juillet. A l'approche des premiers froids, les chenilles ont à peu près la moitié de leur taille définitive ; elles vont alors se cacher entre des feuilles mortes pour hiverner ; ce n'est que dans le courant d'avril qu'elles ont atteint le terme de leur croissance. On trouve ces chenilles en août et en septembre, et, après leur réveil, en avril et mai sur le chêne et le tilleul. Il est cependant à remarquer qu'on ne les rencontre que rarement au printemps, parce que le froid de l'hiver les tue en grande partie. La chrysalide est fixée à l'aide de fils soyeux contre des feuilles ou des rameaux. L'insecte parfait vole en juin et en juillet.

Liparis du saule.

LIPARIS DU SAULE

LIPARIS SALICIS, OCHSENHEIMER.

WHITE SATIN MOTH. — WEIDEN SPINNER.

Ochsenheimer, t. III, p. 198. — Esper, t. III, pl. XLI, fig. 1. — PHALÆNA SALICIS, Linné — P. APPARENS, Retz. — OCNERIA SALICIS, Schäff. — STILPNOTIA SALICIS, West. — LEUCOMA SALICIS, Step. — BOMBYX SALICIS, Fab.

Cette espèce est répandue dans la plus grande partie de l'Europe et du nord de l'Asie; elle est assez commune en Suède, en Norwége, en Laponie et en Russie, et très-commune, pendant certaines années, en Allemagne, en Hollande, en Belgique, en France, en Grande-Bretagne et en Italie.

Ce liparis vit dans les plaines et les parties montagneuses, où le saule cendré (*Salix cinerea*), le saule blanc (*Salix alba*), etc., ainsi que le peuplier blanc (*Populus alba*) et d'autres espèces du même genre, ne font pas défaut. Les chenilles de cette espèce occasionnent souvent de grands ravages; ce n'est pas seulement des arbres séparément qui en sont infectés, mais quelquefois des allées entières sont littéralement effeuillées par ces animaux destructeurs. Dès que la chenille a acquis toute sa croissance, elle se transforme en chrysalide, qui est le plus souvent attachée, à l'aide d'une faible toile, entre des feuilles enroulées, de laquelle le papillon s'échappe une quinzaine de jours après. Pendant certaines années, ils recouvrent par milliers les arbres ci-dessus nommés, et de loin on dirait qu'ils sont parsemés de flocons de neige. La femelle dépose ses œufs, de couleur grisâtre, dans une masse écumeuse, sur les branches et les feuilles des peupliers et des saules, desquels les chenilles sortent pour aller chercher, peu de temps après, un refuge, contre le froid de l'hiver, entre les écorces d'arbres ou sous des feuilles mortes. On retrouve ces chenilles, en mai et en juin de l'année suivante, dans toute leur croissance.

1. Liparis cul brun, 2. L. cul-doré
sur le Prunellier.

LIPARIS CUL BRUN.

LIPARIS CHRYSORRHŒA, OCHSENHEIMER.

BROWN-TAIL MOTH. — BRAUNAFTER-SPINNER.

Ochsenh., t. III, p. 202. — Esper, t. III, pl. XXXIX, fig. 2. — Boisd., p. 67. — PHALÆNA CHRYSORRHŒA, Lin. — PH. PHÆORRHŒA, Curt. — BOMBYX CHRYSORRHŒA, Schrank. — B. CHRYSORRHŒUS, Schunc. — EUPROCTIS CHRYSSORRHŒA, Hüb. — ARCTIA CHRYSORRHŒA, Latr. — PORTHESIA AURIFLUA, Step.

On trouve ce liparis dans une grande partie de l'Europe et en Asie jusqu'aux monts Himalaya. Il est commun dans certaines contrées de l'Allemagne, en Hollande, en Belgique, en France, en Grande-Bretagne et en Italie.

La chenille de ce papillon vit sur tous les arbres fruitiers et y cause, pendant certaines années, des dégâts tellement considérables, que des vergers entiers sont quelquefois totalement dévastés par elle. La femelle dépose ses œufs en juillet sur les feuilles et les branches; ceux-ci sont recouverts d'une laine brune que la femelle porte à sa partie anale; vers l'automne, les petites chenilles en sortent, et se construisent aux branches une toile pour y passer l'hiver en société. Aux premiers beaux jours du printemps, les chenilles abandonnent leur quartier d'hiver pour se réchauffer au soleil, mais retournent encore pendant quelque temps dans leur toile. Pour un jardinier, ces sortes de nichées sont faciles à reconnaître sur les arbres dénudés, et il suffit de couper les branches où se trouvent de tels nids pour détruire plusieurs centaines de ces chenilles. Beaucoup d'oiseaux aident aussi à détruire ces animaux, et le moineau, si mal vu par l'agriculteur, participe largement à cette destruction, non seulement pour sa propre existence, mais aussi pour celle de ses petits, auxquels il donne les jeunes chenilles de ce liparis, ainsi que les œufs dont ils sont très-friands. De tels services devraient nous rendre indulgents pour les déprédations de cet oiseau dans la saison des fruits. — Lorsque ces chenilles abandonnent leur espèce de nid, elles se dispersent sur les arbres, et on les trouve principalement sur le prunier sauvage (*Prunus spinosa*), l'orme (*Ulmus campestris*), le hêtre (*Fagus sylvatica*), le chêne (*Quercus robur*), le noisettier (*Corylus avellana*) et l'aubépine (*Cratœgus oxyacantha*). Au mois de mai et de juin, la chenille se transforme en chrysalide, qui est entourée d'un tissu brun et solide, dans la composition duquel les poils de la chenille entrent pour une bonne part; le papillon en sort environ trois semaines après. Tous les individus mâles ne sont pas toujours pourvus de deux points noirs sur les ailes.

Les poils des chenilles de ce papillon occasionnent à la peau des enflures et des irritations très-persistantes, dont on peut facilement se débarrasser en frottant avec du persil les endroits douloureux.

LIPARIS CUL DORÉ.

LIPARIS AURIFLUA, OCHSENHEIMER.

YELLOW-TAIL MOTH. — GOLDAFTER-SPINNER.

Ochsenh., t. III, p. 205. — Esper, t. III, pl. XXXIX. fig. 1. — Boisd., p. 67. — PHALÆNA SIMILIS, Fuesel. — BOMBIX AURIFLUA, Fab. — B. CHRYSORRHŒA, Haw. - LARIA AURIFLUA, Schranck. — EUPROCTIS AURIFLUA, Hüb. — PORTHESIA CHRYSORRHŒA, Step. (1).

Cette espèce vit dans une grande partie de l'Europe et de l'Asie : elle est commune dans plusieurs parties de l'Allemagne, en Hollande, en Angleterre, et très-répandue en Belgique, en France et en Italie.

On rencontre ce liparis au pied des montagnes, dans les plaines, dans les jardins, dans les prairies, au bord des chemins et, en général, partout où se trouve le saule cendré (*Salix cinerea*), la rose sauvage (*Rosa canina*), l'aubépine (*Cratægus oxyacantha*), le charme (*Carpinus betulus*), l'orme (*Ulmus campestris*), le prunier sauvage (*Prunus spinosa*), le hêtre (*Fagus sylvatica*), le chêne (*Quercus robur*), le noisettier (*Corylus avellana*), les groseillers (*Ribes grossularia* et *R. rubrum*), ainsi que les principaux arbres fruitiers. Les chenilles de ce liparis s'éparpillent sur ces divers végétaux, sans y occasionner de grands dégâts ; car, pendant leur jeune âge, elles ne se tiennent pas réunies dans une toile, comme cela se voit chez beaucoup d'espèces. La femelle dépose ses œufs sur les végétaux ci-dessus nommés, et ils éclosent vers l'automne ; les petites chenilles hivernent séparément dans une toile entre des écorces d'arbre. Vers le mois d'avril, elles quittent leur quartier d'hiver, et on les trouve alors jusqu'en juin, quelquefois même jusqu'en juillet et août. A l'époque de la chrysalidation, la chenille s'abrite dans un lieu convenable, particulièrement dans les fentes des arbres pour se transformer en chrysalide qui, elle-même, est entourée d'une toile blanchâtre. Le papillon parfait sort de cette enveloppe, si le temps est favorable, une quinzaine de jours après, mais plus ordinairement au bout de trois à quatre semaines.

(1) Les *Liparis chrysorrhœa* et *auriflua* ont été confondus par quelques auteurs. La négligence qu'on met quelquefois dans les descriptions caractéristiques, ou la reproduction de mauvaises figures, induit souvent en erreur, et on confond alors facilement des espèces aussi voisines.

Liparis moine

sur le sapin picea.

GENRE LIPARIS. — LIPARIS, Ochsenh.

LIPARIS MOINE.

LIPARIS MONACHA, OCHSENH.

BLACK ARCHES. — FICHTEN SPINNER.

Ochsenh., t. III, p. 192. — Esp., t. III, pl. XXXVII. — Frey, t. IV, pl. 291, var. — Spey., Geogr. Verb., t. I, p. 401. — Boisd., p. 66, n° 541. — Phalæna monacha, Lin. — Bombyx monacha, Hüb. — B. eremita, Hüb. var. — Lymantria monacha, Hüb. — Psilura monacha, Step. — Hypogymna monacha, Cur. var.

Ce liparis habite la Russie, la Laponie, la Suède, l'Allemagne, la Hollande, la Grande-Bretagne, la France et la Belgique; dans ce dernier pays, il est jusqu'à présent assez rare. Dans plusieurs contrées de l'Allemagne on ne le voit pour ainsi dire pas du tout pendant certaines années, si ce n'est seulement quelques individus séparés; tandis que pendant d'autres années, lorsque la température a été très-favorable à la propagation de cette espèce, on voit dans ces mêmes contrées une telle quantité de ces chenilles, que les bois de pins et de sapins sont entièrement ravagés par ces animaux, qui deviennent alors un véritable fléau pour ces forêts, où l'on n'ose pour ainsi dire plus pénétrer tant le nombre de chenilles est considérable.

Outre le pin sylvestre (*Pinus sylvestris*) et le sapin commun (*P. picea*), on trouve encore cette chenille en mai et en juin sur le hêtre (*Fagus sylvatica*), le charme (*Carpinus betulus*), le tilleul (*Tilia sylvestris*), le peuplier (*Populus fastigiata*), le chêne à fleurs sessiles (*Quercus sessiliflora*), et le pommier (*Malus communis*). A la moindre secousse qu'on donne à ces arbres, les chenilles se roulent en boule et tombent sur le sol.

La chenille de ce liparis, pour se métamorphoser, construit un léger tissu laineux entre les fissures de l'écorce des arbres ou entre les feuilles; le papillon sort de sa chrysalide vers la fin de juillet ou en août. On le trouve alors durant le jour, contre le tronc des arbres où la femelle dépose, entre les fentes de l'écorce, ses œufs qui sont ellipsoïdes et d'un blanc rougeâtre ou brunâtre, et qui éclosent au printemps suivant. Quelquefois les chenilles, qui se sont chrysalidées vers la fin de la saison, passent l'hiver à l'état de chrysalide.

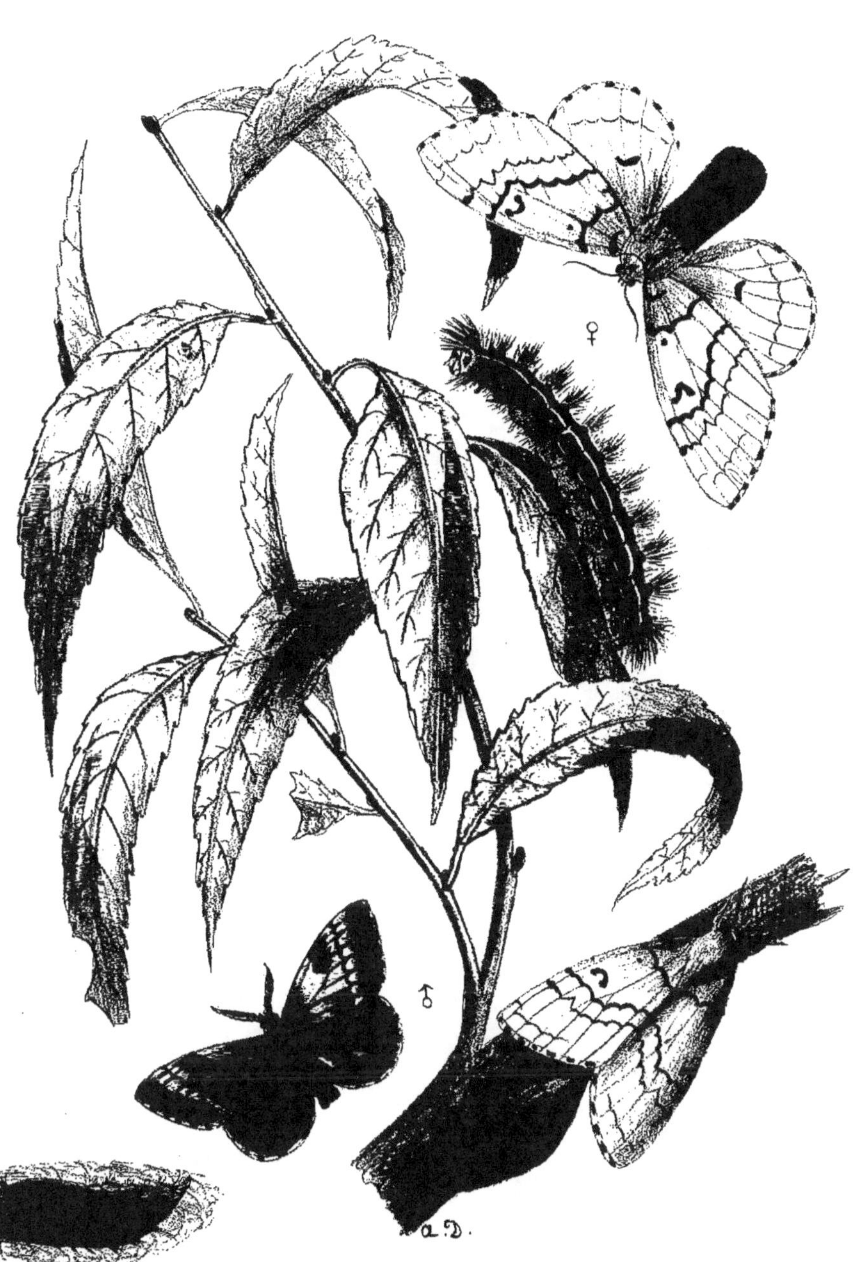

Liparis disparate
sur le Pêcher

LIPARIS DISPAR.

LIPARIS DISPAR, OCHSENHEIMER.

GIPSY. — STAMM-SPINNER.

Ochsenh., t. III, p. 195.— Esper, t. III, pl. XXXVIII, fig. 1.— PHALÆNA DISPAR, Linné. —BOMBYX DISPAR, Hüb. — PORTHETRIA DISPAR, West. — HYPOGYMNA DISPAR, Step.

La patrie de cette espèce est la plus grande partie de l'Europe, le nord de l'Afrique et l'ouest de l'Asie. Elle n'est pas commune en Suède, et est même assez rare dans certaines parties de l'Allemagne, de la Hollande et de la Grande-Bretagne; mais, en Belgique, en France et en Italie, elle est excessivement commune et dévastatrice.

La chenille vit sur les saules, le peuplier (*Populus fastigiata*), le frêne (*Fraxinus excelsior*), le noisettier (*Corylus avellana*), les roses (*Rosa canina* et *centifolia*), le poirier (*Pyrus domestica*), le pommier (*P. malus*), le prunier (*Prunus domestica*), le prunier sauvage (*P. spinosa*), le cerisier (*P. cerasus*) et particulièrement sur le pêcher (*Amygdalus persica*), l'abricotier (*Armeniaca vulgaris*), le tilleul (*Tilia europæa*), ainsi que sur le hêtre (*Fagus sylvatica*), l'orme (*Ulmus campestris*), et dans le midi de la France; elle cause beaucoup de dégâts dans les forêts de chênes liéges (*Quercus suber*). En 1858, Bruxelles et ses environs ont beaucoup souffert des ravages de ces chenilles, notamment les boulevards de notre ville, le Parc et l'Allée-Verte. En avril ou mai, les jeunes chenilles abandonnent les œufs déposés l'année précédente, et s'éparpillent aussitôt sur l'arbre. Vers le mois de juillet, elles ont toute leur croissance, et c'est surtout quelque temps avant cette époque qu'elles causent le plus de dégâts. Les poils dont leur corps est couvert occasionnent de fortes démangeaisons à la peau et même des irritations plus ou moins douloureuses. Dès que l'époque de se chrysalider est venue, la chenille se fait une espèce de tissu dans les crevasses des arbres, et se transforme en chrysalide, d'où le papillon s'échappe quinze ou vingt jours après. Le mâle fait ses évolutions au crépuscule et même en plein jour, tandis que la femelle reste des jours entiers sur les arbres sans se remuer. Celle-ci dépose ses œufs entre les fentes des écorces d'arbre et les recouvre d'un tissu laineux grisâtre pour les protéger contre les intempéries de l'air, et dès qu'elle a pourvu à la perpétuation de son espèce, elle meurt; on en trouve ainsi par centaines jonchant le sol. On peut facilement apercevoir ces œufs et les écraser avec un couteau ou tout autre instrument.

Bombyx de l'aubépine,
sur l'aubépine.

BOMBYX DE L'AUBÉPINE.

BOMBYX CRATÆGI, Lin.

THE PALE OAK EGGAR. — HAGEDORNSPINNER.

Lin. S. N. I, 2, p. 823; F. S. p. 299. — Esp. Schm. III, pl. 45, f. 1-6. — Hubn. Bomb. pl. 36, f. 162. — Ochseub. Schm. Eur. III, p. 278. — Boisd. Ind. p. 70, nº 574. — Frey. N. Beitr. pl 500. — An. de la soc. ent. B. I, p. 57. — Spey. Geogr. verb. I, p. 410. — Staud. Cat. p. 67. nº 911.

Phalena cratægi, L. — Ph. albicaudata, Retz. — Bombyx cratægi, Hb. — B. mali, F. — Gastropacha cratægi, Ochs. — Trichiura cratægi, Steph. — *Var.*: Ariæ, Hb. = Arbusculæ, Pfaff.

Ce bombyx a pour patrie toute l'Europe centrale et septentrionale, sauf la zone polaire; on le trouve aussi en Turquie, en Italie, en Espagne et en Arménie. La variété *Ariæ* est propre aux régions alpines. Cette espèce est rare en Belgique.

La chenille est de couleur très-variable. On la trouve en mai et en juin sur l'aubépine, l'orme, le bouleau, le saule marceau, le peuplier tremble, le chêne, le prunellier, le cerisier, etc.

La chrysalidation a lieu au commencement de juillet entre des feuilles ou dans les crevasses des écorces, mais toujours à l'intérieur d'un cocon épais.

L'insecte parfait éclôt à la fin d'août ou en septembre, et vole principalement dans les bois et sur les buissons d'aubépine.

Bombyx du peuplier
sur le Frêne.

BOMBYX DU PEUPLIER.

BOMBYX POPULI, Lin.

THE DECEMBER MOTH. — ALBERNSPINNER.

Lin S N. x, 502; F. S. 291. — Esp. Schm. pl. 25., f 1.-8. — Hubn. Bomb. pl. 36, f. 163. — Ochsenh. Schm. Eur. III, 276. — Frey. Beitr. pl. 477. — Boisd. Ind. 77, n° 576. — Ann. Soc. ent. B. I, 57. — Spey. Geogr. verb. I, 410. — Staud. Cat. 68, n° 912.

Phalæna populi, L. — Bombyx populi, Hb. — Pœcilocampa populi, Steph.

Ce lépidoptère habite toute l'étendue du territoire européen qui se trouve entre le 45e et le 60e degré ; on le rencontre donc depuis le sud de la Scandinavie jusqu'au Piémont, et depuis les îles Britanniques jusqu'au Volga.

La chenille de cette espèce est excessivement variable dans sa coloration et il est même rare d'en rencontrer deux qui se ressemblent entièrement ; ce qui la distingue toujours des chenilles voisines, c'est un collier rouge interrompu qu'elle porte sur le premier segment thoracique. On la trouve pendant le mois de mai et au commencement de juin, sur le chêne, le peuplier, le frêne, le châtaignier, le hêtre, l'érable faux-platane, le tilleul, l'aubépine et sur plusieurs arbres fruitiers.

Les métamorphoses ont lieu à l'intérieur d'une coque ovoïde très-dure et de couleur terreuse, qui est fortement collée contre l'écorce des arbres.

L'insecte parfait se montre depuis le mois d'octobre jusque vers la fin de novembre et parfois encore en décembre. Il est rare en Belgique.

Bombyx des prés
sur la Centaurée jacée

BOMBYX DES PRÉS.

BOMBYX CASTRENSIS, LIN.

THE GROUND LACKEY. — FLOCKENBLUMSPINNER.

LIN. S. N. X p. 500 : F. S p. 292. — Esp. SCHM. pl. 28, f 1-7. — Hubn. BOMB. pl. 40. f. 177-78. — Ochs. SCHM. EUR. III, p. 294. — Boisd. IND. p. 69, nº 564. — Frey. N. BEITR. pl. 50. — ANN. DE LA SOC. ENT. B. I, p. 56. — Spey. GEOGR. VERB I, p. 408. - Staud. CAT. p. 68, nº 915.

PHALENA CASTRENSIS, L. — GASTROPACHA CASTRENSIS, Ochs. — CLISIOCAMPA CASTRENSIS, Cur. — LASIOCAMPA CASTRENSIS, Klug. — BOMBYX CASTRENSIS, BOISD. — *Ab.* : TARAXACOIDES, Bell.

Cette espèce habite toute l'Europe, sauf la région polaire, l'Espagne et la Grèce, mais elle est rare dans certaines contrées; on l'observe également en Asie Mineure, en Arménie, en Hyrcanie et dans les monts Altaï.

On trouve la chenille depuis le mois de mai jusque vers le commencement de juillet sur : *Helianthemum guttatum* et *vulgare, Centaurea jacea, Euphorbia esula* et *cyparissias, Hieracium pilosella, Erodium cicutarium* ainsi que sur les géraniums sauvages et les jeunes pousses de bouleau. Les chenilles, qui ressemblent beaucoup à celles du *B. neustria*, vivent en société pendant leur jeunesse dans un tissu soyeux; arrivées à l'âge adulte, elles se répandent dans les environs et vivent presque solitaires. Les métamorphoses se font sous le feuillage de plantes herbacées et à l'intérieur d'un cocon qui ressemble entièrement à celui du *neustria*.

L'insecte parfait, qui est rare en Belgique, vole à la fin de juillet et en août dans les bois ; il dépose ses œufs en anneaux autour des tiges des plantes nourricières.

Gastropache neustrien
sur l'Orme.

GASTROPACHE NEUSTRIEN.

GASTROPACHA NEUSTRIA, OCHSENHEIMER.

LACKEY. — BAUMRINGEL-SPINNER.

Ochsenh., t III, p. 296. — Esper, t. III, fig. 1. — PHALÆNA NEUSTRIA, Linné. — BOMBYX NEUSTRIA, Hüb. — B NEUSTRIA VULGARIS, Müll. — B BILINEATUS, Haw. var. — CLISIOCAMPA NEUSTRIA, Step. — LASIOCAMPA NEUSTRIA, Schrank.

Ce gastropache se trouve dans toute l'Europe et les contrées limitrophes de l'Asie. On le voit principalement en Laponie, en Suède, en Norvége, en Allemagne, en Hollande, en Grande-Bretagne, en Belgique et en Italie. Dans certaines contrées, il est assez rare, tandis que dans d'autres, on le trouve en telle quantité, qu'il y devient un véritable fléau ; il se tient aussi bien dans les plaines que dans les régions montagneuses.

La femelle dépose ses œufs au nombre de trois à quatre cents sur les arbres fruitiers, ainsi que le prunier sauvage (*Prunus spinosa*), le framboisier (*Rubus idæus*), la ronce (*R. fruticosus*), le sorbier (*Sorbus aucuparia*), le chêne (*Quercus robur*), la rose sauvage (*Rosa canina*), le hêtre (*Fagus sylvatica*), l'orme (*Ulmus campestris*), ainsi que sur plusieurs autres espèces d'arbres. Ces œufs, disposés en anneaux autour des branches, sont agglutinés les uns aux autres et recouverts d'une matière vernissée. On comprend que si un tel nombre d'œufs parvenaient à leur complet état de développement, il ne resterait jamais une feuille sur les arbres; mais, grâce aux utiles mésanges qui détruisent journellement plusieurs milliers de ces œufs, et aux ichneumons qui attaquent les chenilles, il est rare que nous ayons à déplorer de telles calamités. Cependant tout le monde a pu voir en 1858 le triste état dans lequel se trouvait le Parc de Bruxelles, où le regard attristé cherchait en vain un peu de verdure sur les arbres dénudés : c'était là l'œuvre des chenilles dont nous nous occupons en ce moment, ainsi que celle du *Liparis dispar* (1). Au mois d'avril, les petites chenilles apparaissent déjà, mais elles restent, jusqu'au dernier changement de peau, réunies à l'aisselle des branches : on peut alors facilement détruire ces espèces de nichées. Vers la fin de juin, les chenilles ont toute leur croissance, et se forment entre les feuilles un cocon épais dans la composition duquel entre une poussière blanchâtre ; dans son intérieur se trouve la chrysalide. Quinze à vingt jours après la chrysalidation de la chenille, le papillon parfait peut prendre son essor.

(1) La principale cause de ce fléau était la chasse que l'on avait faite aux oiseaux qui habitaient le Parc, et la destruction de leurs nids, sous prétexte d'éviter aux promeneurs d'être souillés par la fiente de ces paisibles animaux. Les suites de cette guerre acharnée ne manquèrent pas d'être funestes, car ce n'étaient plus les oiseaux qui incommodaient les promeneurs, mais bien les chenilles, dont le nombre était tellement considérable qu'on ne pouvait traverser cette belle promenade sans en avoir quelques-unes sur le corps. Un pareil résultat fit connaître promptement la faute que l'on avait commise, et, l'année suivante, elle fut réparée en laissant le champ libre aux paisibles habitants des airs.

Eriogastre laineux,

sur l'Aubépine.

ERIOGASTRE LAINEUX.

ERIOGASTER LANESTRIS, STEP.

SMALL EYGAR MOTH. — WOLLTRÄGER-SPINNER.

Ochsenh., t. III, p. 289. — Esper, t. III, pl. XVII. — Speyer, Geogr. Verb., t. I, p. 412. — Boids., p. 69, nº 566. — Phalæna lanestris, Linné. — Bombyx lanestris, Bork. — Gastropacha lanestris, Ochs. — Lasiocampa lanestris, Schrank.

La Russie, la Suède, la Grande-Bretagne, la Hollande, la Belgique et la France sont les pays dans lesquels on rencontre cette espèce.

Le papillon femelle attache ses œufs aux branches ou entre les crevasses de l'écorce des arbres ; elle a soin de les entourer d'une laine très-compacte et de couleur grise. Au mois de mai, les jeunes chenilles apparaissent, et se construisent aussitôt une toile très-dense, dans laquelle elles se tiennent ; après chaque changement de peau, elles agrandissent cette habitation, que l'on trouve également sur les haies, dans les jardins et dans les bois.

Ces chenilles se nourrissent de feuilles de bouleau (*Betula*), de prunier épineux (*Prunus spinosa*), de prunier domestique (*P. domestica*), de cerisier (*Cerasus*), d'aubépine (*Cratægus oxyacantha*), de tilleul (*Tilia platyphyllos* et *T. sylvestris*) et de saule (*Salix*).

Cet ériogastre est assez rare dans notre pays, mais dans certaines contrées il est plus commun et cause d'assez grands ravages aux plantes citées ci-dessus. Du nombre considérable de chenilles qui éclosent chaque année, il n'y en a que fort peu qui parviennent à leur développement normal, car une singulière maladie qui s'empare de ces animaux en fait périr la majeure partie.

La chrysalide est renfermée dans un cocon de forme ovale, qui est surmonté d'un petit couvercle, lequel n'est bien visible qu'au moment de la sortie du papillon, qui a lieu en septembre ou en octobre ; il arrive fréquemment que ces papillons restent déformés après l'éclosion.

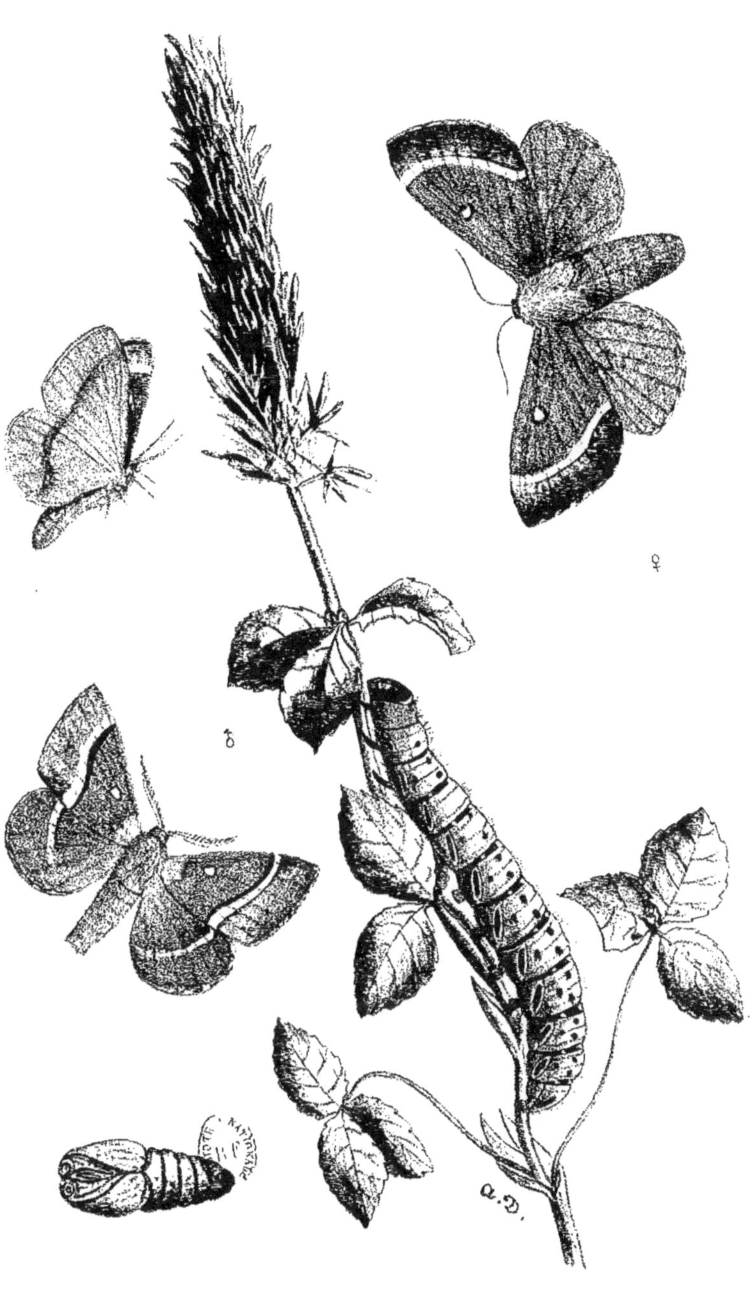

Bombyx du trèfle
sur le Trèfle incarnat.

BOMBYX DU TRÈFLE.

BOMBYX TRIFOLII, Schiff.

THE GRASS EGGAR. — WIESENKLEESPINNER.

Schiff. W. V. p, 57. — Esp. Schm. pl. 15, f. 1. — Hubn. Bomb. pl. 30, f. 171. — Ochsenh. Schm. Eur. III, p 262. — Boisd. Ind. p. 71, nº 582; Ic. (Bomb.) pl. 5, f. 3. — Frey, N Beitr. pl. 434. — Steph. Cat. B. Lep. p 42. — Ann. de la soc. ent. B., I, p. 58. — Spey. Geogr. verb. I, p. 412. — Staud. Cat. p. 68, nº 924.

Gastropacha trifolii. Ochs. — Lasiocampa trifolii, Steph — *Var.* : Medicaginis, Bkh. — Cocles, H.-G. — Terreni, H. S. — Ratamæ, H. S. — *Ab.* : Iberica Gn. — ?Serrula, Gn.

Ce bombyx paraît répandu dans presque toute l'Europe, même dans les régions montagneuses, où on le rencontre parfois à une très-grande hauteur; son aire géographique est limitée au Nord par Stockholm, au Sud par la Sicile, à l'Ouest par la Grande Bretagne et à l'Est par les monts Ourals. Ses variétés ont été observées : *Medicaginis :* Europe centrale et méridionale, Asie Mineure, Arménie; *Cocles:* Sicile, Grèce, Algérie et Maroc septentrional; *Terreni :?* Turquie méridionale, Asie mineure et Syrie; *Ratamæ:* Andalousie. Les aberrations *Iberica* et *Serrula* sont propres à l'Espagne et au Nord de l'Afrique.

La chenille passe l'hiver sous des plantes basses ou fixée contre des tiges de graminées. On la retrouve au printemps sur les trèfles, la luzerne et le genêt, surtout au matin pendant la rosée ou après une petite pluie; elle file sa coque, à la fin de juin ou au commencement de juillet, entre des pierres ou sous des plantes herbacées. Cette chenille est très-difficile à élever, et pour y parvenir on doit l'humecter journellement d'eau fraiche.

L'insecte parfait vole à la fin de juillet et au commencement d'août; il est très-rare en Belgique.

Gastropache du chêne
sur l'Orme.

GASTROPACHE DU CHÊNE.

GASTROPACHA QUERCUS, OCHSENHEIMER.

OAK EIGAR. — EICHEN-SPINNER.

Ochsenheimer, t. III, p. 266 — Esper, t. III, p. XIII, fig. 4. — Boisduval, p. 71. — Freyer, *Neuere Beit.*, t. I, pl. 26. — BOMBYX SPARTII, Hüb. var. — B. QUERCUS, Esp. — P. ROBORIS, Schr. var. — LASIOCAMPA QUERCUS et L. ROBORIS, Step. — L. CALLUNÆ, Palmer. — PHALÆNA QUERCUS, Linné. — LYCÆNA QUERCUS, Och.

Ce gastropache se rencontre dans presque toute l'Europe et dans les parties situées à l'est de la Sibérie. On le voit en Russie, en Laponie et en Suède; il est commun en Allemagne, en Hollande, en Belgique, en Grande-Bretagne, en France et en Italie. On l'a également observé aux îles Canaries.

Ce lépidoptère se tient aussi bien dans les plaines que dans les régions montagneuses; il vole pendant le jour, tandis que la femelle n'abandonne sa retraite que la nuit. Cette dernière dépose ses œufs, de forme ovoïde, sur les feuilles des plantes nourricières des chenilles. Ces œufs éclosent en automne; les petites chenilles croissent rapidement et passent dans cet état l'hiver. Au printemps suivant, on les trouve jusqu'en juin sur le chêne (*Quercus robur*), le saule marceau (*Salix capræa*), le bouleau (*Betula alba*), le prunellier ou prunier sauvage (*Prunus spinosa*), le hêtre (*Fagus sylvatica*), l'orme (*Ulmus campestris*) et le genêt (*Genista scoparia*). Dès qu'on touche la chenille, elle s'enroule, et les poils dont son corps est couvert occasionnent de grandes démangeaisons aux mains. Vers la fin de juin et en juillet, elle se transforme en une chrysalide, qui est entourée d'une coque assez solide, dans la composition de laquelle les poils de la chenille entrent pour une bonne part. Après trois ou quatre semaines, le papillon parfait abandonne cette double enveloppe. On trouve quelques variétés de cette espèce, dont la principale est presque blanchâtre, avec les bandes des ailes à peine marquées.

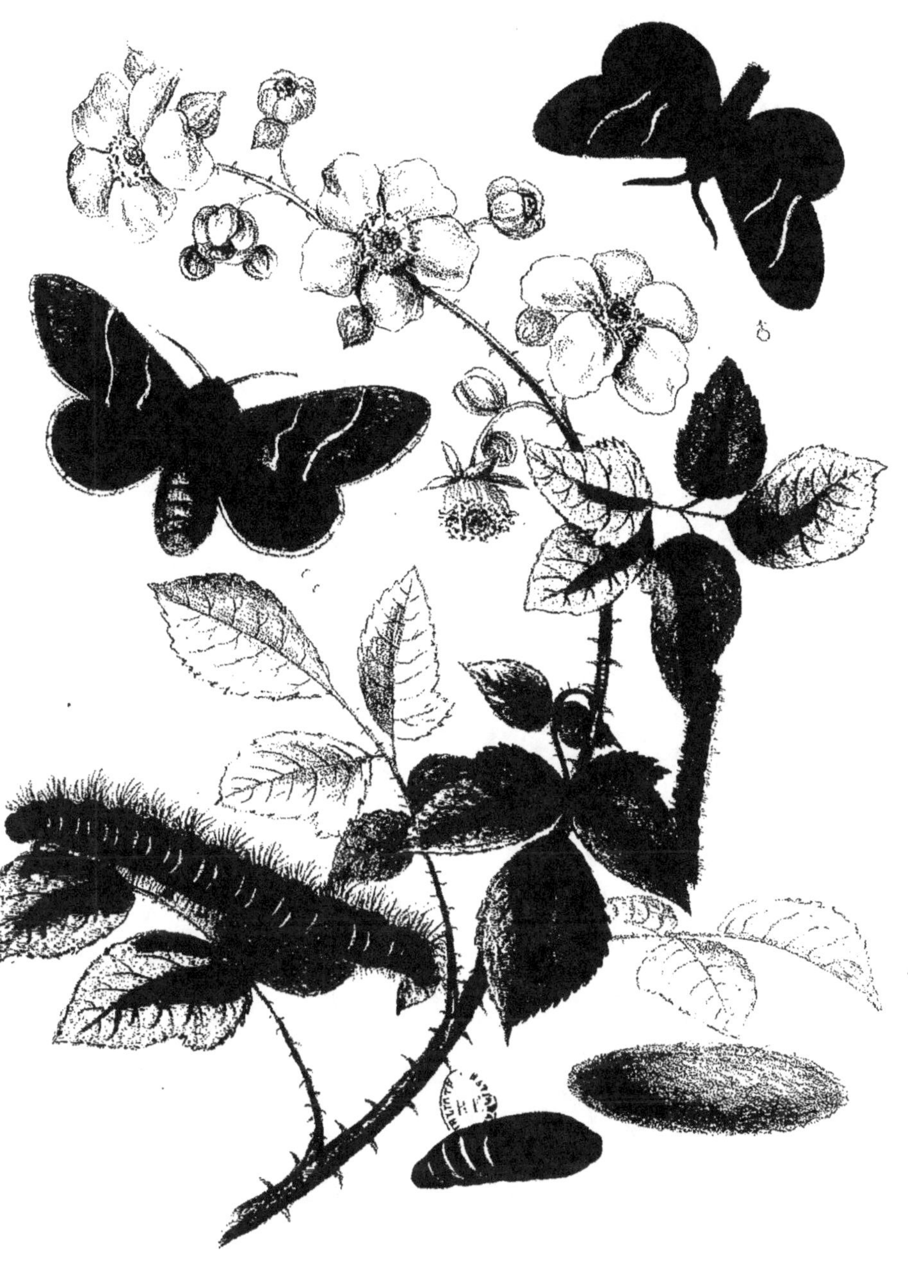

Gastropache de la ronce

sur la Ronce discolore.

GASTROPACHE DE LA RONCE.

GASTROPACHA RUBI, OCHS.

FOX MOTH. — BROMBEER-SPINNER.

Ochsenh., t. III, p. 270. — Esp. t. III, pl. IX. — Speyer, GEOGR. VERB., t. I, p. 414. — Boisd., p. 71, nº 579. — PHALÆNA RUBI, Lin. — BOMBYX RUBI, Bork. — LASIOCAMPA RUBI, Schrank.

Ce gastropache habite la Sibérie, la Laponie, la Russie, la Suède, la Grande-Bretagne, l'Allemagne, la Hollande, la Belgique, la France et l'Italie.

Il est commun dans certaines localités ; la chenille vit sur la ronce frutescente (*Rubus fruticosus*), la ronce discolore (*R. discolor*) et autres espèces ou variétés du même genre, la potentille ansérine (*Potentilla anserina*), le prunier épineux (*Prunus spinosa*), la luzerne cultivée (*Medicago sativa*), le trèfle des prés (*Trifolium pratense*), le lotier corniculé (*Lotus corniculatus*), la gesse des prés (*Lathyrus pratensis*), le thym serpolet (*Thymus serpyllum*), l'achilée millefeuille (*Achillea millefolium*), l'épervière piloselle (*Hieracium pilosella*), le pissenlit officinal (*Taraxacum officinale*), la renouée des oiseaux (*Polygonum aviculare*), le carex distique (*Carex disticha*), la myrtille (*Vaccinium myrtillus*), ainsi que sur les pommiers, les poiriers et les pruniers.

L'aspect de la chenille dans son jeune âge est fort différent de celui qu'elle offre à son état adulte ; dès qu'elle est arrivée à un développement presque normal, elle tombe en léthargie et passe l'hiver dans cet état. Au commencement du printemps suivant, c'est-à-dire en avril, quelquefois même en mai, cette chenille se chrysalide au-dessus de la terre, entre des feuilles ou des pierres, en construisant un cocon formé d'un tissu allongé, dans la composition duquel ses poils entrent en grande partie. Ce cocon contient la chrysalide, dont le papillon s'échappe après trois à quatre semaines.

Cratéronyx des Buissons,
sur l'Epervière piloselle.

CRATÉRONYX DES BUISSONS.

CRATERONYX DUMI, Lin.

LÖWENZAHNSPINNER.

Lin. F. S. p. 293. — Esp. Schm. III, pl. 14, f. 3, 4. — Hubn. Bomb. pl. 37, f. 164. — Ochsenh. Schm. Eur. III, p. 273. — Boisd. Ind. p. 70, nº 577; Ic. pl. 15, f. 1-4. — Ann. de la soc. ent. B. I, p. 57. — Spey. Geogr. verb. I, p. 415. — Staud. Cat. p. 69, nº 930.

Phalena dumi et dumeti, L. — Bombyx dumeti, Hb. — Gastropacha dumeti, Ochs. — Lasiocampa dumeti, Schr. — Crateronyx dumi, Staud.

Habite l'Europe centrale, sauf la Grande-Bretagne; on le rencontre également en Finlande, dans la Russie méridionale, en Turquie et en Italie. Il est très-rare en Belgique.

La chenille vit depuis le mois de mai jusqu'en juillet sur le pissenlit ainsi que sur les plantes suivantes: *Hipochœris radicata*, *Lactuca sativa*, *Hieracium pilosella*, *murorum*, *sylvaticum* et *dubium*. Cette chenille est très-difficile à élever. La chrysalidation a lieu dans la terre ou sous des feuilles mortes, mais il n'y a pas de cocon proprement dit.

L'insecte parfait vole en octobre dans les endroits boisés et dans les prairies voisines des forêts.

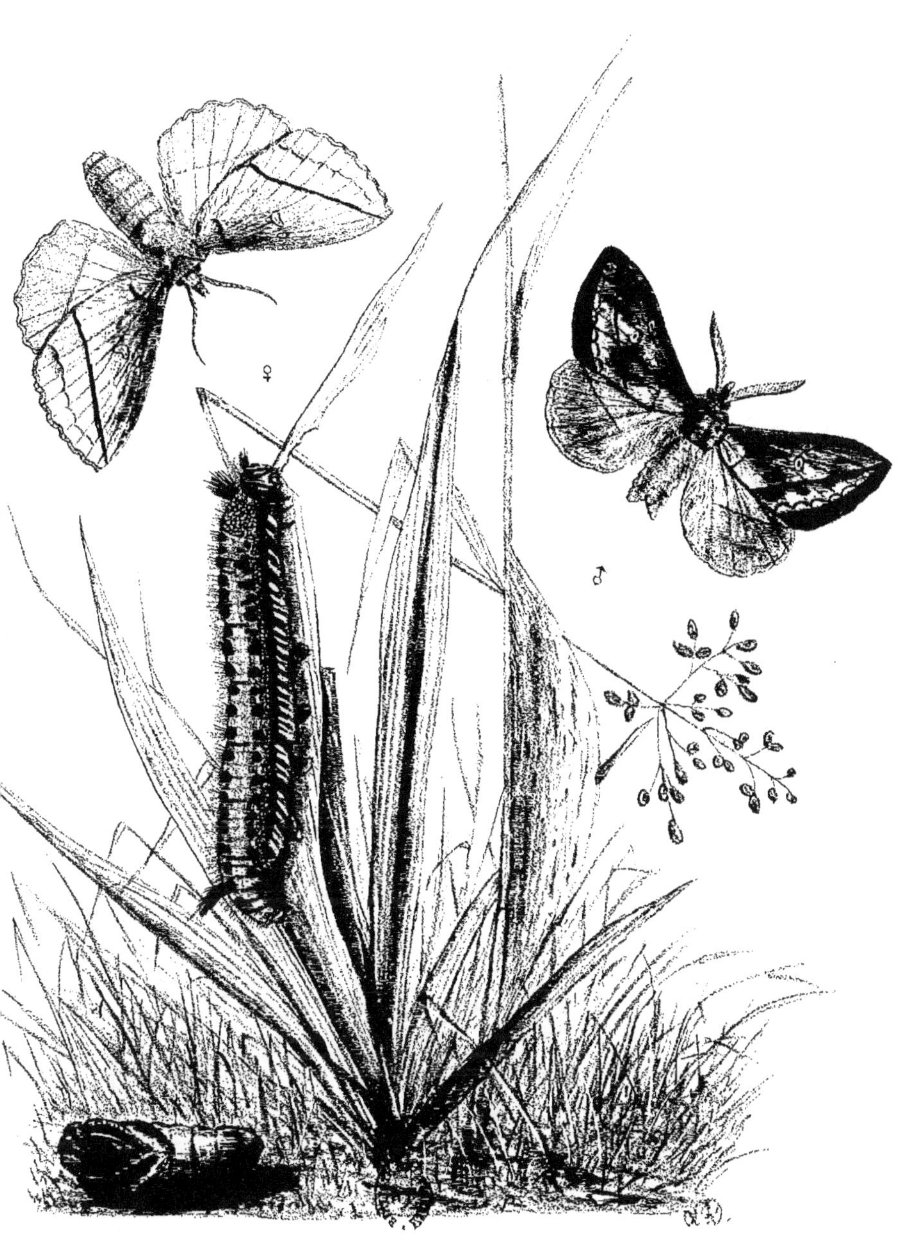

Lasiocampe buveur
sur la Luzule élevée

GENRE LASIOCAMPE. — LASIOCAMPA, Schrank.

LASIOCAMPE BUVEUR.

LASIOCAMPA POTATORIA SCHRANK.

DRINKER LAPPET. — TRESPEN-SPINNER.

Ochsenh., III, p. 256. — Esper, III, pl. XI. — Boisd., p. 71, nº 584. — PHALÆNA POTATORIA, Linné, - BOMBYX POTATORIUS, Esper. — GASTROPACHA POTATORIA, Ochs. — ODONESTIS POTATORIA, Step. — O. PALUSTRIS, Step. var.

La plus grande partie de la Sibérie et de l'Europe est la patrie de ce papillon; on le rencontre en Russie, en Suède, en Norwége, en Allemagne, en Hollande, en Grande-Bretagne, en Belgique, en France et dans plusieurs parties de l'Italie.

La femelle dépose ses œufs ovales, entourés de bandes verdâtres et noirâtres, sur la luzule élevée (*Luzula maxima*), le dactyle (*Dactylis glomerata*), le chiendent (*Triticum repens*), le froment de chien (*T. caninum*), etc. Les chenilles sortent des œufs après une couple de semaines et passent l'hiver dans cet état. Au printemps suivant on les trouve dans toute leur grandeur en mai et en juin, quelquefois aussi jusqu'en août; elles aiment à boire les goutelettes de rosée et de pluie; aussi est-il bon, pour cette raison, lorsqu'on élève ces chenilles chez soi, d'arroser de temps à autre les plantes avec lesquelles on les nourrit. A l'époque de la chrysalidation elles se construisent entre des tiges une espèce de cocon à parois très-épaisses, dans la composition duquel les poils, dont leur corps est couvert, entrent en grande partie. A la partie supérieure de ce cocon se trouve une petite ouverture, légèrement recouverte, par laquelle le papillon s'échappe au bout de trois à quatre semaines.

Lasiocampe du prunier
sur le Bouleau.

LASIOCAMPE DU PRUNIER.

LASIOCAMPA PRUNI, Lin.

PFLAUMENSPINNER.

Lin. S. N., x. p. 498. xii, p. 813. — Esp. Schm. III, pl. 10, f. 1. — Hubn. Bomb. pl. 42, f. 186. — Ochsenh Schm. Eur. III, p. 251. — Boisd. Ind. p. 72, nº 586. — Frey. N. Beitr. pl. 338. — Ann de la soc. ent. B., I, p. 59. — Spey. Geogr. verb., I, p. 406. — Staud. Cat. p. 69, nº 934.

Phalena pruni, L. — Bombyx pruni, Hb. — Gastropacha pruni, Ochs. — Lasiocampa pruni, Boisd.

Cette espèce habite toute l'Europe, sauf la Scandinavie, la Grande Bretagne, la Grèce et la Turquie; elle est plus ou moins rare dans certains pays comme par exemple en Belgique.

Les chenilles naissent en septembre et passent l'hiver en léthargie fixées contre des branches ou entre les crevasses des écorces. On les retrouve dès le mois d'avril sur l'orme, le bouleau, le néflier, le pommier, le prunier, le prunellier, le peuplier et sur le tilleul. La croissance de ces chenilles se fait très-lentement, car ce n'est que vers le milieu ou à la fin de juin qu'elles ont toute leur taille. Elles filent alors entre les feuilles une coque allongée d'un roux fauve et assez solide.

L'insecte parfait vole vers la fin de juillet et au commencement d'août. Il est probable que cette espèce a deux générations dans les contrées méridionales.

Lasiocampe feuille de chêne,

sur la rose des chiens

LASIOCAMPE FEUILLE DE CHÊNE.

LASIOCAMPA QUERCIFOLIA, SCHRANK.

OAK LAPPET. — FRÜHBIRN-SPINNER.

Ochsenh., t. III, p. 247. — Esper, t. III, pl. VI. — Boisd., p. 72, nº 587. — PHALÆNA QUERCIFOLIA, Linné. — BOMBYX QUERCIFOLIA, Esper. — GASTROPACHA QUERCIFOLIA, Ochs. — L. ULMIFOLIA, Dahl., var. — GASTROPACHA ALNIFOLIA, Ochs. var.

On rencontre ce gastropache en Sibérie, en Russie, en Suède, en Norwége, en Allemagne, en Hollande, en Belgique, en Grande-Bretagne, en France et en Italie. Il est assez commun dans certaines localités.

La femelle dépose ses œufs sur les plantes nourricières des chenilles, telles que sur le pommier, le poirier, le prunier, le prunellier (*Prunus spinosa*), l'abricotier, l'aubépine (*Cratægus oxyacantha*), la rose des chiens (*Rosa canina*), la bourdaine (*Rhamnus frangula*), le saule marceau (*Salix capræa*) et sur différentes graminées. Ces œufs sont ovales et entourés de bandes vertes et blanches; au centre de la partie supérieure se trouve un point entouré également de lignes vertes et blanches. Après que ces œufs sont éclos et que les petites chenilles ont opéré leur premier changement de peau, elles s'abritent pour passer l'hiver. Au commencement de la belle saison elles abandonnent leur retraite pour chercher de nouveau leur nourriture; on les trouve dans toute leur croissance en mai et en juin, même quelquefois jusqu'en août. Ces chenilles sont sujettes à des variations de couleur assez marquées : on en voit tantôt des claires, tantôt des foncées ou d'un rouge-brun; quelquefois aussi d'un gris variant du clair au foncé; mais elles sont toujours recouvertes de poils très-courts et pourvues sur les côtés, au-dessus des pattes, d'un petit tubercule recouvert de poils plus longs, ce qui les fait facilement reconnaître. Elles se tiennent souvent sur les troncs d'arbre entourés d'herbages assez élevés, à peu d'élévation du sol, ou bien sur les branches de petits arbustes. Comme elles sont la plupart du temps dans une position droite et immobile, on ne les aperçoit que difficilement malgré leur grandeur. Pour se chrysalider, ces chenilles se construisent sur la terre une toile composée en partie de leurs poils; ce tissu est d'une forme allongée et contient une poussière farineuse qui donne une teinte bleuâtre à la chrysalide qui est d'un brun noirâtre et qui se trouve en dessous. Le papillon sort de son enveloppe après trois à quatre semaines.

Lasiocampe feuille de peuplier
sur le Peuplier d'Italie.

LASIOC. FEUILLE DE PEUPLIER

LASIOCAMPA POPULIFOLIA, Esp.

WEISSESPENSPINNER.

Esp. Schm., III, pl. 6a. f. 34 et pl. 7, f. 1. — Hubn. Bomb. pl. 43 f. 189. — Ochsenh. Schm. Eur. III, p. 245. — God. Hist. n. Lep. IV, p. 7, 3. — Boisd. Ind. p. 72, nº 588. — Ann. de la soc. ent. B. I, p. 59 et XII, p. IV. — Spey. Geogr. verb. I, p. 404. — Staud. Cat. p. 69, nº 936.

Bombyx populifolia, Esp. — Gastropacha populifolia, Ochs. — Lasiocampa populifolia, Boisd.

Ce bombycide habite l'Allemagne, la Russie centrale, la Livonie, la Hollande, la France septentrionale et centrale, la Suisse et le Piémont. Il est rare en Belgique où il a été pris dans diverses localités, notamment dans les environs de Bruxelles, de Louvain, de Namur, etc.

La chenille passe généralement l'hiver collée sur les branches ou entre les crevasses des écorces; on la trouve dans toute sa taille vers la fin de mai sur les peupliers et les saules. Le Dr. Breyer a pu se procurer environ 300 œufs de cette espèce, pondus, vers la fin de juin 1868, par une femelle trouvée dans les environs de Bruxelles. L'éclosion de ces œufs eut lieu au bout de onze à treize jours, mais une cinquantaine de chenilles seulement purent être élevées jusqu'au cocon. Dès le 8 août les plus précoces étaient chrysalidées; le 1er septembre M. Breyer avait déjà une femelle qui pondait, alors que les trois dernières chenilles se mettaient à filer. Les exemplaires de cette seconde génération sont beaucoup plus petits que le type ordinaire; ils en diffèrent en même temps par une coloration plus foncée qui les rapproche, au premier aspect, du *quercifolia* (Voy. le mâle de notre planche).

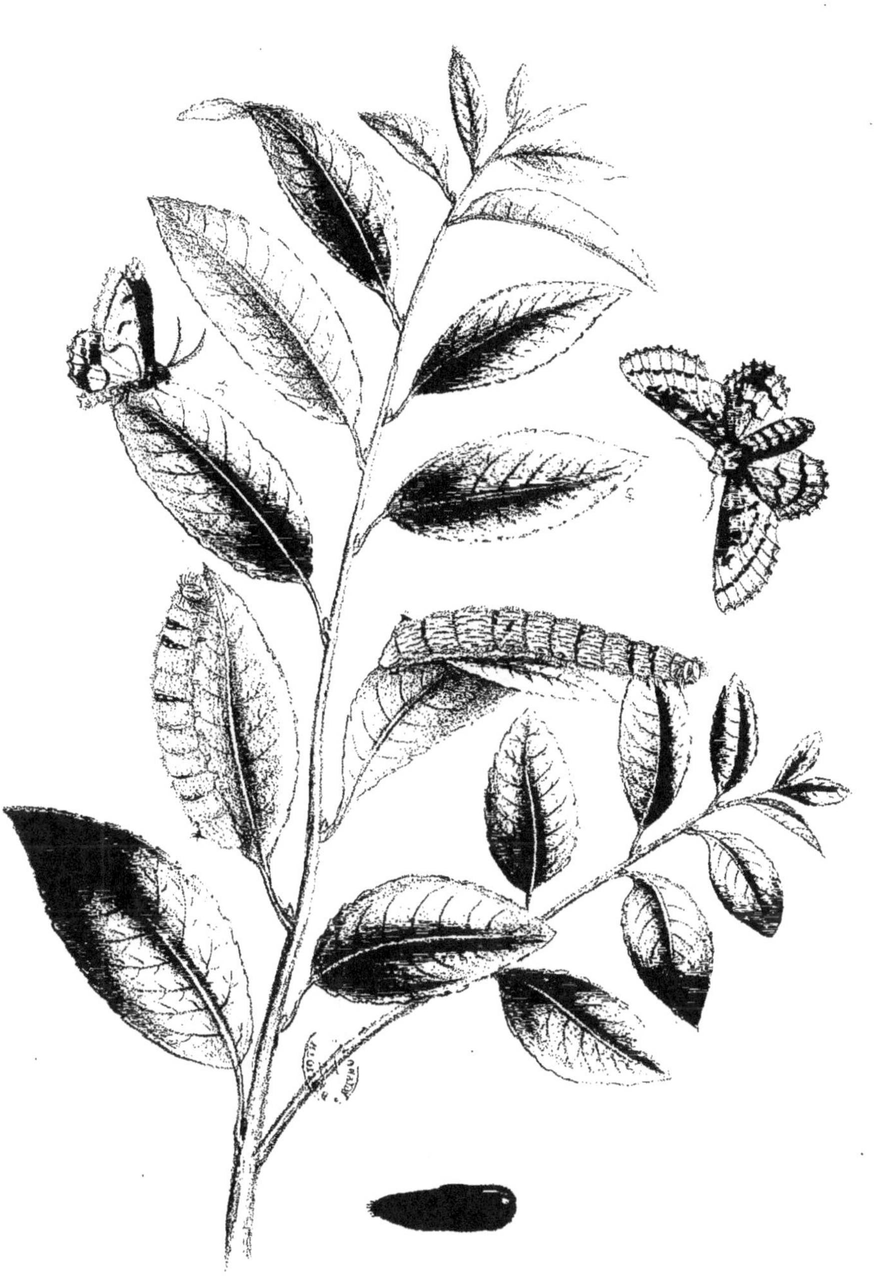

Lasiocampe feuille de bouleau,

Sur le Saule bicolor.

LASIOCAMPE FEUILLE DE BOULEAU.

LASIOCAMPA BETULIFOLIA, STEP.

LITTLE LAPPET. — BIRKENBLATT SPINNER.

Ochsenh., t. III, p. 242. — Esper, t. III, pl. VIII. — Freyer, NEUE BEITR., t. I, pl. 15. — Speyer, GEOGR. VERB., t. I, p. 405. — Boisd., p. 72, n° 589 — BOMBYX BETULIFOLIA, Fab. — B. ILICIFOLIA, Esper. — B. TREMULIFOLIA, Hüb. — GASTROPACHA BETULIFOLIA, Ochs.

Ce lasiocampe se trouve en Russie et en Allemagne, mais il est rare dans la plupart des contrées qui composent ces deux États. On le voit également en Hollande, en Belgique et en France; il n'a jamais été observé dans les îles Britanniques.

On trouve souvent ce papillon, depuis le mois d'avril jusqu'en juin, sur les troncs d'arbres. Les œufs que dépose la femelle de cette espèce sont sphériques et d'un rouge brunâtre, entourés d'une large bande de couleur blanche. Les chenilles se tiennent depuis juillet jusqu'en octobre sur le chêne (*Quercus robur*), le peuplier tremble (*Populus tremula*), le peuplier noir (*P. nigra*), le bouleau blanc (*Betula alba*), le sorbier (*Sorbus aucuparia*), le saule cendré (*Salix cinerea*), le saule bicolor (*S. bicolor*), le saule blanc (*S. alba*), etc. Il est à remarquer que ces chenilles se tiennent habituellement vers le sommet des arbres que nous venons de mentionner, circonstance qui en rend la chasse assez difficile et qui oblige, celui qui veut se les procurer, à secouer fortement les branches afin de les faire tomber.

Pour se chrysalider, ces chenilles se construisent un tissu qui contient une poussière rougeâtre, et c'est dans l'intérieur de ce cocon que se trouve la chrysalide, qui est également recouverte d'une poussière de même nature. Il arrive quelquefois que les papillons sortent déjà de leur chrysalide au bout de trois à quatre semaines; quelques auteurs prétendent même qu'ils produisent une nouvelle génération de chenilles qui hivernent dans un état de demi-développement, ce qui est bien probable, car nous avons trouvé une de ces chenilles prête à se chrysalider dans le courant du mois de juin. Toutefois la majorité des chrysalides ne se développe qu'au printemps suivant.

Lasiocampe du Saule
sur le myrtille.

LASIOCAMPE DU SAULE

LASIOCAMPA ILICIFOLIA, Lin.

SAALWEIDEN SPINNER.

Lin. F. S. p. 293.; S. N. XII, p. 813. — Esp. Schm. Eur. III, pl. 7, f. 2-6 — Hubn. Bomb. pl. 44, f. 190. — Ochs. Schm. Eur. III, p. 240. — God. Lep. de Fr. IV, f. 5-7. — Ann. Soc. ent. B. I, p. 60. — Spey. Geogr. verb. I, p. 405.

Phalæna ilicifolia, Lin. — Bombyx betulifolia, Hb. — Gastropacha ilicifolia, Ochs. — Lasiocampa ilicifolia, Boisd.

Cette espèce est très-localisée et elle est rare presque partout où elle se trouve. On la rencontre dans l'Allemagne occidentale, où elle ne paraît pas dépasser le 51° l. N.; on l'observe également dans le sud de la Scandinavie, en Livonie, dans la région du Volga, près de l'Altaï, en Angleterre, en Hollande, dans certaines parties de la France, en Savoie, au Piémont et en Ligurie. Elle est très-rare en Belgique : quelques exemplaires ont été pris dans les environs de Liége par M. Ch. Donkier de Donceel ; feu M. de Fré en a trouvé la chenille dans la forêt de Soignes.

On trouve la chenille en juin et en juillet, parfois jusqu'à la fin d'août, sur les jeunes pousses du saule marceau *(Salix caprea)* et principalement sur le myrtille *(Vaccinium myrtillus)*. L'insecte parfait vole en mai de l'année suivante.

La chenille nous est inconnue.

GENRE ENDROME. — ENDROMIS, Ochsenh.

ENDROME VERSICOLORE.

ENDROMIS VERSICOLORA, OCHSENH.

KENTISH GLORY. — HAGEBUCHEN-SPINNER.

Ochsenh., t. III, p. 16. — Esp., t. III, pl. XXIII. — Freyer, NEU. BEITR., t. III, pl. 224, var. — Boisd., p. 74, nº 601. — Speyer, GEOGR. VERB., t. I, p. 224. — PHALÆNA VERSICOLORIA, Hübn. — P. VERSICOLORA, Lin. — BOMBYX VERSICOLOR, Esp.

Ce beau papillon habite la Russie, la Laponie, la Suède, la Norwége, la Grande-Bretagne. l'Allemagne, la Hollande, la Belgique et la France. Il est cependant à remarquer qu'il n'est pas commun dans ces différentes contrées, et qu'en Belgique il est même très-rare. Il se tient aussi bien dans les pays plats que dans les régions montagneuses.

La femelle dépose ses œufs, qui sont d'un rouge pâle et de forme ellipsoïde, sur les plantes nourricières des chenilles. Celles-ci vivent principalement sur le bouleau blanc (*Betula alba*); mais on les voit quelquefois aussi sur l'aune (*Alnus glutinosa*), le tilleul (*Tilia europæa*), le coudrier (*Corylus avellana*), le hêtre (*Fagus sylvatica*), et le charme (*Carpinus betulus*). La chenille de cette espèce est, pendant sa première jeunesse, noire et légèrement velue, mais elle ne tarde pas à prendre une couleur verdâtre, qu'elle conserve jusqu'à sa métamorphose. On la trouve, pendant les mois de juin et de juillet, le plus souvent dans les buissons peu élevés des plantes que nous avons mentionnées plus haut. Pendant le repos, elle retire habituellement sa tête dans le premier anneau du corps.

Après plusieurs changements de peau, cette chenille se dispose à la métamorphose, et c'est alors qu'elle devient d'un rouge brunâtre et tacheté. Elle se cache ensuite sur la terre et sous de la mousse pour se chrysalider; la chrysalide est enveloppée d'une substance parcheminée. L'éclosion du papillon a lieu en mars ou en avril.

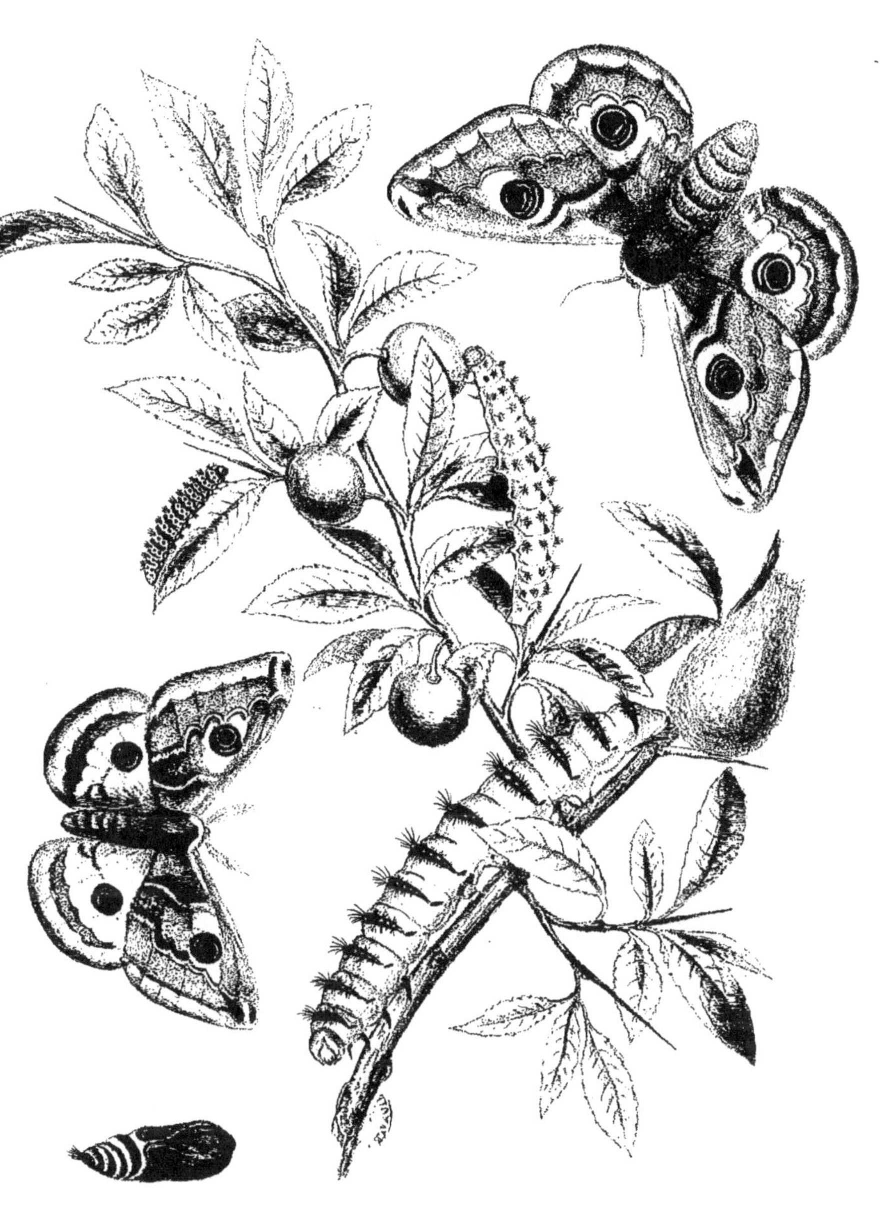

Saturne du charme,

sur le Prunier épineux.

GENRE SATURNE. — SATURNIA, Schrank.

SATURNE DU CHARME.

SATURNIA CARPINI, SCHRANK.

EMPEROR MOTH. — HAYNBUCHEN-SPINNER.

Ochsenh., t. III, p. 6. — Esper, t. III, pl. IV. — Speyer, GEOGR. VERB., t. I, p. 714. — Boisd., p. 73, nº 598. — PHALÆNA PAVONIA MINOR, Lin. — PH. PAVONIELLA, Scop. — PH. PAVUNCULUS, Bretz. — BOMBYX PAVONIA MINOR, Fabr. — B. CARPINI, Bork. — SATURNIA PAVONIA MINOR, Step.

La Sibérie, la Laponie, la Russie, la Suède, la Grande-Bretagne, l'Allemagne, la Hollande, la Belgique, la France et l'Italie sont les pays dans lesquels on rencontre ce papillon.

Cette espèce se tient aussi volontiers dans les vallées et les plaines que sur les hautes montagnes. Les chenilles sortent des œufs, qui sont d'un blanc verdâtre, vers le mois de mai. Elles sont jaunes dans leur jeune âge, mais leur couleur se modifie après chaque changement de peau, et devient à la fin telle que la figure ci-jointe la représente. On les trouve depuis mai jusqu'en juillet sur le charme (*Carpinus betulus*), l'aune (*Alnus glutinosa*), le bouleau blanc (*Betula alba*), le chêne (*Quercus robur*), le saule marceau (*Salix capræa*), la ronce frutescente (*Rubus fruticosus*), la ronce framboisier (*R. idæus*), le prunellier (*Prunus spinosa*), la rose des chiens (*Rosa canina*), ainsi que sur les pommiers.

Au commencement de juillet et d'août, la chenille opère sa métamorphose; elle se tisse à cette fin un cocon de consistance parcheminée, d'un blanc brunâtre et ayant à peu près la forme d'une bouteille. L'ouverture de ce cocon, située à la partie inférieure, est légèrement fermée au dedans; la chrysalide qui se trouve dans cette espèce de flacon donne naissance au papillon parfait en avril ou en mai.

Aglie tau,

sur le Châtaignier.

GENRE AGLIE. — AGLIA, Ochsenh.

AGLIE TAU.

AGLIA TAU, OCHS.

TAU MOTH. — ROTHBUCHEN SPINNER.

Ochsenh., t. III, p. 12. — Esp., t. III, pl. V. — Spey., GEOGR. VERB, t. I, p. 416. — Boisd., p. 74, n° 600. — PHALÆNA TAU, Lin. — BOMBYX TAU, Esp. — SATURNIA TAU, Schr.

Le tau habite la Russie, la Livonie, la Suède, l'Allemagne, la Hollande, la Belgique, la France, la Savoie et le Piémont, mais généralement il est peu commun, surtout sa femelle; on ne le rencontre le plus souvent que dans les forêts de hêtres, même si ces arbres sont plantés à une certaine hauteur sur les montagnes.

La chenille, qui dans son jeune âge possède cinq piquants sur sa partie dorsale, se trouve de juin jusqu'en août sur le hêtre (*Fagus sylvatica*), le charme (*Carpinus betulus*), le tilleul (*Tilia europæa*), le bouleau blanc (*Betula alba*), l'aune (*Alnus glutinosa*), le coudrier (*Corylus avellana*), le châtaignier (*Castanea vesca*), le poirier (*Pyrus communis*) et le pommier (*P. malus*). Dès que cette chenille est parvenue à toute sa taille, elle entre dans la terre, ou se cache sous la mousse, pour se chrysalider dans un léger tissu, qu'elle s'est tissé auparavant. Le papillon abandonne sa chrysalide en avril ou mai de l'année suivante; on peut alors trouver la femelle contre les branches de hêtres, où elle se tient cachée. ce qui fait qu'on ne l'aperçoit que difficilement, tandis que le mâle voltige pendant le jour dans les bois. La femelle pond des œufs sphériques d'un rouge brunâtre, dont l'éclosion a lieu au bout d'une quinzaine de jours.

Drépane faucille.

DRÉPANE FAUCILLE

DREPANA FALCATARIA, Lin.

WEISSBIRKENSPINNER

Lin. S. N. XII, p. 859 ; F. S. p. 323. — Schiff. Syst. verz. p. 64. — Esp. Schm. pl. 73, f. 3-6. — Hubn. Bomb. pl. 11, f. 44. — Lasp. Gat. Platyp., p. 12. — Treits. Schm. Eur. V, 3, p. 408. — Dup. Lep. de Fr. pl. 104, f. 1. — Sepp, Ned. Ins. VII, pl. 50. — Ann. Soc. ent. B. I, p. 65. — Spey. Geogr. verb. I, p. 419. — Staud. Cat. p. 71, n° 957.

Phalæna falcataria, Lin. — Bombyx falcula, Schiff. — Platypteryx falcula, Lasp. — Drepana falcataria, Stg.

La faucille, comme on désigne vulgairement ce lépidoptère, habite toute l'Europe située entre le 60e et le 45e degré depuis l'Angleterre jusqu'à l'Oural, mais elle est rare dans certaines localités. En Belgique elle est généralement commune.

On trouve la chenille en juin et une seconde fois en août et septembre, sur le bouleau blanc *(Betula alba)*, l'aune *(Alnus glutinosa)*, le peuplier tremble *(Populus tremula)*, ainsi que sur les saules et les chênes.

Les métamorphoses ont lieu entre des feuilles. L'insecte parfait vole en mai, quelquefois déjà en avril ; les individus de la seconde génération prennent leur essor en juillet et en août.

Drépane curvatule
sur l'aune.

DRÉPANE CURVATULE

DREPANA CURVATULA, Borkh.

BANDIRTER SICHELSPINNER

Borkh. EUR. SCHM. III, p. 460. — Hubn. BOMB. pl. 11, f. 42,43 — Lasp. G. PLAT. p. 14. — Treits. SCHM. EUR. V, 3. p. 405.—Dup. PAP. DE FR. VII, pl. 140, f. 2.—ANN. SOC. ENT. B. I, p. 65. — Spey. GEOGR. VERB. I, p. 420.—Staud. CAT. p. 71, n° 953.

BOMBYX CURVATULA. Bkh. — B. HARPAGULA, Hb. — PLATYPTERYX CURVATULA, Lasp. — DREPANA CURVATULA, Treits.

Ce gentil petit lépidoptère habite l'Europe centrale et septentrionale, à l'exclusion de la zone boréale ; il paraît qu'il manque également aux îles Britanniques et en Suisse. On le rencontre, en général, depuis le 60e degré jusqu'aux frontières méridionales des Alpes et les environs de Paris. Il est assez répandu dans le voisinage de la Baltique, mais il n'est abondant nulle part. Cette espèce s'observe dans diverses parties de la Belgique, surtout en Campine.

La drépane curvatule a deux générations par an : on trouve les chenilles de la première en mai, et celles de la seconde en septembre, sur l'aune *(Alnus glutinosa)*. La chenille se tient habituellement dans une feuille en partie pliée et dont le bord est maintenu par quelques fils. Elle vit aux dépens de cette feuille jusqu'à ce que son abri même soit entamé, mais alors elle en cherche une autre, dont elle relève le bord pour se faire un nouvel abri. La chrysalidation se fait également dans une feuille en partie roulée.

Les insectes parfaits de la première génération volent en juillet, ceux de la seconde se montrent dès les premiers jours du printemps.

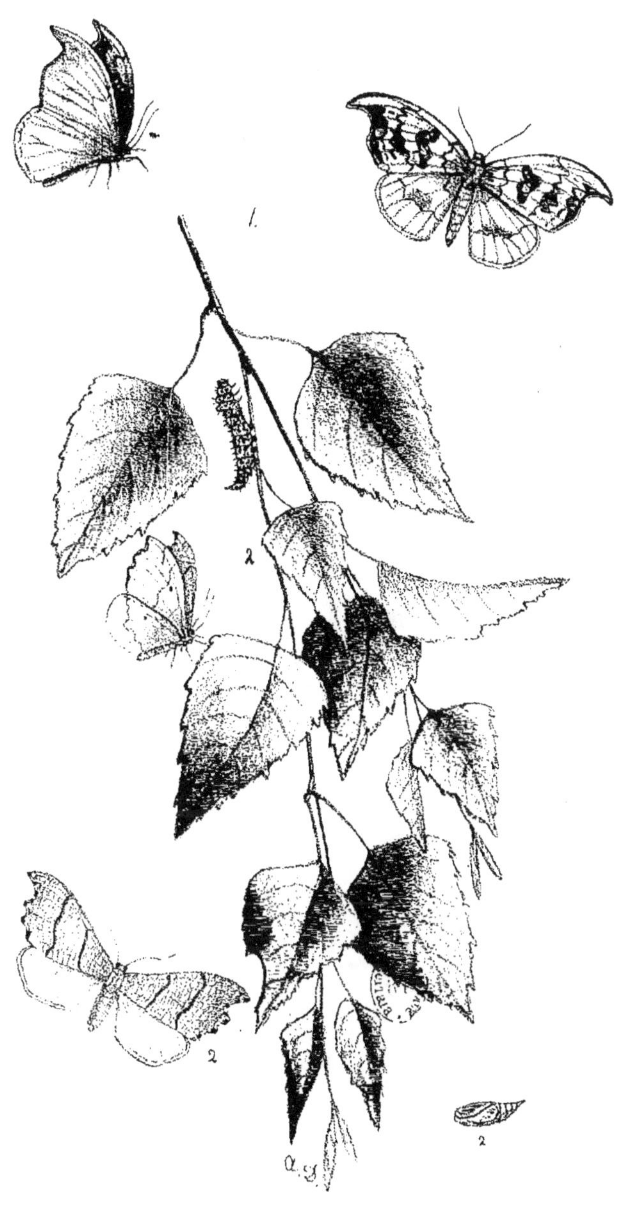

1. Drepane harpon, 2. D. lacertine.

DRÉPANE HARPON

DREPANA HARPAGULA, Esp.

Esp. pl. 73, f. 1,2. — Hubn. pl. 11, f. 41. — Lasp. PLAT. p. 24.—Fab. ENT s. suppl. p. 449. — Treits. V, 3, p. 403. — Dup. VII, pl. 140, f. 6. — ANN. SOC. ENT. B. I, p. 65. — Spey. GEOGR. VERB. I, p. 419. — Staud. CAT. p. 71, n° 959.
BOMBYX HARPAGULA, Esp. — B. SICULA, Hb. — GEOMETRA SICULA, Schiff. — PHALÆNA HARPARIA, F. — PLATYPTERYX SICULA, Lasp. — DREPANA SICULA, Step. — D. HARPAGULA, Stg.

Cette espèce est dispersée dans l'Europe centrale et elle est en général rare. On l'a observée dans la Russie centrale, en Livonie, en Pologne, en Hongrie, en Allemagne, en France, en Angleterre et en Belgique, où elle est très-rare.

Chenille en juin, septembre et octobre sur le tilleul, le bouleau et le chêne. L'insecte vole en mai et en juillet.

DRÉPANE LACERTINE

DREPANA LACERTINARIA, Lin.

Lin. S. N. XII, p. 860; F. S p. 323. — Schiff. W. V. p. 64. — Esp. pl. 72, f. 3-6. — Hubn. pl. 12, f. 49,50. — Treits. V, 3, p. 417. — Dup. VII, pl. 140, f. 5. — ANN. SOC. ENT. B. I, p. 65. — Spey. GEOGR. VERB. I, p. 418. — Staud. CAT. p. 71, n° 960.
PHALÆNA LACERTINARIA, L.—BOMBYX LACERTULA, Esp.—PLATYPTERYX LACERTULA, Lasp. P. LACERTINARIA, Step. — DREPANA LACERTINARIA, Stg. — *Ab.* : SCINCULA, Hb. — CURVULA, Haw. — CULTRARIA, Leach. — DIMIDIATA, Tgstr.

Cet insecte se trouve partout en Europe où il y a des bouleaux : on le rencontre depuis la Laponie jusqu'en Sardaigne, et depuis l'Angleterre jusqu'à l'Oural ; il est assez rare en Belgique.

La chenille vit en juin, août et septembre sur le bouleau et l'aune. L'insecte parfait vole en mai, juillet et août dans les bois riches en bouleaux.

Drépane hameçon

DRÉPANE HAMEÇON

DREPANA BINARIA, Hufn.

THE OAK HOOKTIP. — ROTHBUCHENSPINNER.

Hufn. Berl. Mag. IV, p. 516. — Fab F. S p. 629. — Sch. W. V. p. 64. — Esp. Schm. pl. 74, f. 1-2. — Hubn. Bomb. f. 45-47. — Bkh. Schm. Eur. III, p. 461. — Treits. Schm. Eur. V, 3, p. 411. — Sepp, Ned. Ins. I, pl. 16. — Ann. Soc. ent. B. I, p. 65. — Spey. Geogr. verb. I, p. 420. — Staud. Cat. p. 71, n° 961.

Phalæna binaria, Hufn. (1769). — Ph falcata, F. (1775). — Geometra hamula, Sch. (1776). — Bombyx hamula, Esp. — Platypterix humula, Lasp. — Drepana hamula, Step. — D. uncula, Wood. — D. binaria, Staud. — *Var.* : Uncinula, Bkh = Uncula, Hb.

Cette espèce habite presque toute l'Europe et le nord-ouest de l'Asie mineure, mais elle est généralement peu répandue. On la rencontre depuis le sud de l'Italie jusqu'au 55° et depuis l'Angleterre jusqu'au Volga. Elle est rare en Belgique où elle a cependant été prise dans un grand nombre de localités.

Cet insecte a deux générations. On trouve la chenille dans tout son développement en juillet et en septembre, sur le chêne et le bouleau.

Le papillon vole en plein jour dans les bois, en mai, juillet et août.

1. Drèpane serpette.
2. Silix du prunellier.

DRÉPANE SERPETTE [1]

DREPANA CULTRARIA, Fab.

Fab. Ent. s p. 621 – Esp. pl. 74, f. 4-7. — Hub. f. 48 — Lasp. Plat. p. 22 – Treits. V. 3, p. 414. — Ann. Soc. ent. B. I, p. 65. – Spey. Geogr. verb. I, p. 421. — Staud. Cat. p. 71, n° 962.

Phalæna cultraria, Fab. (1775). — Bombyx sicula, Esp. (1787) — B. unguicula, Hb. (1797). Platypterix unguicula, Lasp. — Drepana unguicula, Step. — D. cultraria, Staud.

Habite l'Europe centrale, le Piémont, la Dalmatie et le nord-ouest de l'Asie mineure; assez commune en Belgique.

Chenille sur le hêtre en juin, août et septembre.

L'insecte parfait vole en plein jour dans les bois, en mai et en juillet.

CILIX DU PRUNELLIER

CILIX SPINULA, Schiff.

Lin. S. N. XII, p. 1068. — Schiff. W. V. p. 64 — Fab. Gen. p. 279. — Esp. pl. 83, f. 6. — Hubn. f. 40. — Treits. V, 3, p. 400. — Dup. VII, pl. 140. f. 7. — Ann. Soc. ent. B. I, p. 64. — Spey. Geogr. Verb. 1, p. 418. — Staud. Cat. p. 71, n° 963.

Phalæna ruffa, Lin. — Geometra spinula, Schiff. — Bombyx compressa, F. — B. spinula, Hb. — Platypterix spinula, Lasp. — Cilix compressa et C. spinula, Step. — C. glaucata, Staud.

On rencontre cette espèce dans toute l'Europe centrale et méridionale, ainsi qu'en Angleterre et en Asie mineure. Elle est peu commune en Belgique.

La chenille vit sur le prunellier et l'aubépine en juin, août et septembre. L'insecte vole en mai, juillet et août.

(1) Sur la planche, le graveur a écrit par erreur *erpette* pour *serpette* et *Silix* au lieu de *Cilix*.

Dicranure du Bouleau.

DICRANURE DU BOULEAU.

HARPYIA BICUSPIS, Borkh.

THE DARK-BARRED KITTEN. — SARBAUMSPINNER

Borkh. Eur. Schm. III, 380. — Hubn. Bomb. pl. 10, f 36. — Ochsenh. Schm. Eur. III, 26.— Dup. H. n. Lép. III, pl. 12, f. 3. — Frey. Beitr. pl. 363. — Boisd. Ind. 84, n° 652. — Ann. de la Soc. ent. B. I, 66. — Spey. Geogr. verb. I, 428. — Staud. Cat. 72, n° 965.

Bombyx bicuspis, Borkh. — Harpyia bicuspis, Ochs. — Dicranura furcula, *var.* et D. bicuspis, Boisd. — Cerura bicuspis, West.

Cette espèce, qui a été longtemps confondue avec le *H. furcula*, habite la Russie centrale, la Finlande, le sud de la Suéde et de la Norwége, l'Allemagne, la France, la Suisse et l'Angleterre. Elle se montre accidentellement en Belgique: M. Donckier l'a découverte aux environs de Liége, où il trouva, fixé sur un jeune chêne, un cocon dont il obtint l'insecte parfait.

La chenille vit depuis la fin d'août jusqu'au commencement d'octobre sur le bouleau; suivant M. Boisduval on la trouverait aussi sur le hêtre. La chrysalidation a lieu à l'intérieur d'un cocon entièrement semblable à celui du *furcula*.

L'insecte parfait vole en juin de l'année suivante. Il se distingue des espèces voisines par la couleur du fond qui est d'un blanc plus pur.

La chenille et la chrysalide de notre planche sont faites d'après les figures données par M. Freyer dans l'ouvrage cité ci-dessus.

Dicranure fourchu.

sur le Hêtre.

DICRANURE FOURCHU.

DICRANURA FURCULA, LATREIL.

KITTEN MOTH. — BUCHEN-SPINNER.

Ochsenh., t. III, p. 32. — Esper, t. III, pl. XIX. — Freyer, BEITR., t. II, pl. LI. — Speyer, GEOGR. VERB., t. I, p. 427. — Boisd., p. 84, n° 655. — PHALÆNA FURCULA, Lin. — BOMBYX FURCULA, Fab. — HARPYIA FURCULA, Ochs. — CERURA FURCULA, Step — C. EMARGINATA, var. et C. INTEGRA, Step var. — C. LATIFASCIA, var. et C. UROCERA, Curt. var. — FURCULA SALICIS, Lama.

Cette espèce, sans être commune, est cependant fort répandue : on la trouve en Laponie, en Russie, en Suède, en Grande-Bretagne, en Allemagne, en Hollande, en Belgique, en France et en Italie.

Ce dicranure habite les plaines et les montagnes, quelquefois même à une très-grande élévation ; on l'observe en mai et en juin.

La chenille se trouve, depuis le mois de juillet jusqu'en septembre, sur le saule blanc (*Salix alba*), le saule marceau (*S. caprea*), le saule pourpré (*S. purpurea*) et le hêtre (*Fagus sylvatica*) ; elle se tient très-fortement aux branches et aux feuilles, et ce n'est qu'en cherchant très-attentivement qu'on parvient à la trouver, car elle ne se laisse pas tomber lorsqu'on secoue les branches sur lesquelles elle se trouve. Elle est aussi très-difficile à élever, à moins de lui donner plusieurs fois par jour des feuilles fraîches, et encore arrive-t-il souvent qu'elle meurt malgré tous les soins qu'on lui prodigue.

Cette chenille se chrysalide contre une branche ou un tronc d'arbre et s'entoure d'une coque très-solide. Ce n'est qu'au printemps suivant que le papillon fait son apparition, mais, si l'automne est bien beau, il sort de sa chrysalide pendant cette saison ; c'est ainsi que nous en avons vu cette année (1861) près d'Anderlecht, vers le milieu d'octobre.

Dicranure bifide,
sur le Peuplier tremble.

DICRANURE BIFIDE

HARPYIA BIFIDA, Hubn.

THE BARRED KITTEN. — GRIESWEIDENSPINNER.

Hubn. Bomb. pl. 10, f. 38. — Esp. Schm. III, pl. 19, f. 6, 7. — Ochs. Schm. Eur. III, p. 29. Frey. Beitr. pl. 57. — Step. H. II, p. 19, pl. 5, f. 2. — God. Lep. IV, pl. 16, f. 3. — Dup. III, pl. 12, f. 2. — Boisd. Icon. pl. 70, f. 2, 3. — Ann. Soc. ent. B. I, p. 66. — Spey. Geogr. verb. I, p. 428. — Staud. Cat. p. 72, nº 967.

Bombyx bifida, Hb. — B. furcula, Esp. — Harpyia bifida, Ochs. — Cerura bifida, Step. Dicranura bifida, Boisd. — *Ab.* : Urocera, B. — Cerura latifascia, Cur. = C. bidens, Step. — C. arcuata et fuscinula, Step.

Cette espèce est plus ou moins répandue dans toute la zone qui s'étend entre le 60e et le 45e degré, depuis l'Angleterre jusqu'à l'Altaï. Elle est peu commune en Belgique.

La chenille vit depuis le mois de juillet jusqu'en septembre sur les saules et les peupliers et en particulier sur le peuplier tremble *(Populus tremula)*. Elle se métamorphose à l'intérieur d'un tissu grisâtre et épais, qu'elle fixe sur le tronc ou sur une branche de l'arbre nourricier.

L'insecte parfait se montre en mai et en juin et il vole aussi bien dans les montagnes que dans les plaines. On le trouve généralement contre le tronc des peupliers.

Dicranure hermine

DICRANURE HERMINE.

HARPYIA ERMINEA, Esp.

BACHESPENSPINNER.

Esp. Schm. pl. 19, f. 1, 2. — Hubn. Bomb. pl 9, f. 35 — Ochsenh. Schm. Eur. III, 24. — Boisd. Ind 84, n° 656. — Frey. Beitr. pl. 14 ; N. Beitr. pl. 92. — Spey. Geogr. verb. I, 427. — Ann. de la Soc. ent. B. I, 66 — Staud. Cat. 72, n° 969.

Bombyx erminea, Esp. — B. Vinula, *var.* Fab. — Harpyia erminea, Ochs. — Cerura erminea, Step. — Dicranura erminea, Boisd

---

Ce bombycide habite l'Europe centrale, à l'exception de la Grande-Bretagne, de la Hollande et du Danemarck ; on le rencontre également en Livonie et en Piémont.

La chenille ressemble beaucoup à celle du *H. vinula,* dont elle se distingue principalement par la bande blanche latérale qui, sur le septième segment, descend de chaque côté jusque sur la patte membraneuse. On trouve cette chenille, dans toute sa taille, en août et en septembre sur les saules et les peupliers. Les métamorphoses se font de la même manière que chez la *vinula.*

L'insecte parfait n'est pas rare à la fin de mai et au commencement de juin dans les bois des diverses parties du pays; il se tient habituellement contre le tronc des arbres qui nourrissent la chenille. On le reconnaît facilement à son éclatante blancheur et aux raies noires de l'extrémité de son abdomen.

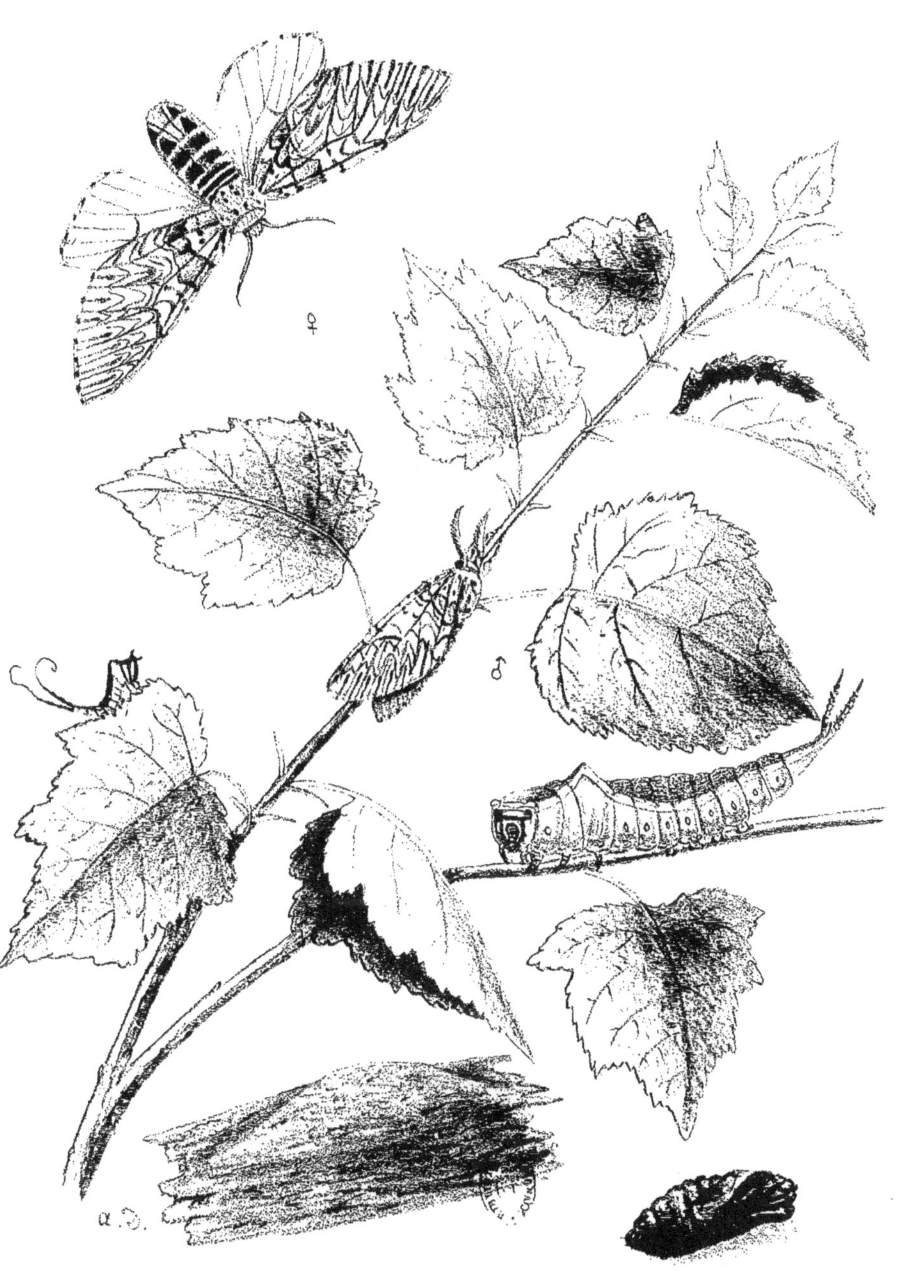

Dicranure vinule
sur le Peuplier blanc

DICRANURE VINULE.

DICRANURA VINULA, LATREILLE.

PUSS MOTH. — BASTWEIDEN-SPINNER.

Ochsenh., t. III, p. 20. — Esper, t. III, pl. XVIII, fig 1. — Boisd., p. 48. — PHALÆNA VINULA, Linné. — BOMBYX VINULA, Hüb — B. MINAX, Hüb. var. — HARPYIA VINULA, Ochsenh. — CERULA VINULA, Step.

Ce papillon est répandu dans toute l'Europe, ainsi qu'au nord de l'Afrique et dans quelques contrées de l'Asie. On le trouve généralement en Sibérie, en Russie, en Laponie, en Suède, en Norvége, en Allemagne, en Hollande, en Belgique, en France, en Grande-Bretagne et en Italie.

La femelle dépose ses œufs, d'un blanc brunâtre ou quelquefois d'une couleur carnée, sur les feuilles des plantes nourricières. On trouve la chenille depuis le mois de juillet jusqu'en septembre sur le peuplier blanc (*Populus alba*), le peuplier d'Italie (*P. fastigiata* ou *P. pyramidalis*), le saule blanc (*Salix alba*) et le tilleul (*Tilia europæa*). Cette chenille est noire dans sa jeunesse, plus tard elle devient telle que nous la représentons sur la planche ci-jointe. Son corps s'amincit insensiblement et se termine par deux pointes dont l'animal peut faire sortir à volonté un filet charnu de couleur rouge; sa mâchoire et très-forte, et, lorsqu'on l'excite, elle lance un liquide corrosif. Un peu avant sa métamorphose, qui a lieu de août à septembre, ses belles couleurs disparaissent; elle se construit alors, contre l'arbre qu'elle habite, ou à terre, entre des morceaux de bois, une coque très-solide composée de petits fragments de bois ou d'écorce agglutinés qu'elle a rongés à cet effet. Il est très-difficile alors de distinguer ces chrysalides, à cause de la couleur de l'espèce de carapace qui les recouvre et les abrite contre les plus fortes intempéries atmosphériques. Vers le mois de mai ou de juin de l'année suivante, le papillon parfait quitte sa double enveloppe protectrice, mais ce n'est que pour peu de temps, car il cesse bientôt de vivre.

Staurope du hètre
sur le hètre.

LE STAUROPE DU HÊTRE.

STAUROPUS FAGI, LIN.

THE LOBSTER MOTH. — BUCHENSPINNER.

Lin. S. N. x, p. 508 ; F. S. p. 295. — Esp. SCHM. III, pl. 20, f. 1-7. — Hubn. BOMB. pl. 8, f. 31. — Ochsenh. SCHM. EUR. III, p. 39. — God. PAP. DE FR. IV, pl. 15, f. 1. — Boisd. IND. p. 85, n° 659. — ANN. DE LA SOC. ENT. B. I, p. 67. — Spey. GEOGR. VERB. I, p. 429. — Staud. CAT. p. 72, n° 971.

PHALÆNA FAGI, Lin. — BOMBYX FAGI, Hb. — HARPYIA FAGI, Ochsenh. — STAUROPUS FAGI, Step.

Ce staurope habite l'Europe centrale ainsi que la Suède méridionale, la Livonie, la Bulgarie, l'Oural, les rives du Volga, le Caucase, le Piémont, l'Espagne, le Portugal et la Corse. Il est assez rare en Belgique.

La chenille a une forme des plus extraordinaires ; dans le repos elle tient la tête et la partie postérieure du corps relevée et les pattes écailleuses, qui sont longues et biarticulées, sont pendantes ou à demi fléchies ; cette position lui donne un aspect si bizarre qu'on ne la prendrait pas, à première vue, pour une chenille. On la trouve en août et septembre sur le hêtre, le chêne, le charme, l'orme, le bouleau, l'aune, le prunier, le tilleul, le peuplier blanc et sur le peuplier tremble. La chrysalidation se fait entre des feuilles et dans un tissu soyeux blanc.

L'insecte parfait se montre dans le courant de mai jusqu'en juillet ; quand la saison est très-avancée, il fait son apparition dès le mois d'avril.

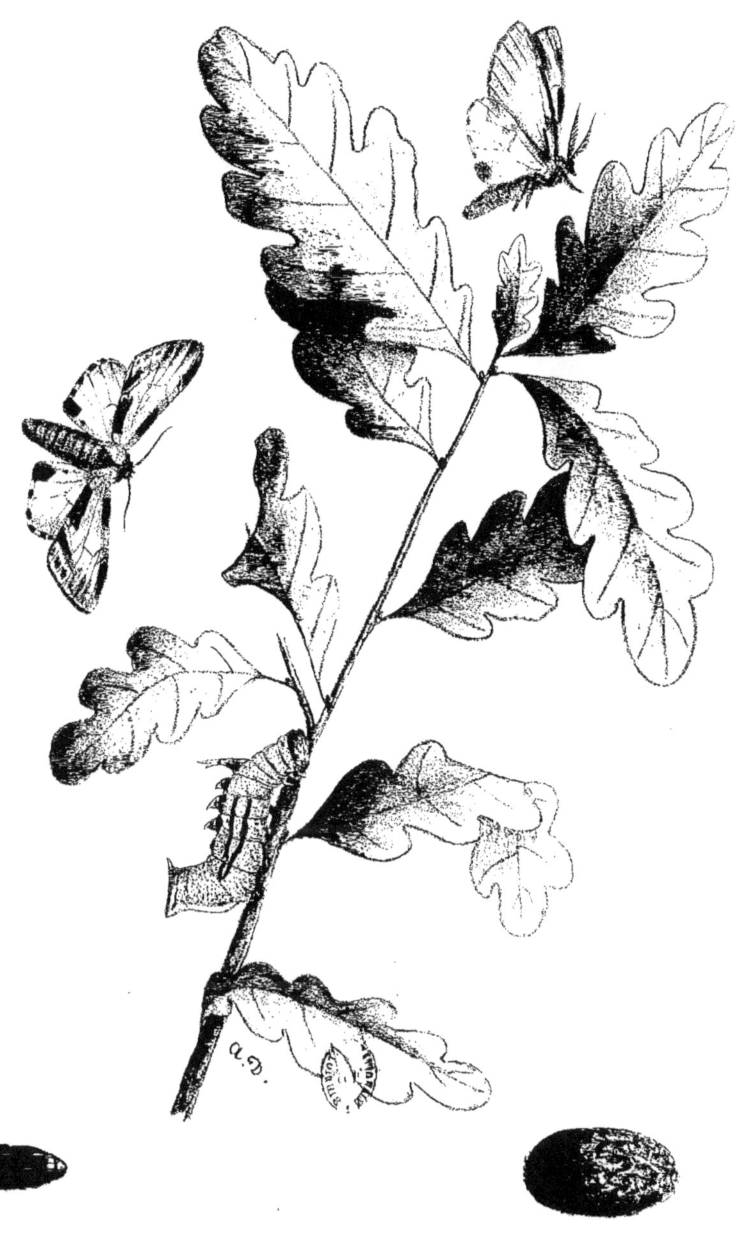

Hybocampe de Milhauser.

HYBOCAMPE DE MILHAUSER.

HYBOCAMPA MILHAUSERI, Fab.

TRUFFEICHENSPINNER.

Fab. Syst. ent. p. 577. — Esp. Schm. III, pl. 21, f. 1-6. — Hubn. Bomb. pl. 8, f. 32-33. — Ochsenh. Schm. Eur. III. p. 41. — Boisd. Ind. p. 85, n° 660. — Frey. N. Beitr. pl. 296. — Ann. de la soc. ent. B. I, p. 67. — Spey. Geogr. verb. I, p. 429. — Staud. Cat. p. 72, n° 974.

Bombyx milhauseri Fab. — B. vidua, Kn. — B. terrifica, Schiff. — Harpyia milhauseri, Ochs. — Hybocampa milhauseri. Led.

Ce lépidoptère habite l'Europe centrale, à l'exception du Danemark, de la Livonie et de l'Angleterre ; on le trouve également en Dalmatie, en France, en Italie et en Espagne. En Belgique il est moins rare qu'on ne le suppose généralement.

On trouve la chenille en juillet, août et parfois encore en septembre, sur le chêne, l'orme, le peuplier et le bouleau, mais c'est cependant le premier de ces arbres qu'elle paraît préférer. La chrysalidation a lieu dans les crevasses des vieux troncs. Le cocon est très-dur et recouvert de fragments de lichens qui lui donnent la couleur de l'écorce ; on comprend qu'il est presque impossible de découvrir des chrysalides aussi bien cachées, surtout avant que les pluies d'automne n'ont enlevé les lichens, faiblement attachés sur la coque.

L'insecte parfait se montre en mai et en juin dans les forêts, mais il ne vole généralement que très-tard dans la nuit.

Notodonte porcelaine.

NOTODONTE PORCELAINE.

NOTODONTA TREMULA, Clerck.

THE SWALLOW PROMINENT. — SCHWARZPAPPELSPINNER.

Clerck, Icon. ins. pl. 9, f. 13. — Lin. F. S. 298 ; S. N. xii. 826. — Esp. Schm. III, pl 58, f. 5 pl. 84, f 2. — Hubn. Bomb. pl. 6, f 22. — Ochs. Schm. Eur. III, 63. — Boisd. Ind. p. 86, n° 669. — Frey Beitr. pl. 579. — Step. List, 38. — Ann. de la Soc. ent. B., I, 68. — Spey. Geogr. verb I, 434 — Staud. Cat. 72. n° 875.

Phalæna tremula, Cl. — Ph. dictæa, L. — Ph. porcellanea, Hfn. — Bombyx dictæa, Hb. — B. tremula, Staud. — Leiocampa dictæa et Pheosia dictæa, Step.

Ce notodonte habite toute l'Europe centrale depuis le 44e jusqu'au 60e degré, mais il n'est pas partout également commun. En Belgique il est répandu dans tout le pays.

On trouve la chenille en juin et en septembre sur les peupliers, les saules et le bouleau. Elle se métamorphose à la surface du sol dans un tissu, formé de terre et de mousse, caché sous des feuilles mortes au pied des arbres nourriciers.

L'insecte vole à la fin de mai et en juin, et une seconde fois en août et septembre.

Notodonte dictœoïde,

sur le saule incane.

NOTODONTE DICTÆOÏDE.

NOTODONTA DICTÆOIDES, OCHS.

LESSER SWALLOW PROMINENT. — BIRKEN SPINNER.

Ochsenh., t. III, p 66. — Esper, t. III, pl. LXXXIV. — Speyer, Geogr. Verb., t I, p. 434. — Boisd., p. 87, nº 670 — Bombyx dictæoides et B. frigida, Bramh. var. — B. gnoma, Fab. — Pheosia dictæoïdes, Gray. — Leiocampa dictæoïdes, Step.

Ce papillon se trouve en Russie, en Suède, en Grande-Bretagne, en Allemagne, en Hollande, en Belgique, en France et en Italie; on le rencontre aussi bien dans les plaines que dans les régions montagneuses, et généralement dans les clairières des bois.

La chenille se nourrit des feuilles du bouleau blanc (*Betula alba*), de l'aune (*Alnus glutinosa*), du peuplier tremble (*Populus tremula*), du peuplier d'Italie (*Populus fastigiata*), des saules blanc (*Salix alba*), marceau (*S. capræa*), cendré (*S. cinerea*), des vanniers (*S. viminalis*), incane (*S. incana*), pourpré (*S. purpurea*) et bicolor (*S. bicolor*).

Vers le mois de juillet, la chenille du notodonte dictæoïde a acquis tout son développement ; elle se transforme alors sous terre en une chrysalide qui est protégée par un léger tissu, qui soutient en même temps la terre qui la recouvre. Ce papillon, qui est rare en Belgique, abandonne sa chrysalide souterraine vers la fin du mois d'août, ou bien seulement au printemps suivant.

Gibbère zic zac,

sur le Saule pourpre.

GIBBÈRE ZIC ZAC.

GIBBERA ZICZAC, DUBOIS.

PEBBLE PROMINENT. — ZICKZACK SPINNER.

Ochsenh., t. III, p. 48. — Esper, t. III, pl. LIX. — Speyer, Geogr. Verb., t. I, p. 135. — Boisd., p. 87, nº 673. — Phalæna ziczac, Lin. — Bombyx ziczac, Esp. — Notodonta ziczac, Step.

Ce gibbère se rencontre en Laponie, en Russie, en Suède, en Allemagne, en Grande-Bretagne, en Hollande, en Belgique, en France et en Italie; il se tient aussi bien dans les plaines qu'au sommet des montagnes.

Les œufs jaunes et sphériques que pond la femelle, sont placés sur les plantes qui constituent la nourriture des chenilles, ce sont : le saule pleureur (*Salix babylonica*), le saule cendré (*S. cinerea*), le saule bicolor (*S. bicolor*), le saule pourpré (*S. purpurea*), le saule à feuilles de laurier (*S. pentandra*), le saule des vanniers (*S. viminalis*), le saule incane (*S. incana*), le saule marceau (*S. caprœa*), le peuplier d'Italie (*Populus fastigiata*) et le peuplier tremble (*P. tremula*). Lorsque la chenille a atteint le terme de sa croissance, elle se construit une légère toile entre des feuilles ou dans la terre, et c'est dans son intérieur qu'elle se transforme en chrysalide. Le papillon parfait apparait deux fois par an : d'abord en avril ou mai, et ensuite en juillet et août; ceux que l'on voit au printemps proviennent des chenilles qui ont hiverné.

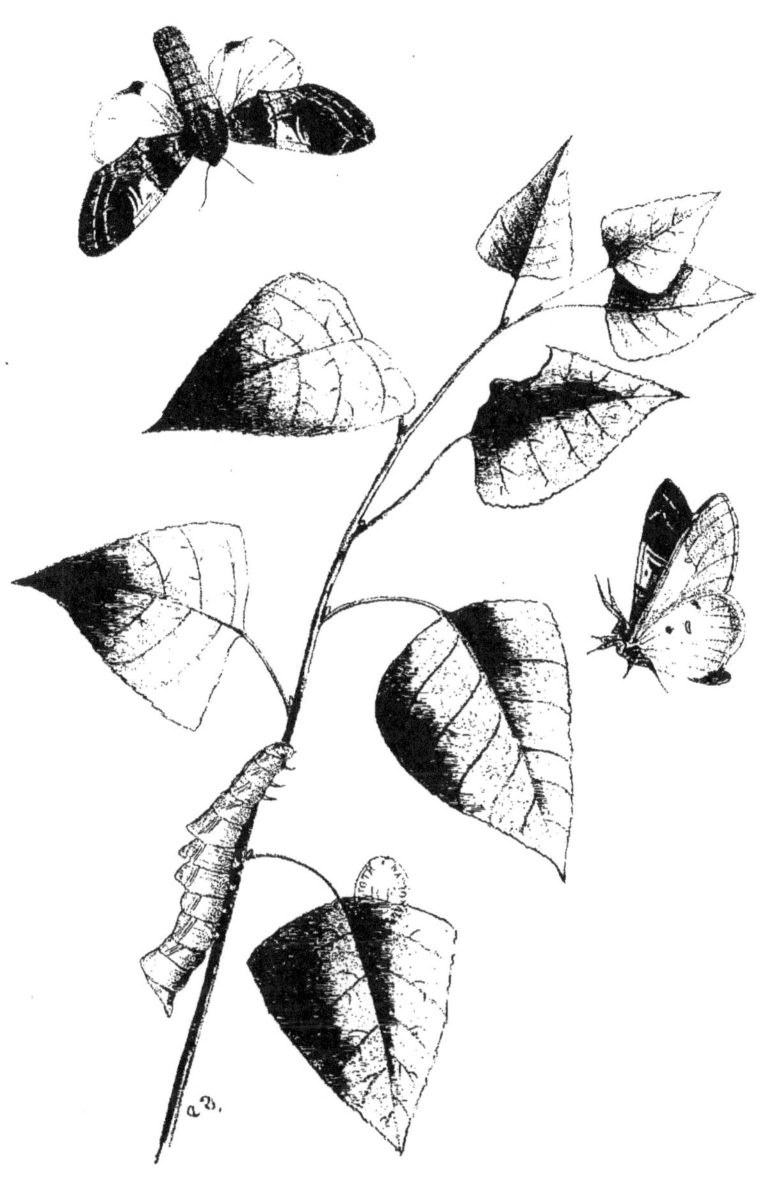

Notodonte Tritophus.

NOTODONTE TRITOPHUS.

NOTODONTA TRITOPHUS, Fab.

THE DARK IRON PROMINENT. — ZITTERPAPPELSPINNER.

Fab. Mant. 116*bis*. — Esp. Schm. III, pl. 60., f. 3. — Hubn. Bomb. pl. 7, f. 27, p. 109. — Ochs. Schm. Eur. III, 46. — God. Pap. de Fr. IV, pl. 17, f. 1, 2. — Siebert, Scr. Btr. I, 18, pl. 2, f. 1, 2. — Boisd. et Ramb. Icon. chen. pl. V, f. 3-5. — Ann. Soc. ent. B. I, 69. — Spey. Geogr. verb. I, 436. — Staud. Cat. 78, n° 978.

Bombyx tritophus, F. — B. torva, Hb. — B. phoebe, Sieb. — Notodonta tritophus, Ochs.

Cette espèce est plus ou moins répandue dans toutes les contrées de l'Europe situées entre le 60e et le 45e degré, depuis l'Angleterre jusqu'au Volga. Elle est rare en Belgique.

La chenille est très-variable dans sa coloration : on en trouve de grises, de rosâtres ou d'un vert sale ; elle ressemble beaucoup à celle du *N. ziczac*, mais cette dernière n'a que deux bosses tandis que celle du *tritophus* en a trois. Cette chenille vit, depuis la fin de juin jusqu'au commencement d'octobre, sur différents peupliers ainsi que sur le bouleau.

L'insecte parfait apparaît en mai et en juin ; la nouvelle génération vole en août.

Notodonte timide.

NOTODONTE TIMIDE

NOTODONTA TREPIDA, Esp.

THE GREAT PROMINENT. — ROTHEICHENSPINNER

Esp. SCHM., pl. 57, f. 1-4. — Borkh. EUR. SCHM. III, p. 400. — Hubn. BOMB. pl. 7, f. 30. — Ochsenh. SCHM. EUR. III, p 86; IV, p. 49; X, 1, p. 153. — God. PAP. DE FR. IV, pl. 21, f. 2. — Spey. GEOGR. VERB. I, p. 437. — ANN. SOC. ENT. B. I, 69. — Staud. CAT., p. 73, n° 979.

BOMBYX TREPIDA, Esp. — B. TREMULA, Hb. — PERIDEA TREPIDA, Westw. — P. SERRATA, Step. — NOTODONTA TREPIDA, Ochs.

Ce notodonte habite l'Europe entre le 60ᵉ et le 42ᵉ degré, les îles Britanniques et le Volga inférieur. On le rencontre donc depuis la Scandinavie centrale et méridionale jusqu'en Corse. En Belgique on le trouve dans les bois de plusieurs de nos provinces, mais il y est généralement rare.

La chenille vit sur les chênes depuis le mois de juillet jusqu'en septembre. Elle se métamorphose dans la terre, à l'intérieur d'un léger cocon formé en grande partie de grains de sable.

L'insecte parfait vole en mai et en juin de l'année suivante.

Gibbère revêche,

sur le Peuplier tremble.

GENRE GIBBÈRE. — GIBBERA, Dubois.

GIBBÈRE REVÊCHE.

GIBBERA TORVA. DUB.

DARK IRON PROMINENT. — ZITTERPAPPEL SPINNER.

Ochsenh., t. III, p. 51. — Esp., t. III, pl. LX. — Frey., BEIT., t. III, pl. 128. — Spey., GEOGR. VERB., t. I, p. 436. — Boisd., p. 87, n° 674. — PHALÆNA TREMULA, Lin. — BOMBYX TORVA, Hüb. — B. TRITOPHUS, Ill. — B. DODONÆA. Bork. — B. TREMULÆ, Brehm. — B. PERFUSCUS, Harw. — NOTODONTA TRITOPHUS, Step. — N. TORVA, Cur.

La Russie, la Livonie, l'Allemagne, la Belgique et la France sont les pays où l'on trouve généralement cette espèce; les contrées de l'Europe qu'elle habite sont, du reste, très-éparpillées et elle est même rare dans la plupart d'entre elles; en Belgique, par exemple, sa présence est digne d'être constatée.

La chenille a beaucoup de ressemblance avec celle du gibbère zigzag; sa couleur varie du clair au foncé. On la trouve depuis le mois de juin jusqu'en septembre sur le peuplier tremble (*Populus tremula*). Dès qu'elle a acquis le terme de sa croissance, elle réunit quelques feuilles qu'elle roule ensemble au moyen de fils, et c'est dans leur intérieur que se fait la métamorphose. La chrysalide est d'un brun-noirâtre et brillante; elle ne donne naissance au papillon qu'en avril ou en mai de l'année suivante; la femelle ne tarde pas alors à déposer ses œufs sur les feuilles qui doivent bientôt servir d'aliment aux jeunes chenilles.

Notodonte dromadaire.

NOTODONTE DROMADAIRE.

NOTODONTA DROMEDARIUS, LIN.

THE IRON PROMINENT. — BIRKENSPINNER.

Lin. S. N. XII, 827. — Esp. SCHM. pl. 59, f. 5-9. — Hb. BOMB. pl. 7, f 28. — Ochs. SCHM. EUR. III, p. 53. — Boisd. IND. p. 87, nº 671. — Frey. BEITR. pl. 584. — ANN. DE LA SOC. ENT. B. I, 69. — Spey. GEOGR. VERB. I, 435. — Staud. CAT. p. 73, nº 981.

PHALÆNA DROMEDARIUS, L. — BOMBYX DROMEDARIUS, Hb. — NOTODONTA DROMEDARIUS, Ochs. — *Ab* : ? BOMBYX DROMEDARULUS, Haw. — ? NOTODONTA PERFUSCA, Step.

Cette espèce habite toute l'Europe centrale depuis le 46e jusqu'au 60e degré ; elle est en général très-répandue.

La chenille est assez commune sur le bouleau ; on la trouve en juin et vers la fin de septembre jusque dans les premiers jours d'octobre. On l'observe parfois aussi sur l'aune et le noisetier, mais il est rare d'en trouver beaucoup sur le même arbre. La chrysalidation a lieu à l'intérieur d'un cocon caché à terre sous des feuilles mortes.

L'insecte parfait vole dès la fin de mai et en juin ; la seconde génération se montre en août.

Notodonte de Chaonie,

sur le Chêne pédonculé.

NOTODONTE DE CHAONIE.

NOTODONTA CHAONIA, OCHS.

LUNAR MARBLED BROWN. — STEINEICHEN SPINNER.

Ochsenh., t. III, p. 82. — Esper, t. III, pl. XLVI. — Freyer, Neue Beitr., t. IV, pl. 308. — Speyer, Geogr. Verb., t. I, p. 437. — Boisd., p. 87, nº 682. — Bombyx chaonia, Schiff. — B. roboris, Schwarz. — Phalæna confusa, Hüfn. — Noctua roboris, Fab. — Drymonia chaonia, West. — Chaonia roboris, Step.

Ce notodonte habite les environs du Volga et la plus grande partie de l'Allemagne; il est plus rare en Grande-Bretagne, en Hollande, en Belgique et en France; on le trouve généralement aussi loin qu'il existe des chênes, quoiqu'il y ait des pays où ces arbres croissent et dans lesquels il n'a jamais été observé, mais, en tout cas, il est plutôt rare que commun.

Ce papillon se rencontre pendant les mois d'avril et de mai, et même déjà en mars, si la saison est favorable.

La chenille se trouve depuis la fin de mai jusqu'en juillet, sur le chêne à fleurs sessiles (*Quercus sessiliflora*) (1) et sur le chêne pédonculé (*Q. pedunculata*). Elle est d'une nature nonchalante et se tient le plus souvent cachée à la partie inférieure des feuilles. Il paraît que cette chenille n'est pas très-rare dans les provinces Rhénanes, car, en juin 1860, j'en ai trouvées plusieurs dans un petit bois près de Cologne, de l'autre côté du Rhin, à une demi lieue de Deutz; j'en vis également la même année sur le Drachenfels.

La métamorphose de cette chenille se fait dans un cocon très-solide et sous terre; la chrysalide passe l'hiver dans cette enveloppe pour ne donner naissance au papillon qu'au printemps de l'année suivante.

(1) Le *Quercus sessiliflora* et le *Q. robur* sont synonymes.

Notodonte Druide.

NOTODONTE DRUIDE.

NOTODONTA QUERNA, Fab.

HAGEICHENSPINNER.

Fab. Mant. 122. — Hubn. Bomb. pl. 3, f. 9. — Ochsenh. Schm. Eur. III. 84. — God. Pap. de Eur. IV. pl. 21. f. 1. — Frey. N. Beitr. p. 387. — Ann. de la Soc. ent. B. I, 70. — Spey. Geogr. verb. I, 438. — Staud. Cat. 73, n° 989.

Bombyx querna, F. — ? B. roboris, Esp. — Notodonta querna, Ochs.

Ce notodonte paraît peu répandu : il a été observé en Allemagne, en Autriche, en Hongrie, en France, en Belgique et en Hollande; il est très-rare dans notre pays où il a été trouvé pour la première fois par M. Donckier, dans les bois des environs de Liége.

La chenille vit exclusivement sur le chêne, depuis la fin de juin jusque dans le courant de septembre; les métamorphoses ont lieu dans la terre à l'intérieur d'un cocon peu résistant.

L'insecte parfait se montre à la fin de mai et en juin ; si la saison est avancée, il vole déjà en avril. Il ressemble beaucoup au *N. chaonia*, dont il est cependant facile à distinguer à cause de la demi-lune blanche qu'il porte sur les ailes antérieures.

La rareté de la chenille nous a obligé de reproduire l'excellente figure donnée par M. Freyer.

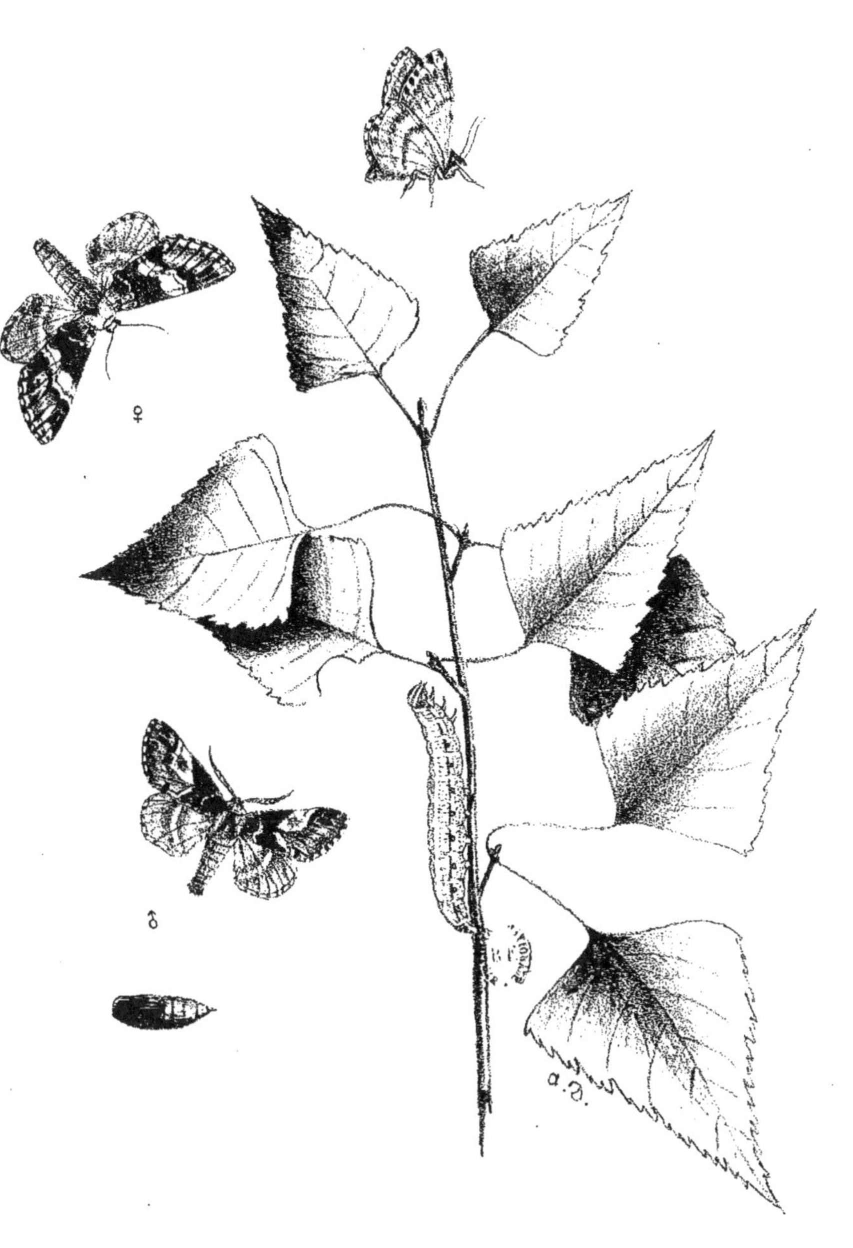

Notodonte triple tache.

NOTODONTE TRIPLE TACHE.

NOTODONTA TRIMACULA, Esp.

THE MARBLED BROWN. — KAHNEICHENSPINNER.

Esp. Schm. III, pl. 46, f. 1-3. — HS. 83, 84. — Hubn. Bomb. pl. 3, f. 8. — Ochsenh. Schm. Eur. III, 80. — God. Lep. de Fr. IV, 205. — Boisd. Ind. 88, n° 683. — Step. Cat. Brit. Lep. 40. — Frey. N. Beitr. pl. 314. — Ann. Soc. ent. B. I, 70. — Spey. Geogr. verb. I, 438. — Staud. Cat. p. 73, n° 984.

Bombyx trimacula, Esp. — B. Dodonæa, Hb. — ? B. ilicis, Fab. — ? B. tripartita, Bkh. — Chaonia dodonæa, Step. — Dimorpha chaonia, Curt. — Drymonia dodonæa, Step. — Notodonta dodonæa, Ochs. — N. trimacula, Staud. — *Var.* ou *ab.*: Dodonæa, S.V. — Querneus, Haw.

Ce bombycide habite l'Europe centrale et occidentale; on le rencontre en Autriche, en Allemagne, en Angleterre, en Belgique, en France, en Savoie et en Piémont.

Les œufs de ce notodonte éclosent, d'après M. Freyer, en mai, et les chenilles ont toute leur croissance en juillet et en août. On les trouve sur le bouleau et sur le chêne. La chrysalidation a lieu à l'intérieur d'un tissu composé en partie de sable et caché à la surface du sol. L'insecte parfait vole en avril jusque dans le courant de mai. Il est rare en Belgique, où il a cependant été pris dans plusieurs localités, notamment dans les environs de Bruxelles, de Louvain, de Liége, de Namur, de Dinant, etc.

La rareté de la chenille nous a obligé de reproduire l'excellente figure donnée par M. Freyer.

Notodonte bicolor,

sur le Bouleau blanc.

NOTODONTE BICOLOR.

NOTODONTA BICOLORA, OCHSENH.

BICOLORE PROMINENT. — BIRKEN SPINNER.

Ochsenh., t. III, p. 73. — Esper, t. III, pl. CXXVI. — Speyer, Geogr. Verb., t. I, p. 433. — Boisd., p. 87, nº 678. — Bombyx bicolora, Fab. — B. bicoloria, Esp.

Ce notodonte, qui est rare dans la plupart des contrées de l'Europe, se trouve en Russie, en Suède, en Danemark, en Allemagne, en Grande-Bretagne, en Hollande, en Belgique et en France; il se tient aussi volontiers sur les terrains plats que dans les endroits montagneux.

Les œufs de cette espèce, qui sont petits et d'un bleu verdâtre, se trouvent sur le bouleau blanc (*Betula alba*). Ils éclosent au bout de huit à dix jours, et l'on voit les chenilles en juin et juillet. Après avoir changé plusieurs fois de peau, ces chenilles se forment sous terre une enveloppe, qui consiste généralement en une espèce de tissu, lequel doit servir à protéger la chrysalide. Le papillon abandonne cette demeure souterraine en avril ou mai.

La chasse de ce papillon est des plus faciles; il suffit pour cela de secouer fortement les branches des bouleaux et des chênes où il se tient habituellement, car sa paresse est telle, qu'il se remue à peine et se laisse transpercer d'une épingle sans que l'on soit obligé de le tenir.

Cette espèce est l'une des plus rares que nous ayons en Belgique.

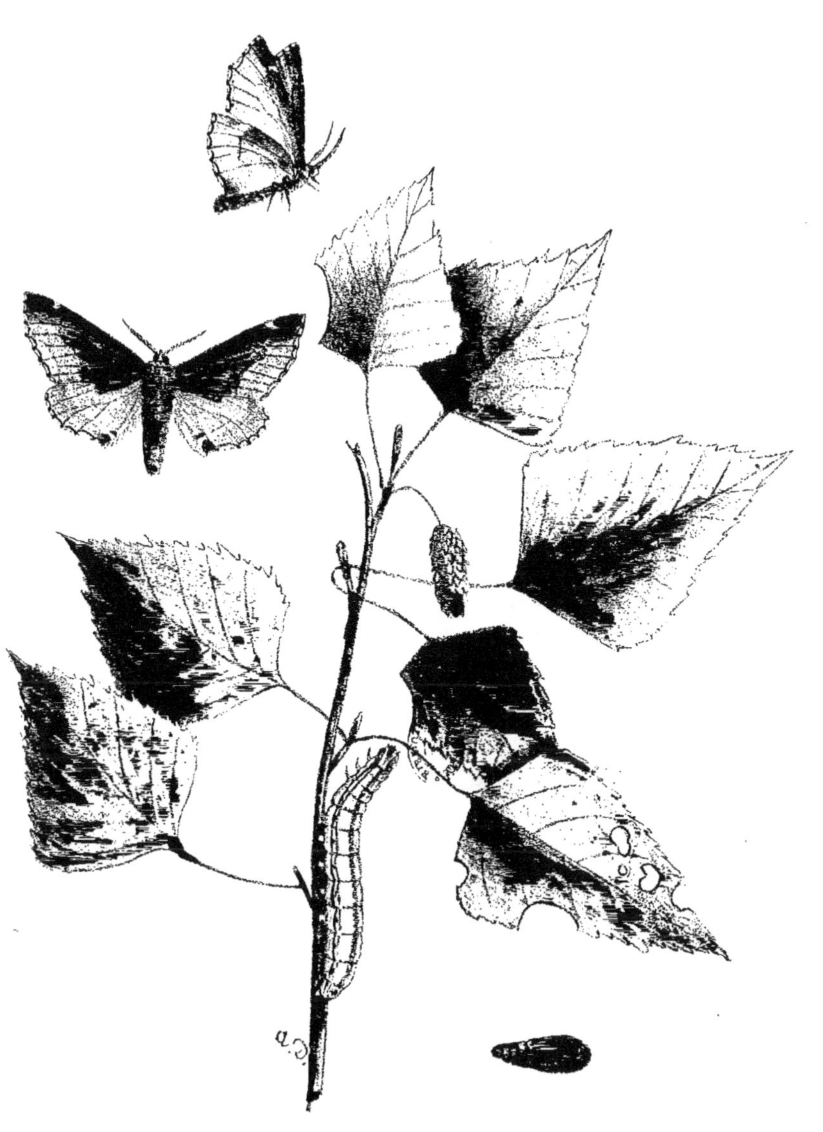

Lophoptérix capucin.

LOPHOPTERYX CAPUCIN.

LOPHOPTERYX CARMELITA, Esp.

THE SCARCE PROMINENT. — REIFBIRKENSPINNER.

Esp. Schm. III pl. 91, f. 1. — Hubn. Vög. u. Schm. pl. 81; Bomb. pl. 5, f. 21. — Ochsenh. Schm. Eur. III, 61. — God. Lep. de Fr. IV, pl. 18, f 6. — Frey. Beitr. pl. 32; N. Beitr. pl. 206. — Step. Cat. 33. — Ann. Soc. ent. B. I, 68. — Spey. Geogr. verb. I, 432. — — Staud. Cat. 73, n° 987.

Bombyx carmelita, Esp. — B. capucina, Hb. — Notodonta carmelita, Ochs. — Lophopteryx carmelita, Step.

Habite toute l'Europe centrale, sauf la Scandinavie et la Hollande; en Russie on ne rencontre cette espèce que sur la limite occidentale, mais pas au-delà de St-Pétersbourg; elle est du reste rare partout et très-rare en Belgique.

La chenille est peu connue. M. Freyer raconte que le 3 mai 1835, il trouva sur un bouleau une femelle qui lui donna plus de cent œufs; l'éclosion de ceux-ci eut lieu au bout de douze jours. Les chenilles étaient, en naissant, d'un gris-blanchâtre et couvertes d'une légère pubescence. La première mue se fit le 22 mai; les chenilles prirent dès ce moment leur couleur verte. Ce n'est qu'après la cinquième mue qu'elles eurent toute leur taille, ce qui arriva du 20 au 30 juin. Des quarante chenilles que M. Freyer parvint à élever, trois seulement firent leurs métamorphoses: cette grande mortalité est peut-être l'une des causes de la rareté de l'insecte parfait.

La chrysalidation se fait à l'intérieur d'un tissu caché soit à la surface du sol, soit à une légère profondeur. L'insecte parfait vole depuis la mi-avril jusque vers la fin de mai.

La chenille et la chrysalide de notre planche sont faites d'après les figures données par M. Freyer.

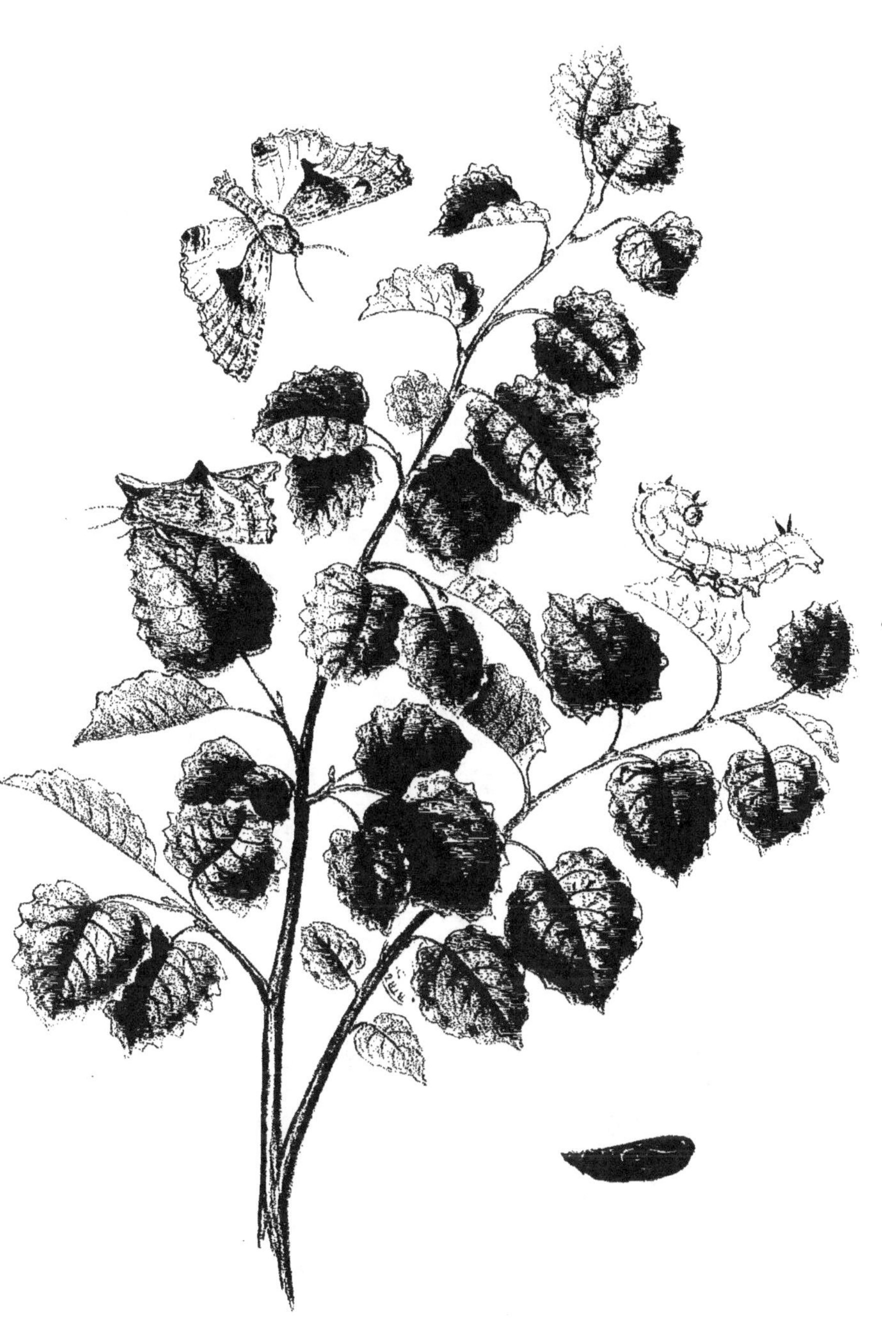

Notodonte chameau,

sur le Peuplier tremble.

GENRE NOTOTONTE — NOTODONTA, Ochsenh.

NOTODONTE CHAMEAU.

NOTODONTA CAMELINA, OCHS.

COXCOMB PROMINENT. — KAMEEL SPINNER.

Ochsenh., t. III, p. 58. — Esper, t. III, pl. LXX. — Speyer, GEOGR. VERB., t. I, p. 433. — Boisd., p. 86, nº 666. — PHALÆNA CAMELINA et PH. CAPUCINA, Linné. — BOMBYX CAMELINA, Esper. — B. GIRAFFINA, Hüb. var. — LOPHOPTERYX CAMELINA, Step.

Ce lépidoptère habite la Laponie, la Russie, la Suède, la Grande-Bretagne, l'Allemagne, la Hollande, la Belgique, la France et l'Italie.

On rencontre cette espèce, qui n'est pas commune dans ce pays, aussi bien dans les plaines que dans les endroits montueux. La chenille se trouve depuis le mois de juin jusqu'en octobre, sur le chêne (*Quercus robur*), le hêtre (*Fagus sylvatica*), le charme (*Carpinus betulus*), le bouleau blanc (*Betula alba*), l'aune (*Alnus glutinosa*), le tilleul (*Tilia sylvestris*), le peuplier tremble (*Populus tremula*), le peuplier d'Italie (*P. fastigiata*), ainsi que sur plusieurs espèces de saules, de poiriers et de pommiers.

Dans l'attitude du repos, la chenille tient ordinairement la tête couchée sur le dos et la partie postérieure du corps relevée. Lorsqu'elle est parvenue à son entier développement, elle se fait au-dessus de la terre un léger tissu entremêlé de grains de sable ou recouvert de feuilles sèches ; ce tissu renferme la chrysalide, qui est fortement mucronée à sa partie anale. Le papillon apparaît environ trois semaines après la chrysalidation de la chenille, mais quelquefois seulement en mai ou en juin et même en juillet de l'année suivante.

Lophopteryx capuchon
sur l'Erable.

LOPHOPTERYX CAPUCHON.

LOPHOPTERYX CUCULLA, Esp.

THE MAPLE PROMINENT. — MASHOLDERSPINNER.

Esp. Schm. III, pl. 71. f. 1, p. 361. — Borkh. Eur. Schm. III, 414. — Hubn. Bomb. pl. 5, f. 20. — Ochsenh. Schm. Eur. III, 55. — God. Pap. de Fr. IV, pl. 18, f 3. — Boisd. Ind p. 86, nº 667. — Boisd. Ramb. Coll. icon. des chen. *Pseudobomb.* pl. 7. f. 1-3. — Westw. et H. M. I 69, pl 14, f. 3, 4. — Ann. Soc. ent. B. I, 68. — Spey. Geogr. verb. I. 432. — Staud. Cat. 74, nº 990.

Bombyx cucullа, Esp. — B. cucullina, Hb — Notodonta cucullina, Boisd. — Lophopteryx cucullina, West. — L. cuculla, Step.

Ce bombycide habite l'Europe centrale, mais au nord il ne se montre guère au delà de la latitude de Berlin; on le rencontre donc en Allemagne, en France, en Suisse, en Autriche, en Hongrie, dans la Russie centrale et en Angleterre. En Belgique il a été observé pour la première fois par M. Fologne, dans la forêt de Soignes et aux environs de Namur; depuis il a été trouvé dans d'autres localités encore.

La chenille vit en août et septembre sur l'érable *(Acer campestre)* et sur l'alisier *(Cratægus torminalis)*; c'est surtout sur les érables qui bordent les chemins qu'on doit la chercher. A l'état de repos, cette chenille tient habituellement les trois derniers segments relevés.

L'insecte parfait éclôt en mai; il n'est réellement commun dans aucun pays.

Nos chenilles ont été faites d'après les figures données dans l'*Iconographie* de MM. Boisduval, Rambur et Graslin.

Ptérostome à palpes.

sur le Saule blanc.

GENRE PTÉROSTOME. — PTEROSTOMA, Germar.

PTÉROSTOME A PALPES.

PTEROSTOMA PALPINA, STEP.

PALE PROMINENT. — RÜSSELSPINNER.

Ochsenh., t. III, p. 69. — Esper, t. III, pl. LXIII. — Speyer, GEOGR. VERB., t. I, p. 431. — Boisd., p. 86, n° 665. — PHALÆNA PALPINA, Lin. — BOMBYX PALPINA, Esp. — NOTODONTA PALPINA, Ochs. — PTEROSTOMA SALICIS, Germ.

Cette espèce habite la plus grande partie de l'Europe; elle est même assez commune sur les monts Ourals, en Russie, en Allemagne, en Grande-Bretagne, en Hollande, en Belgique, en France et en Italie.

On trouve ce papillon en mai et en juin, aussi bien dans les plaines et les vallées que sur les montagnes; dans certaines localités on voit même un assez grand nombre de ces ptérostomes.

Les œufs sont ronds et de couleur blanche avec un point jaune au milieu; la femelle les dépose sur le saule blanc (*Salix alba*), le saule de vanniers (*S. viminalis*), le saule pourpré (*S. purpurea*), le saule gris (*S. cinerea*), le saule bicolor (*S. bicolor*), le peuplier d'Italie (*Populus fastigiata*), le peuplier noir (*P. nigra*), le peuplier tremble (*P. tremula*) et le tilleul (*Tilia europæa*). On trouve la chenille de juin en octobre; elle se reconnaît facilement à sa tête plate et redressée en arrière. La chrysalidation de la chenille a lieu vers la fin de l'été; elle se construit à cet effet un léger tissu dans une fossette de terre, et le papillon sort de sa chrysalide au bout de deux à trois semaines, si la métamorphose a eu lieu de bonne heure ; sinon il passe l'hiver sans faire de chrysalide et ne s'en échappe qu'en mai.

Drynobie voile.

DRYNOBIE VOILE.

DRYNOBIA VELITARIS, HUFN.

SOMMEREICHENSPINNER

Hufn. BERL. MAG. III, 394. — Rott. NATURF. IX. 129. - Kn. BEITR. Z. INS. I. pl. 4, f. 8. — Esp. SCHM. III, pl. 58, f. 6. — Hubn. BOMB. pl. 4, f 15. — Ochsenh. SCHM. EUR. III, 75. — God. LEP. DE FR. IV, pl. 20, f. 2. — Frey. BEITR. pl. 39. — ANN. SOC. ENT. B. I, 70. Spey. GEOGR. VERB. I, 439. — Staud. CAT. 74, n° 993

PHALÆNA VELITARIS, Hufn. — BOMBYX VELITARIS, Esp. — B AUSTERA, Hb. — NOTODONTA VELITARIS, Ochs. — DRYNOBIA VELITARIS, Staud.

Cette espèce habite l'Allemagne, la Hollande, la Belgique, la France, la Suisse et le Piémont; elle est généralement rare, surtout en Belgique où elle a cependant été prise dans plusieurs localités. En Allemagne elle ne dépasse guère au nord le 53e degré.

La chenille vit en juillet et en août sur le chêne, le hêtre et le peuplier; elle se tient de préférence sur les jeunes pousses au pied des arbres. Les métamorphoses se font dans un léger tissu caché sous la mousse ou des feuilles mortes. La chrysalide hiverne et l'insecte prend son essor en mai.

La chenille figurée a été trouvée près de Bruxelles, dans la forêt de Groenendael, le 10 août 1865.

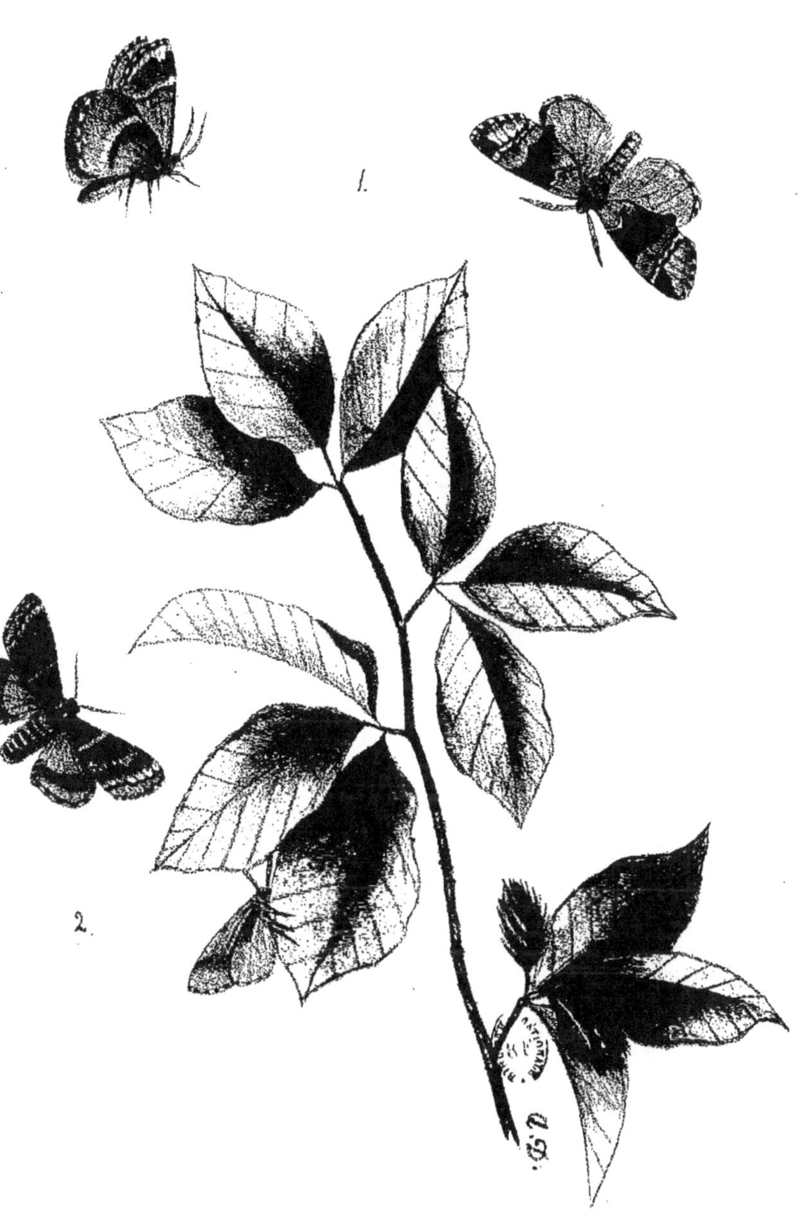

1. Drynobie ardoisée. 2. Gluphisie crénelée.

DRYNOBIE ARDOISÉE

DRYNOBIA MELAGONA, Borkh.

Bkh. III, p. 423. — Scriba, BEITR. II, pl. 7, f. 2. — Esp. III, pl. 47, f. 1,2. — Hubn. BOMB. pl. 4, f. 4. — Ochs. III, p. 77.—God. IV, pl. 20. f. 3.—ANN. SOC. ENT. B. I, p. 70. — Spey. GEOGR. VERB. 1, p. 439. — Staud. CAT. p. 74, n° 994.

BOMBYX MELAGONA, Bkh. — NOTODONTA MELAGONA, Ochs. — DRYNOBIA MELAGONA, Stg.

Cette espèce est peu répandue. Elle habite l'Allemagne centrale et méridionale, l'Autriche occidentale, la France orientale et la Belgique où elle est très-rare : elle a été prise aux environs de Bruxelles, de Namur, de Liége, etc.

La chenille vit en juillet et août sur le chêne et le hêtre. L'insecte vole dans les bois en mai et en juin.

GLUPHISIE CRÉNELÉE

GLUPHISIA CRENATA, Esp.

Esp. SCHM. III, pl. 47, f. 3,4. — Hubn. BOMB. pl. 4, f. 12. — Ochs. III, p. 79. — God. IV, pl. 20 f. 4. — Boisd. IND. p. 88, n° 686. — ANN. SOC. ENT. B. I, p. 71. — Spey. GEOGR. VERB. I, p. 430. — Staud. CAT. p. 74, n° 995.

BOMBYX CRENATA, Esp. — B. CRENOSA, Hb. — GLUPHISIA CRENATA, Boisd.

Ce lépidoptère habite l'Europe centrale, mais il est rare presque partout. On l'a observé depuis l'Angleterre jusqu'au centre de la Russie et depuis le nord de la Prusse jusqu'en Andalousie. Il est rare en Belgique.

La chenille vit, en été et en automne, sur les peupliers ; elle se transforme en chrysalide sur le sol et entre des feuilles mortes.

L'insecte parfait vole en avril et en mai ; quelques individus éclosent parfois en août.

Cnethocampe processionnaire,

sur le chêne ordinaire.

GENRE CNETHOCAMPE. — CNETHOCAMPA, Steph.

CNETHOCAMPE PROCESSIONNAIRE

CNETHOCAMPA PROCESSIONEA, STEP.

PROCESSIONNAIRE MOTH. — PROCESSIONS SPINNER.

Ochsenh., t. III, p. 280. — Esper, t. III, pl. XXIX. — Speyer, GEOGR. VERB., p. 421. — Boisd., p. 70, n° 573. — PHALÆNA PROCESSIONEA, Lin. — BOMBYX PROCESSIONEA, Hüb. — GASTROPACHA PROCESSIONEA, Ochs.

Cette espèce, dont la présence est un véritable fléau, se trouve en Suède, en Hongrie, en Allemagne, en Hollande, en Belgique, en France et en Italie.

Ce papillon est rare dans quelques localités, mais dans d'autres on en voit par milliers, surtout dans le midi de la France. Les chenilles vivent en colonies de cinq à huit cents dans une même toile, sur plusieurs espèces de chênes, tels que le chêne ordinaire (*Quercus robur*), le chêne liége (*Q. suber*), etc. Lorsqu'elles ont entièrement effeuillé la branche où elles ont établi leur demeure, elles en cherchent une autre, et mettent dans ces excursions beaucoup d'ordre, car elles vont toujours les unes derrière les autres, en formant une véritable procession, d'où leur est venu le nom de *processionnaires*. Ces sortes de pèlerinages n'ont lieu que le soir ou pendant la nuit, et vers le matin, elles retournent dans leur nid avec la même symétrie. Ce nid est d'une couleur brune rougeâtre; il est formé d'une toile très-dense, composée en grande partie des poils dont le corps de ces chenilles est revêtu. Depuis le mois de mai jusqu'en juillet, elles demeurent ainsi dans leur nid, et se transforment même en chrysalide sans changer de lieu. Le papillon sort de sa chrysalide au bout de quatre semaines; d'autres seulement au printemps suivant.

Il est très-dangereux de toucher ces chenilles ou leur toile, car les poils dont elle est formée causent de cuisantes douleurs, et parfois la mort. Le meilleur remède à employer contre cet accident, est de frotter rudement avec du persil les endroits douloureux et de prendre quelques bains.

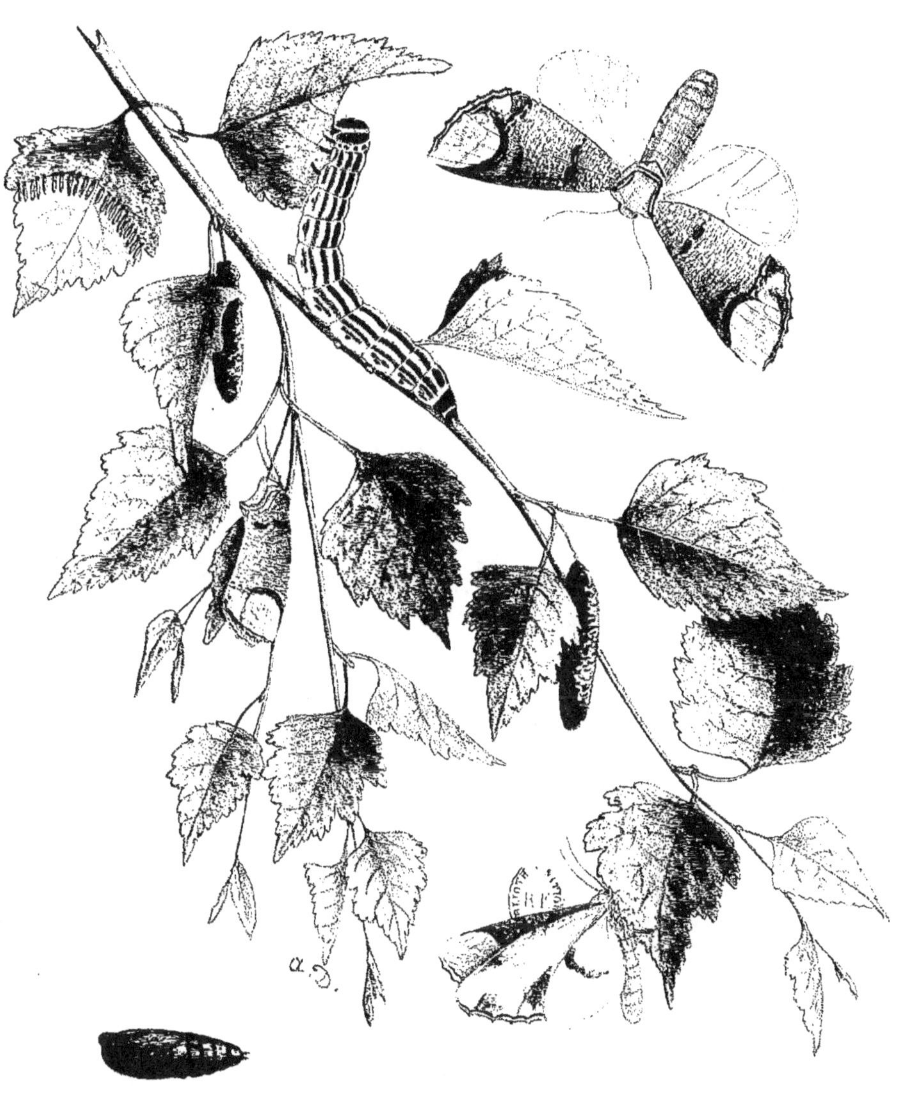

Phalère bucéphale
sur le Bouleau Blanc.

GENRE PHALÈNE — PHALERA, Hübner.

PHALÈNE BUCÉPHALE.

PHALERA BUCEPHALA, HUBNER.

BUFF-TIP. — LINDEN-SPINNER.

Ochsenh., t. III, p. 235. — Esper, t. III, pl. XXII, fig. 1. — Boisd., p. 88. — BOMBIX BUCEPHALA, Esp. — PYGÆRA BUCEPHALA, Och. — PHALÆNA LUNATA, Retz. — P. BUCEPHALA, Linné.

Cette phalène est répandue dans toute l'Europe et dans une partie de la Sibérie. On la trouve en Russie, en Laponie, en Suède et en Norvége; elle est commune dans quelques contrées de l'Allemagne, en Hollande, en Belgique, en Grande-Bretagne, en France et en Italie.

La chenille se tient de préférence sur le tilleul (*Tilia europæa*), l'aulne (*Alnus glutinosa*), le chêne (*Quercus robur*), le saule blanc (*Salix alba*), le charme (*Carpinus betulus*), le bouleau (*Betula alba*), l'érable (*Acer campestre*), le peuplier d'Italie (*Populus fastigiata*) et le hêtre (*Fagus sylvatica*). Cette chenille cause quelquefois de grands ravages aux allées de tilleuls, aux hêtres et aux bouleaux, comme, par exemple, en 1852 sur l'île de Rugen, où des hêtres plantés dans un bois d'environ 1,500 arpents furent entièrement dénudés par ces chenilles. La femelle dépose ses œufs sur les plantes nourricières; ils sont verts avec la partie supérieure blanche, au centre de laquelle se trouve un petit point d'un vert foncé. Les jeunes chenilles ont la tête très-forte, mais, après plusieurs changements de peau, elle est proportionnée au corps. Lorsqu'elles sont jeunes, ces chenilles enveloppent l'extrémité des branches d'un tissu très-fin dans lequel elles se tiennent; au moindre mouvement qu'on imprime à ces branches, elles abandonnent leur nichée en se laissant descendre au moyen d'un fil. Dès le point du jour, elles sont très-remuantes, et se mettent immédiatement à manger en se rangeant les unes à côté des autres sur les feuilles, dont elles ne rongent que l'épiderme. Plus tard, elles se dispersent sur les arbres, où on s'aperçoit bientôt de leur présence par les feuilles rongées. Au mois d'août et de septembre, elles ont acquis toute leur croissance, et entrent en terre, où elles se chrysalident sans aucune matière protectrice. Dans le mois de mai ou de juin de l'année suivante, cette belle phalène abandonne son quartier d'hiver, pour se livrer à ses évolutions aériennes.

1. Pygère grise, 2. P. brune.

PYGÈRE GRISE

PYGÆRA ANASTOMOSIS, Lin.

Lin. S. N. X, p. 506; F. S. p. 299. — Esp. pl. 52, f. 1-4. — Hubn. f. 84. —Ochs. SCHM. EUR. III, p. 226.— God. IV, pl 21, f. 3 —ANN. SOC. ENT. B. I. p. 72. — Spey. GEOGR. VERB. I, p. 424. — STAUD. CAT. p. 75, nº 1006.

PHALÆNA ANASTOMOSIS, Lin. — BOMBYX ANASTOMOSIS, Esp. — PYGÆRA ANASTOMOSIS, Ochs. — CLOSTERA ANASTOMOSIS, Boisd.

Ce lépidoptère est plus ou moins répandu depuis la Laponie jusqu'au Piémont (45°), et depuis la longitude de Paris jusqu'à l'Altaï ; il manque dans beaucoup de localités de l'Allemagne et de la France et n'a jamais été observé en Hollande et en Angleterre. Il est rare en Belgique, où on le prend parfois dans les environs de Bruxelles, de Louvain, de Liége, de Huy, etc.

La chenille vit sur les peupliers et les saules pendant les mois de mai, de juillet et d'août. L'insecte vole en mai et une seconde fois à la fin de juin et en juillet.

PYGÈRE BRUNE

PYGÆRA PIGRA, Hufn.

Hufn. BERL. MAG. II, p. 426. — Rott. NATURF. VIII, p. 109. — Schiff. W. V. p. 56 — Fab. MANT. p. 120. — Esp. pl. 51, f. 6-8. — Hubn. f. 90. — Ochs. III, p. 228. — God. IV, pl. 21, f. 4. — Step. H. IV, p. 385. — ANN. SOC. ENT. B. I, p. 72. — Spey. GEOGR. VERB. 1, p. 425. — Staud. CAT. p. 75, nº 1010.

BOMBYX PIGRA, Hufn. (1766).—B. RECLUSA, Schiff. (1776).—CLOSTERA RECLUSA et SUFFUSA, Step. — PYGÆRA RECLUSA, Ochs. — P. PIGRA, Stgr.

Habite l'Europe centrale et septentrionale depuis la Laponie jusqu'en Ligurie, et depuis l'Angleterre jusqu'à l'Oural ; assez rare en Belgique.

On trouve la chenille aux mêmes époques que la précédente sur les saules et les peupliers et surtout sur le peuplier tremble. Linsecte parfait vole en mai et une seconde fois en août.

Pygère curtule
sur le saule pleureur.

PYGAERE CURTULE.

PYGÆRA CURTULA, OCHSENH.

CHOCOLATE-TIP. — ROSENWEIDEN-SPINNER.

Ochsenh., t. III, p. 232. — Esper, t. III, pl. LI, fig. 5.—Boisd., p. 89, nº 690.— PHALÆNA CURTULA, Linné. — BOMBYX CURTULA, Hüb. — B. ANACHORETA, Esper. — CLOSTERA CURTULA, Hoffm. — LARIA CURTULA, Schrank.

Cette espèce se trouve dans presque toute l'Europe, et principalement en Russie, en Suède, en Norvége, en Danemark, en Allemagne, en Hollande, en Belgique, en Grande-Bretagne, en France et en Italie.

Dans certaines localités ce papillon est rare, tandis que dans d'autres il est assez commun. La chenille se trouve depuis le mois de juin jusqu'en septembre sur le saule blanc (*Salix alba*), le saule cendré (*S. cinerea*), le saule pleureur (*S. babylonica*), le peuplier d'Italie (*Populus fastigiata* ou *italica*), le peuplier tremble (*P. tremula*), le peuplier blanc (*P. alba*), le frêne (*Fraxinus excelsior*) et le bouleau blanc (*Betula alba*). Cette chenille se tient d'habitude entre plusieurs feuilles enroulées, qu'elle ne quitte que lorsqu'elle les a entièrement mangées; alors elle va se cacher dans des nouvelles feuilles, pour recommencer le même manége, jusqu'à ce qu'elle subisse son dernier changement de peau. A l'époque de sa métamorphose, qui a lieu en septembre, elle s'installe de nouveau entre des feuilles pour se chrysalider dans un tissu blanc. Le papillon parfait en sort au bout de quatre semaines, quelquefois seulement en mai de l'année suivante.

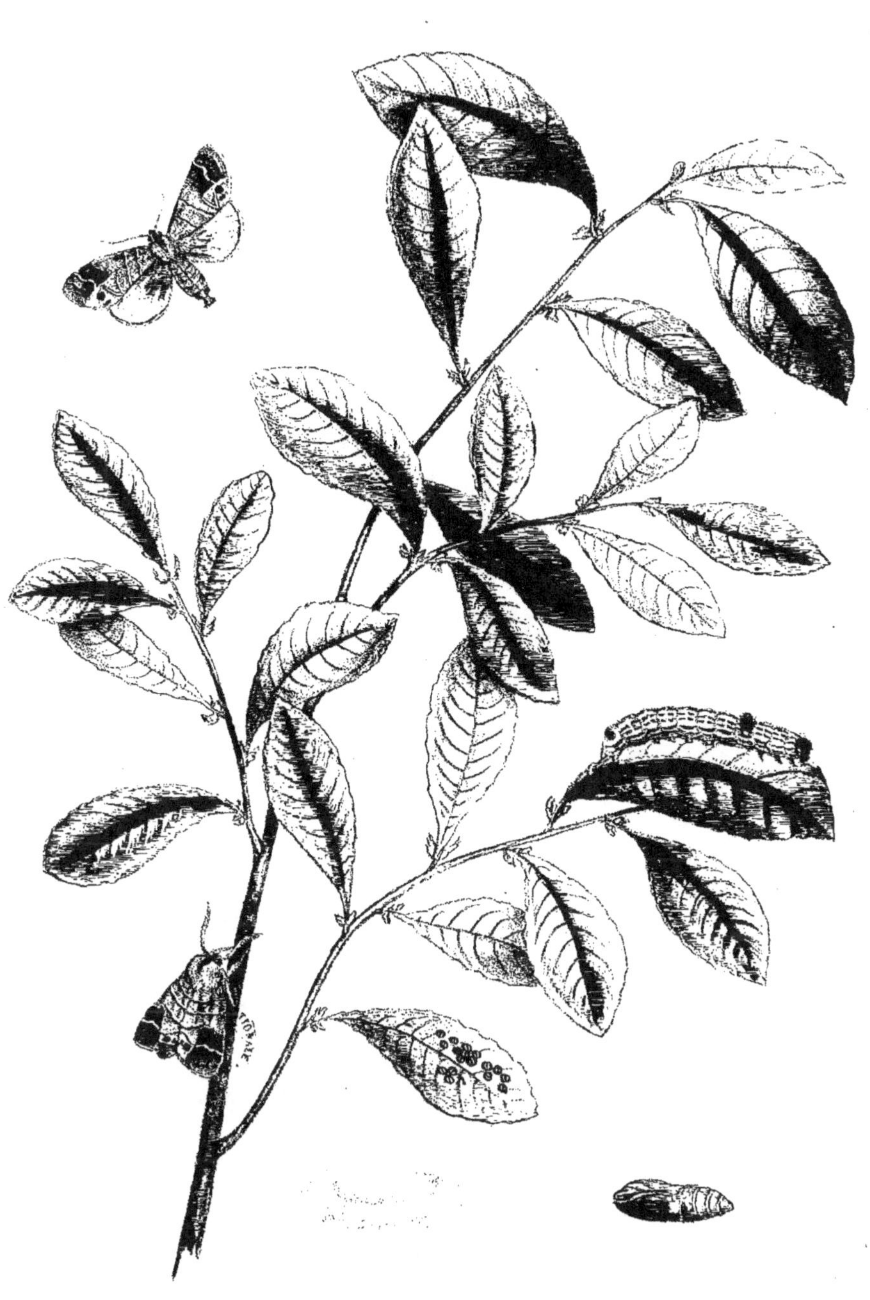

Pygaere anachorète,

sur le Saule cendré.

PYGÆRE ANACHORÈTE.

PYGÆRA ANACHORETA, OCHSENH.

SCARCE CHOCOLATE-TIP. — HORBWEIDEN SPINNER.

Ochsenh., t. III, p. 230. – Esper, t. IV, pl., CLXV. — Speyer, GEOGR. VERB., t. I, p. 425. — Boisd., p. 89, nº 691. — PHALÆNA CURTULA, Fuessl. — BOMBYX ANACHORETA, Schiff. — B. CURTULA, Esp. — CLOSTERA ANACHORETA, Step.

La Russie, la Suède, l'Allemagne, la Grande-Bretagne, la Hollande, la Belgique, la France et l'Italie sont les contrées que cette espèce habite.

On trouve la chenille depuis le mois de juin jusqu'en octobre, sur le saule blanc (*Salix alba*), le saule cendré (*S. cinerea*), le saule pleureur (*S. babylonica*), le saule bicolor (*S. bicolor*), le saule pourpré (*S. purpurea*), le saule incane (*S. incana*), le peuplier d'Italie (*Populus fastigiata*), le peuplier tremble (*P. tremula*), le peuplier blanc (*P. alba*), le frêne (*Fraxinus excelsior*) et le bouleau blanc (*Betula alba*). Cette chenille se tient habituellement cachée entre des feuilles, et après s'être revêtue plusieurs fois d'une nouvelle peau, elle se transforme en chrysalide; celle-ci, enveloppée d'un tissu blanchâtre, se trouve entre des feuilles contractées. Au bout de quelques semaines le papillon apparaît, mais quelquefois aussi seulement au printemps de l'année suivante.

Ce pygære a été confondu par plusieurs auteurs avec le *P. curtula*; d'autres ont considéré ces deux espèces comme étant simplement mâle et femelle.

Thyatire dérase,

sur la Ronce frutescente.

THYATIRE DÉRASE.

THYATIRA DERASA, TREIT.

THE BUFF ARCHES. — HIMBEER-EULE.

Treits., t. V, 2, p. 165. — Esp., t. IV, pl. CXLII. — Spey., GEOGR. VERB., t. II, p. 41.— Boisd., p. 130, nº 1042. — Frey., N. BEIT., t. III, p. 124. — PHALÆNA DERASA, Linn. — NOCT. DERASA, Esp.

On rencontre ce papillon en Russie, en Galicie, en Allemagne, en Hollande, en Belgique, en Grande-Bretagne et en France ; il se tient dans les plaines et dans les régions montagneuses.

La chenille de cette espèce se trouve dans les buissons épais formés de ronces et de framboisiers (*Rubus fruticosus* et *idæus*), dans les haies et ordinairement dans les endroits les plus ombragés. Elle mène une vie solitaire, et se tient en demi-cercle à la partie supérieure des feuilles ; sa couleur est très-variable, mais habituellement elle est rousse. Comme cette chenille se tient toujours seule et bien cachée entre le feuillage, il est difficile de la découvrir ; on peut, du reste, la considérer comme rare.

La métamorphose a lieu entre des feuilles unies par quelques fils ; le papillon n'abandonne sa chrysalide qu'en juin ou juillet de l'année suivante, quelquefois même seulement après la seconde année.

Thyatire batis,

sur le Framboisier.

THYATIRE BATIS.

THYATIRA BATIS, CUR.

THE PEACH-BLOSSOM-BROMBEER-EULE.

Treits., t. V, 2, p. 162. — Esp., t. IV, pl. LXXXVI. — Spey., GEOGR. VERB., t. II, p. 41. — Boisd., p. 130, n° 1041. — Frey., N. BEIT., t. III, pl. 122. — PHALÆNA BATIS, Lin. — NOCTUA BATIS, Esp.

Cette espèce habite la Suède, la Russie, la Galicie, l'Allemagne, la Hollande, la Grande-Bretagne, la Belgique, la France et l'Italie.

La chenille de ce thyatire est commune, pendant certaines années, depuis le mois de juillet jusqu'en octobre; elle se tient de préférence sous l'ombrage des ronces (*Rubus fruticosus*) et des framboisiers (*R. idæus*) dont les feuilles lui servent de nourriture. Dans son jeune âge, cette chenille varie beaucoup de couleur : on en rencontre d'un vert clair, d'un brun jaunâtre et même d'un gris foncé. Elle se tient à la partie supérieure des feuilles dans une position formant un demi-cercle; généralement, il s'en trouve plusieurs sur une même plante, et même sur celles avoisinantes. Lorsque cette chenille a atteint le terme de sa croissance, elle se tisse une légère enveloppe, entre des feuilles ou de la mousse, pour y opérer la chrysalidation; vers le mois de mai ou de juin de l'année suivante, on voit apparaître l'insecte parfait. Les chrysalides conservées dans les appartements, éclosent, en mars ou avril, par l'action de la chaleur artificielle, dont elles subissent la bienfaisante influence.

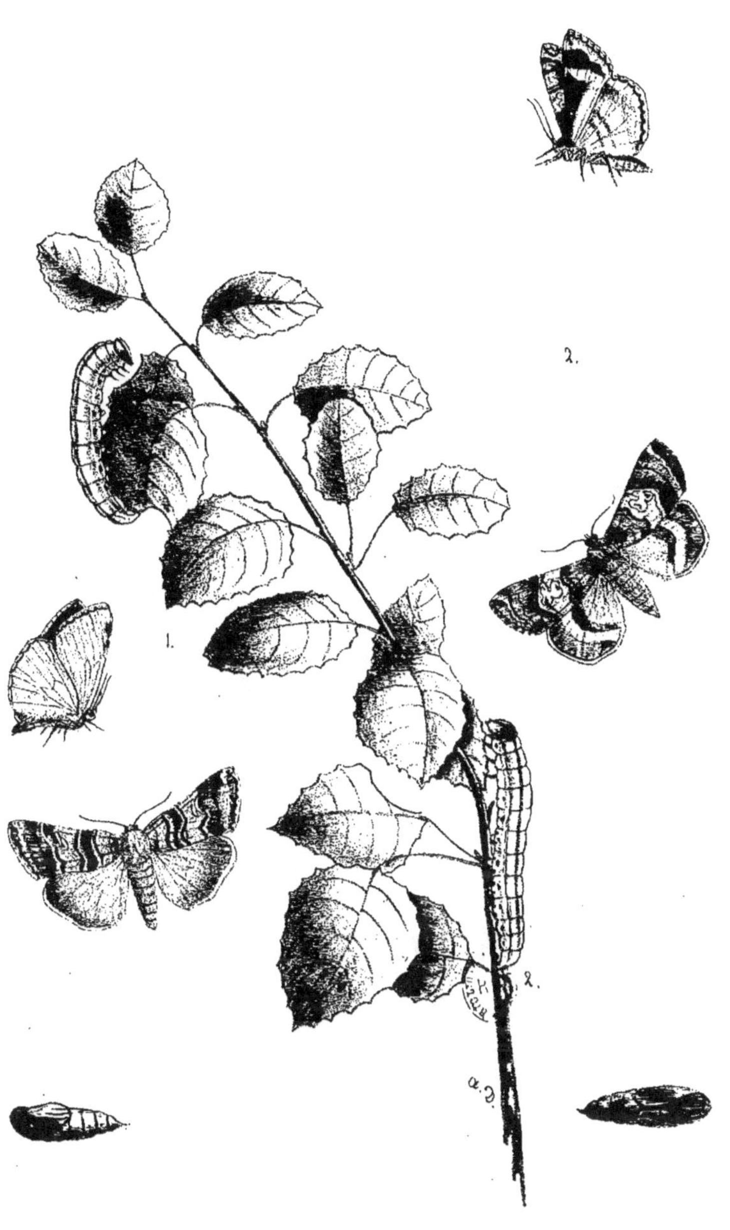

1.Cymatophore or. 2.C.octogésime

CYMATOPHORE OR.

CYMATOPHORA OR, Fab,

THE POPLAR LUTESTRING. — BELLENEULE.

Fab. MANT. 165. — Hubn. pl 43 f. 210. — Esp. pl. 128. f. 5. — Bkh. IV, 622. — *Treit.* V, I. 98. — Frey. N. B. pl. 333. — Step. CAT. 108. — AN. SOC. ENT. B. 1, 73. — Spr. GEOGR. VERB. II, 43. — Staud. CAT. 75. n° 1015.

NOCTUA OR. F. — N. OCTOGENA, var. Esp. — N. CONSOBRINA, Bkh. — CYMATOPHORA OR, Tr. — CERATOPACHA OR, Step.

Habite l'Europe centrale depuis le 60e jusqu'au 44e degré, et depuis les îles Britanniques jusqu'aux monts Ourals. Cette espèce est, de même que la suivante, peu commune en Belgique.

La chenille vit en août et septembre sur le tremble, mais se tient cachée entre des feuilles. La chrysalidation se fait dans le pli d'une feuille dont les deux parties sont retenues par des fils. L'insecte vole à la fin d'avril et en mai.

CYMATOPHORE OCTOGÉSIME.

CYMATOPHORA OCTOGESIMA, Hubn.

Hubn. pl. 43. f. 209. — Esp. IV, pl. 128, f. 4. — Treits. V. 1. p. 95. — Dup. VI, pl. 83. f. 2. — Gn. NOCT. I, 19. — Frey. N. BEITR. pl. 334. — AN. SOC. ENT. B. I, 73. — Spr. GEOGR. VERB. II. 43. — Staud. CAT. 75. n° 1014.

NOCTUA OCTOGESIMA, Hb. — N. OCTOGENA, Esp. — CYMATOPHORA OCTOGESIMA, Treit. — C. OCULARIS, Gn.

Habite l'Europe centrale et septentrionale depuis le Danemark jusqu'en Andalousie; se trouve également en Arménie et dans les provinces de l'Amour. On rencontre la chenille depuis juillet jusqu'en septembre sur les peupliers, particulièrement le tremble. Se chrysalide entre des feuilles. L'insecte parfait vole en mai et en juin.

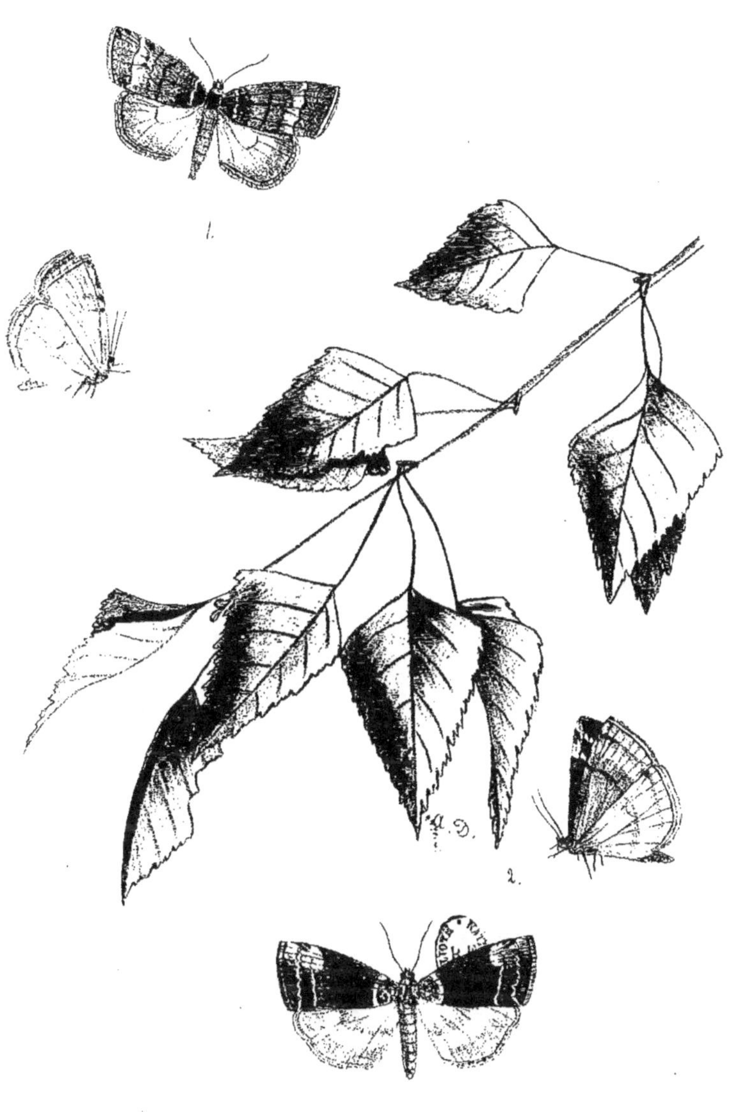

1. Cymatophore colon, 2. C. aqueux.

CYMATOPHORE COLON

CYMATOPHORA DUPLARIS, Lin.

Lin. F. S. p. 352; S. N. XII, p. 883.--Esp. pl. 197, f. 4.— Hubn. f. 211. — Borkh. IV, p. 627. Treits. V, 1, p. 92. — Dup. VI, pl. 84, f. 1. - ANN. SOC. ENT. B. I, p. 73. — Spey. GEOGR. VERB. II, p. 44. — Staud. CAT. p. 75, nº 1017.

PYRALIS DUPLARIS, L. — NOCTUA BIPUNCTA, Bkh. — N UNDOSA, Hb. — N. BICOLOR, Esp. CYMATOPHORA BIPUNCTA, Tr. — C. DUPLARIS, Stg.

Cet insecte habite, entre le 68° et le 45°, toute l'Europe et l'Asie occidentale depuis l'Angleterre jusqu'aux monts Altaï; en Belgique il est commun dans beaucoup de localités.

La chenille vit de juin à septembre sur les peupliers, le bouleau et l'aune. L'insecte parfait vole en mai et en juin de l'année suivante.

CYMATOPHORE AQUEUX

CYMATOPHORA FLUCTUOSA, Hub.

Hb. pl. 44, f. 212. — Treits. V, 1, p. 94. — Dup. III, pl. 15, f. 5. — Gn. NOCT, I, p. 17. — ANN. SOC. ENT. B. I, p. 73.—Spey. GEOGR. VERB. II, p. 44.—Staud. CAT. p. 75, nº 1018.

NOCTUA FLUCTUOSA, Hb. — CYMATOPHORA FLUCTUOSA, Tr.

On rencontre cette espèce, entre le 47° et le 57°, depuis l'Angleterre jusqu'au Volga. Elle est très-rare en Belgique, où on la prend quelquefois près de Bruxelles dans le bois de la Cambre et aux environs de Liége.

La chenille vit en septembre et octobre sur le bouleau et le peuplier. L'insecte vole en juin.

Asphalie délayée.

ASPHALIE DÉLAYÉE

ASPHALIA DILUTA, Schiff.

GRAU GEWASSERTE EULE.

Schiff. Syst. verz p. 87. — Hb. Noct. pl. 43, f. 206. — Treits. Schm. Eur. V, 1, p. 90. — Dup. Lep. de Fr. VII, pl. 83, f. 4,6 — Ann. Soc. ent. B. I, p. 73. — Spey. Geogr. Verb. II, p. 42. — Staud. Cat. p. 76, n° 1021.

Noctua diluta, Sch. — N. bipuncta, Dup. — Cymatophora diluta, Treits. — Asphalia diluta, Stg.

Cette espèce est peu répandue et n'habite que l'Europe centrale entre le 54° et le 46°. On l'observe en Pologne, en Hongrie, en Autriche, en Allemagne, dans le nord et le centre de la France, en Suisse et dans le sud de l'Angleterre; elle est très-rare en Belgique où elle a été prise dans la province de Liége.

La chenille vit en mai sur le chêne et se métamorphose entre des feuilles.

L'insecte parfait vole en septembre.

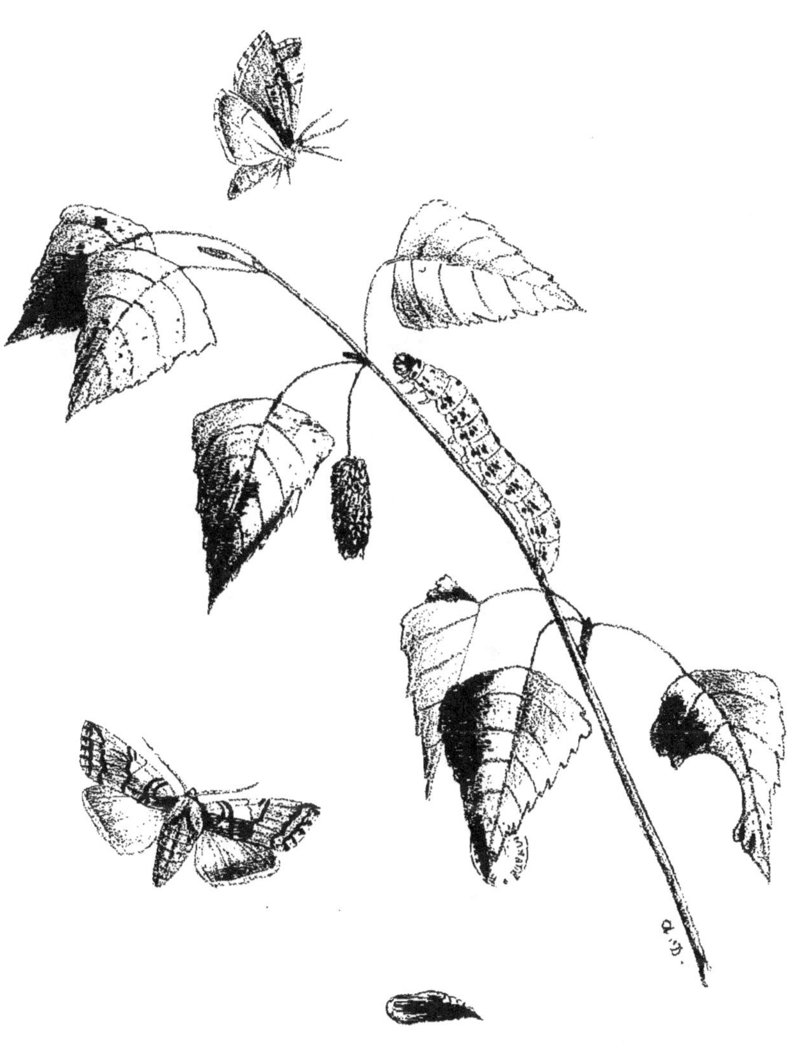

Asphalie flavicorne.

ASPHALIE FLAVICORNE.

ASPHALIA FLAVICORNIS, Lin.

THE YELLOW-HORNED. — PFINGSTMEYENSPINNER

Lin. S. N. x, 518, xii, 856; F. S. 319. — Esp. Schm. pl. 184. f. 1-3. — Hubn. Noct. pl. 43, f. 208. — Treits. Schm. Eur. v, 1, p. 100. — Dup. Lép. vi. pl. 83, f. 1. — Boisd. Ind. p. 92, nº 698. — Frey. Beitr. pl. 375. — Step. List, p. 103. — Ann. de la Soc. ent. B. I, 73. — Spey. Geogr. verb. II, 42. - Staud. Cat. p. 76, nº 1022.

Phalæna flavicornis, L. — Noctua flavicornis, Hb. — N. luteicornis, Haw. — Cymatophora flavicornis, Tr. — Ceratopacha flavicornis, Steph. — Asphalia flavicornis, Staud.

L'asphalie flavicorne habite l'Europe septentrionale et centrale, depuis le sud de la Laponie jusqu'au 46e degré, et depuis l'Angleterre jusqu'à l'Oural. Elle est rare en Belgique.

On trouve la chenille, qui est de couleur assez variable, en mai et en juin sur le bouleau et, suivant quelques auteurs, sur le chêne et le peuplier; elle se tient le plus souvent cachée entre quelques feuilles réunies par des fils de soie, et ne tombe ainsi que difficilement quand on secoue l'arbre. La chrysalidation se fait également entre des feuilles.

L'insecte parfait vole au commencement d'avril, parfois déjà en mars.

La rareté de la chenille m'a obligé à reproduire l'excellente figure donnée par M. Freyer.

Asphalie rieuse.

ASPHALIE RIEUSE.

ASPHALIA RIDENS, Fab.

THE FROSTED GREEN.

Fab. Mant. 180; Ent. syst. 360. — Hubn. Noct. pl. 43, f. 205. — Esp. Schm. IV, pl. 121, f. 1-3. — Schiff. Verz., 72 — Brahm. Ins. Kal. II, 1, 67, 28. — Hufn. Berl. Mag. II, 424. — Treits. Schm. Eur. V. 1, p. 85. — Step. H. III, 55. — Dup. Pap. de Fr. VI, pl. 82. — Frey. N. Beitr. pl. 613. — Ann. de la Soc. ent. B. I, 72. — Spey. Geogr. verb. II, 42. — Staud. Cat. 77, nº 1023.

Noctua flavicornis, Sch. — N. putris, Hufn. — N. ridens, F. — N. erythrocephala, Esp. — N. xanthoceros. Hb. — Phalæna chrysoceros, Beck. — Cymatophora xanthoceros, Treits. — C. ridens, Boisd. — Ceratopacha ridens, Step. — Asphalia ridens. Staud.

Cette espèce habite, à l'exception de la Scandinavie, toute l'Europe centrale depuis le 40ᵉ jusqu'au 57ᵉ degré, et depuis l'Angleterre jusqu'à Moscou. Elle est rare en Belgique, où elle a été observée dans la forêt de Soignes, ainsi qu'aux environs de Liége, de Namur, de Mons, etc.

On trouve la chenille dans toute sa taille sur le chêne, pendant les mois de mai et de juin. Elle se tient repliée sur elle-même entre deux feuilles réunies par quelques fils, et ne tombe ainsi pas facilement quand on secoue les branches. Elle se métamorphose dans un léger tissu, soit entre des feuilles, soit dans la mousse à la surface du sol.

L'insecte parfait vole l'année suivante en avril et en mai ; ce n'est qu'exceptionnellement qu'il se montre à la fin de l'été.

Dilobe double oméga,

sur le Prunier domestique.

DILOBE DOUBLE OMÉGA.

DILOBA CÆRULEOCEPHALA, BOISD.

THE FIGURE-OF-EIGHT MOTH. — MANDEL-SPINNER.

Treits., t. V, 1. p. 112. — Esp., t. III, pl. LVIII. — Spey., Geogr. Verb., t. II, p. 44. — Boisd., p. 88, n° 687. — Lederer, Noct., p. 70. — Phalæna cæruleocephala, Müll. — Bombyx cæruleocephala, Lang. — Episema cæruleocephala, Step. — Desphragis cæruleocephala, West

On trouve ce dilobe en Suède, en Norwége, en Livonie, en Russie, en Allemagne, en Grande-Bretagne, en Hollande, en Belgique, en France et en Asie Mineure. Il se tient, dans ces différentes contrées, dans les plaines, ainsi que sur les montagnes, même à une grande hauteur.

La chenille vit, en mai et en juin, sur le prunier épineux (*Prunus spinosa*), le prunier domestique (*P. domestica*), l'abricotier (*P. armeniaca*), le cerisier des oiseaux (*Cerasus avium*), le cerisier à grappes (*C. padus*), le cognassier (*Cydonia vulgaris*), l'aubépine (*Cratægus oxyacantha*), le poirier (*Pyrus communis*), le pommier (*Malus communis*) et le sorbier (*Sorbus aucuparia*). Pendant certaines années, les chenilles de cette espèce causent beaucoup de dégâts aux arbres fruitiers, particulièrement aux pruniers. Lorsque la chenille est adulte, elle se construit un cocon dans la composition duquel on reconnaît différentes matières végétales existant dans le voisinage ; ce cocon est fixé à un tronc d'arbre ou contre une vieille muraille. Le papillon en sort ordinairement quatre semaines après la métamorphose de la chenille ; on peut se le procurer pendant les mois de septembre et d'octobre.

Démas du Noisetier

DEMAS DU NOISETIER

DEMAS CORYLI, Lin.

THE NUT-TREE TUSSOCK. — HASELNUSZ SPINNER.

Lin. S. N. X, 503; F. S, 298. — Esp. SCHM., III, pl. 50, f. 1-5 — Hubn. NOCT. pl. 4. f. 17-18. — Dup. LEP. DE FR. VI, pl. 84, f. 6. — Ochsenh. SCHM. EUR. IV, 63; Treits. *ibidem*, X, 1, p. 178. — Frey. N. BEITR., pl. 549. — Step. B. Lep., 47. — ANN. SOC. ENT. B. I, 54. — Spey. GEOGR. VERB. II, 45. — Staud. CAT., 77, n° 1033.

PHALÆNA CORYLI, L. — BOMBYX CORYLI, Sch. — DEMAS CORYLI, Step. — COLOCASIA CORYLI, Ochs. — ORGYIA CORYLI, Treits.

Ce lépidoptère est commun dans la plupart des contrées de l'Europe. On le rencontre depuis les îles Britanniques jusqu'au Volga, et depuis la Suède et la Norwége jusqu'à la mer Adriatique, c'est-à-dire du 62e au 45e degré de lat. N. Il est assez commun dans les bois et les taillis de la Belgique.

On trouve la chenille, à partir du mois de juillet jusqu'au commencement d'octobre, sur le noisetier, le tilleul, le chêne, l'aune, les saules et même sur le prunellier. Les métamorphoses se font entre des feuilles.

Cette espèce a deux générations par an: la première vole en mai et parfois déjà en avril, la seconde fait son apparition en août.

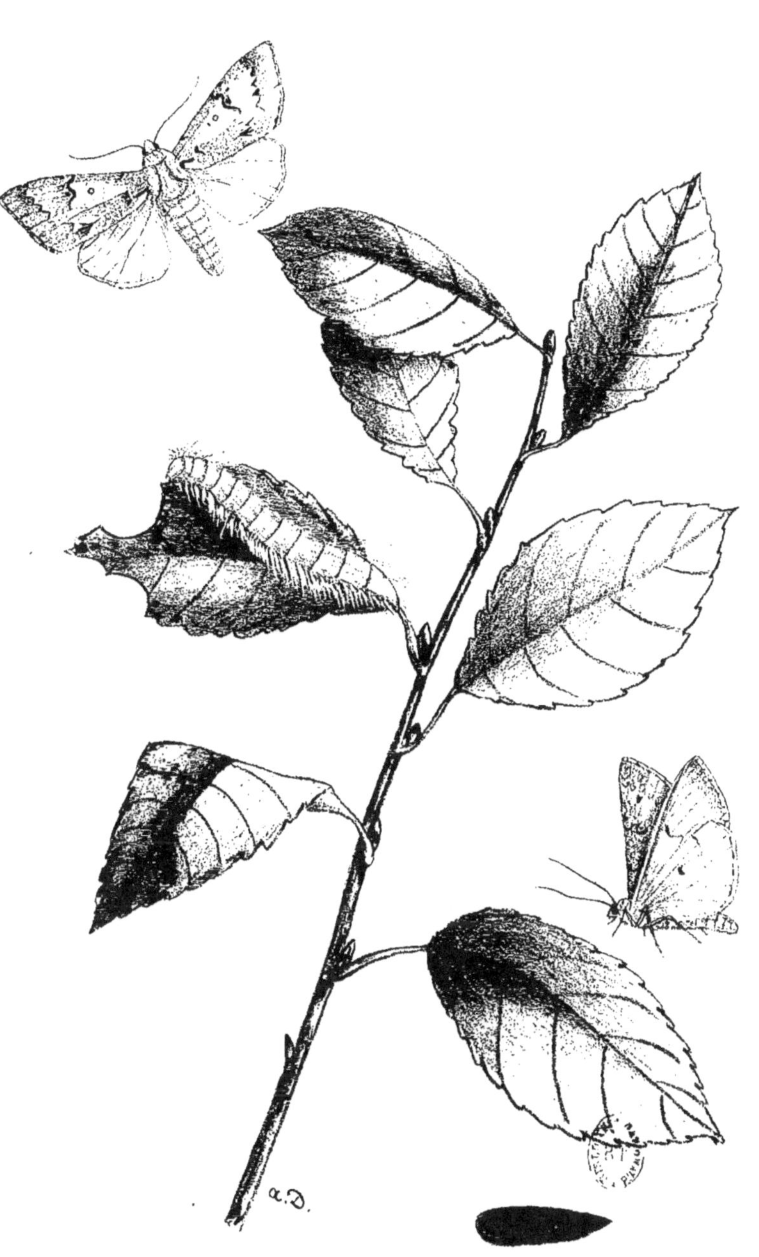

Acronycte lièvre
sur le Saule cendré.

ACRONYCTE LIÈVRE.

ACRONYCTA LEPORINA, Lin.

THE MILLER. — WOLLWEIDEN-EULE.

Lin. S. N. x, 511; F. S. 313. — Esp. Schm. IV, pl. 91, f. 1-5. — Hubn. Noct. pl. 3, f. 15, 16 et pl. 124, f. 570, 71. — Treitsch. Schm. Eur. V, 1, p. 5 et 9. — Dup. Pap. de Fr. II, pl. 87, f. 3. — Step. II. III, 35. — Ann. Soc. ent. B. I, 74. — Spey. Geogr. verb. II, 47. — Staud. Cat. 77, no 1035.

Phalæna leporina, L. — Noctua leporina et N. bradyporina, Hb. — Acronycta leporina, Treits. — Apatela leporina, Step. — *Var.:* Bradyporina, Tr.

L'acronycte lièvre est répandu dans une grande partie de l'Europe, aussi bien dans les plaines que dans les régions alpines ; son aire géographique s'étend entre le 64e et le 45e degré, depuis les îles Britanniques jusqu'en Sibérie. La var. *Bradyporina* paraît habiter les mêmes contrées que l'espèce type.

La chenille est de coloration assez variable ; on la trouve depuis le mois de juin jusqu'à la fin d'octobre, sur le bouleau, l'aune, les peupliers, les saules et l'orme. Au moment de se chrysalider, elle file un cocon dans la composition duquel entrent des poils et des fragments d'écorce. Ce cocon est parfois établi dans l'intérieur des tiges sèches des ombellifères.

L'insecte parfait vole en mai ; la seconde génération se montre en août. Cette noctuelle n'est pas rare dans les différents bois de notre pays.

A. Dubois ad nat. del.

Acronycte de l'érable,
sur le Marronnier.

ACRONYCTE DE L'ÉRABLE.

ACRONYCTA ACERIS, WING.

THE SYCAMORE. — ROSSKASTANIEN EULE.

Treitsch. t. V, 1, p. 11. — Esp. t. IV, pl. CXIV. — Spey. GEOGR. VERB., t. II, p. 47. — Noctua infuscata, Haw. — N. candeliscqua, Esp. var., — N. aceris, Rös. — Phalæna aceris, Lin. — Apatela aceris, Step.

On trouve cette espèce en Suède, en Norwége, en Livonie, en Allemagne, en Belgique, en France, en Hollande et en Grande-Bretagne, partout où il se trouve beaucoup de chênes, d'érables et de marronniers d'Inde.

La chenille vit de juillet jusqu'en septembre sur l'érable champêtre (*Acer campestre*), le marronnier (*Æsculus hippocastanum*), le châtaignier (*Castanea vesca*), le chêne (*Quercus robur*), le tilleul (*Tilia grandifolia*), le peuplier tremble (*Populus tremula*), et les saules cendré et des vanniers (*Salix cinerea* et *S. viminalis*).

La chrysalidation a lieu à l'intérieur d'un cocon assez coriace, formé de copeaux entremêlés des poils dont le corps de la chenille est revêtu. Ce cocon est habituellement caché sous les écorces des arbres ou dans leurs crevasses. On ne rencontre l'insecte parfait qu'en mai et en juin de l'année suivante.

Lorsque la chenille est très-abondante, comme cela arrive souvent dans certains pays, elle peut occasionner de sérieux dommages aux arbres forestiers et d'agrément.

Acronycte mégacéphale
sur le Peuplier tremble.

ACRONYCTE MÉGACÉPHALE.

ACRONYCTA MEGACEPHALA, Fab.

THE POPLAR GRAY. — WEIDEN EULE.

Fab. Mant. ins., 175. — Esp. Schm. pl. 144, f. 1-4. — Hubn. Noct. pl. 2, f. 10 et pl. 3, f. 11. — Haw. Pr. 17 (1802). — Treits. Schm. Eur. V. 1, p. 13. — Dup. Lép. de Fr. VI, pl. 88, f. 6. — Guen. Sp. Lep., 1, 49. — Ann. Soc. ent. B. I, p. 75. — Spey. Geogr. verb. II, 48. — Staud. Cat. 77, n° 1037.

Noctua megacephala, Fab. — N. areaina, Haw. — Acronycta megacephala, Treits.

Cette noctuelle habite toute l'Europe jusqu'au 61e degré; on l'observe aussi dans la partie nord-ouest de l'Asie mineure et dans la Sibérie occidentale. Elle est commune dans les plaines où croissent des peupliers, mais elle est rare dans les montagnes.

La chenille vit sur les peupliers *(Populus nigra, tremula* et *pyramidalis)* ainsi que sur le saule *(Salix triandra).* On la rencontre depuis le mois de juin jusqu'à la fin de septembre.

La chrysalidation se fait à l'intérieur d'un tissu fixé dans les crevasses corticales de l'arbre nourricier. L'insecte parfait éclôt au printemps et vole depuis le mois de mai jusqu'en juillet. Il est très-commun en Belgique.

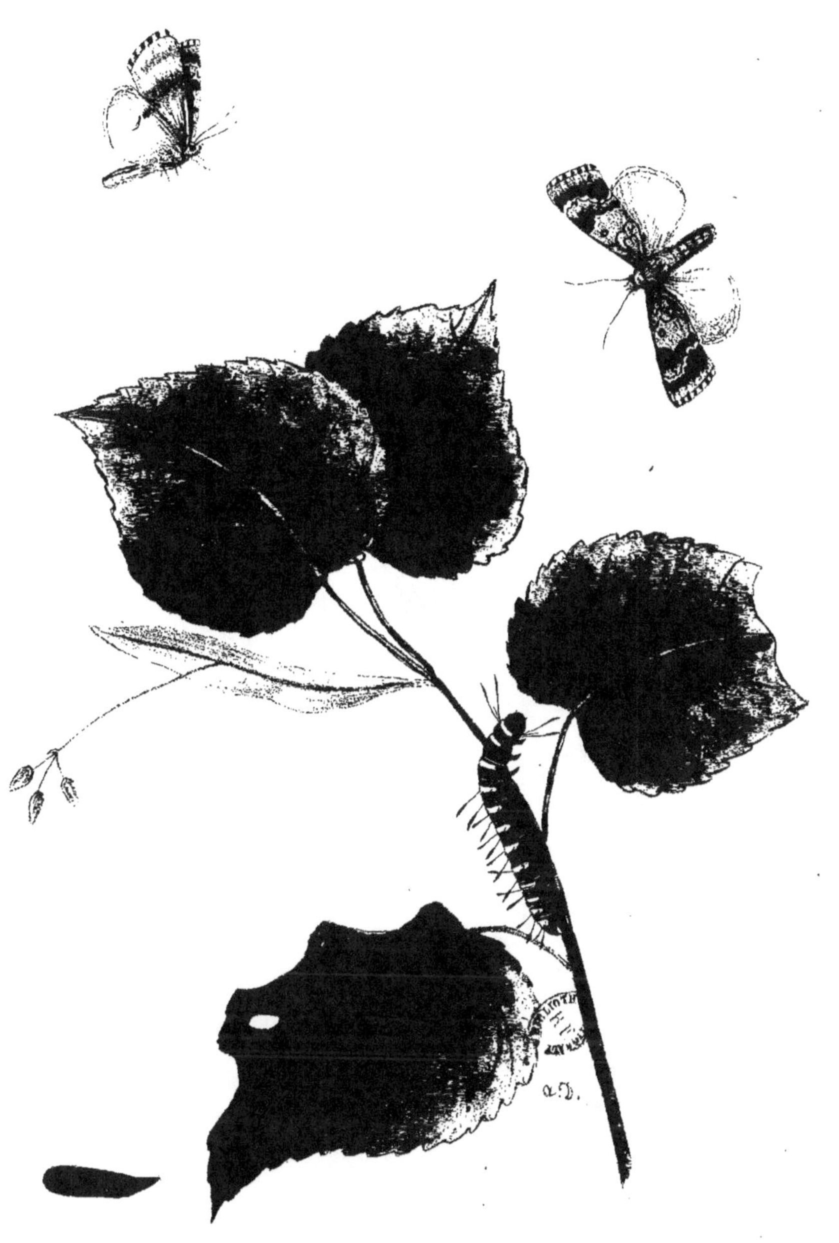

Acronycte aunette,
sur le Tilleul.

ACRONYCTE AUNETTE.

ACRONYCTA ALNI, Lin.

THE ALDER. — ERLEN EULE.

Lin. S. N. xii, 845. — Esp. Schm. iv, pl. 116, f. 4-6. — Hubn. Noct. pl. 1, f. 3. — Treits. Schm. Eur. v, 1, p. 16. — Dup. Hist. n. Lép. vi, 87. — Boisd. Ind. p. 94, n° 710. — Ann. de la Soc. ent. B. I, 75. — Spey. Geogr. verb. II, 47. — Staud. Cat. 77, n° 1033.

Phalæna alni, L. — Noctua alni, Hb. — N. Degener, Schiff. — Acronycta alni, Treits.

Cette noctuelle habite toutes les contrée de l'Europe situées entre le 60e et le 45e degré; on la rencontre depuis le sud de la Scandinavie et Saint-Pétersbourg jusqu'au Piémont, et depuis les îles Britanniques jusqu'au Volga, mais elle est rare dans la plupart des pays.

On trouve la chenille depuis la fin de juin jusque vers le milieu de septembre, sur les saules, les peupliers, le tilleul, le bouleau, l'orme et le chêne. La chrysalidation a lieu à l'intérieur d'un léger cocon, caché entre des feuilles ou dans les crevasses des écorces.

L'insecte parfait se montre en avril ou en mai de l'année suivante. Il est très-rare en Belgique, où on le prend parfois dans les environs de Liége.

La rareté de la chenille nous a obligé à reproduire l'excellente figure donnée dans l'*Iconographie* de MM. Boisduval et Rambur; la chrysalide est la reproduction de celle figurée par M. Freyer.

Acronycte grisette

sur le Prunellier.

ACRONYCTE GRISETTE

ACRONYCTA STRIGOSA, Schiff.

THE MARSH DAGGER. — GRAUGEMISCHTE-EULE

Schiff. W. V. p. 88. — Fab. MANT. p. 142. — Esp. SCHM. pl. 127. f. 4. — Hubn. NOCT pl. 1, f. 2. — Treits. SCHM. EUR. V, 1, p. 23.—Frey. BEITR. pl. 11.—ANN. SOC. ENT. B. I, p. 75.. Spey. GEOGR. VERB. II, p. 48. — Staud. CAT. p. 77, n° 1039.

NOCTUA STRIGOSA, Sch. — N. FAVILLACEA, Esp. — ACRONYCTA STRIGOSA, Treits.

Cette espèce est plus ou moins répandue entre le 60° et le 44°, depuis l'Angleterre jusqu'au Volga, mais elle manque en Suède. Elle est rare en Hollande, en Belgique et dans le nord de la France.

On trouve la chenille depuis le mois de juillet jusqu'en septembre sur le prunellier *(Prunus spinosa)*, parfois aussi sur les pruniers, les poiriers et les pommiers.

Les métamorphoses ont lieu en automne et l'insecte parfait vole en juin et en juillet. On le rencontre aussi bien dans les plaines que dans les montagnes.

La chenille et la chrysalide de la planche ont été faites d'après les figures de l'ouvrage de Freyer.

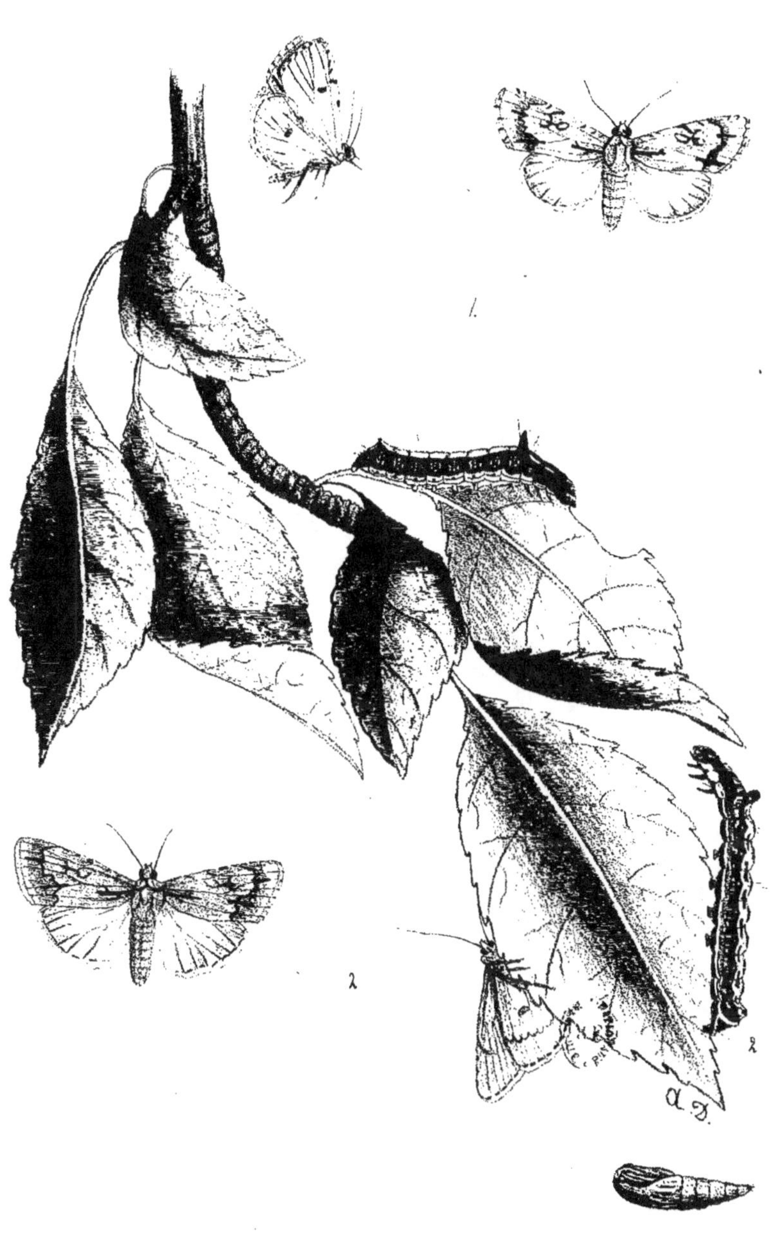

1. Acronycte psi, 2. A. trident.

ACRONYCTE PSI

ACRONYCTA PSI, Lin.

Lin. S. N. x, p 514. — Esp. pl. 115, f. 1,4. — Treits. V, 1, p. 30. — Dup. VI, pl. 82, f. 1. —Frey. N. Beitr. pl. 58 — Ann. Soc. ent. B. I, p. 75. — Spey. Geogr. verb. II, p. 49. — Staud. Cat. p. 77, nº 1043.
Phalæna psi, L. — Noctua psi, Esp. — Acronycta psi, Treits. — Triæna psi, Step.

Ce lépidoptère habite toute l'Europe depuis le 60° ; il est également répandu en Sibérie et dans le nord de l'Afrique. Il est assez rare en Belgique.

On trouve la chenille de juillet à septembre sur les pruniers, l'aubépine, le peuplier, l'aune et sur plusieurs espèces de saules. La chrysalide hiverne et l'insecte vole depuis le mois de mai jusqu'en juillet.

ACRONYCTE TRIDENT

ACRONYCTA TRIDENS, Schiff.

Sch. Syst. verz. p. 67 —Esp. pl. 115, f. 5,8. — Treits. V, 1. p. 26.—Dup. VI, pl. 87, f. 2. —Ann. Soc. ent. B. I, p. 75.—Spey. Geogr. verb. II, p. 50.—Staud. Cat. p. 77, nº 1042.
Noctua tridens, Sch. — Acronycta tridens, Treits. — Triæna tridens, Step.

Cette espèce est généralement commune dans toute l'Europe jusqu'au 60° ; elle se trouve également dans la Sibérie occidentale et dans le nord de l'Afrique. Elle est très-commune dans toute la Belgique.

On trouve la chenille en juin, puis en août et septembre, sur tous les arbres fruitiers, ainsi que sur l'aubépine, les peupliers et les saules. La chrysalidation a lieu sur les arbres à l'intérieur d'une coque assez épaisse.

L'insecte parfait vole en mai, juillet et août.

Les *Acronycta psi* et *tridens* se ressemblent beaucoup et il faut élever les chenilles pour être certain de ne pas confondre l'un avec l'autre. Le *tridens* est d'une teinte un peu plus foncée que le *psi*.

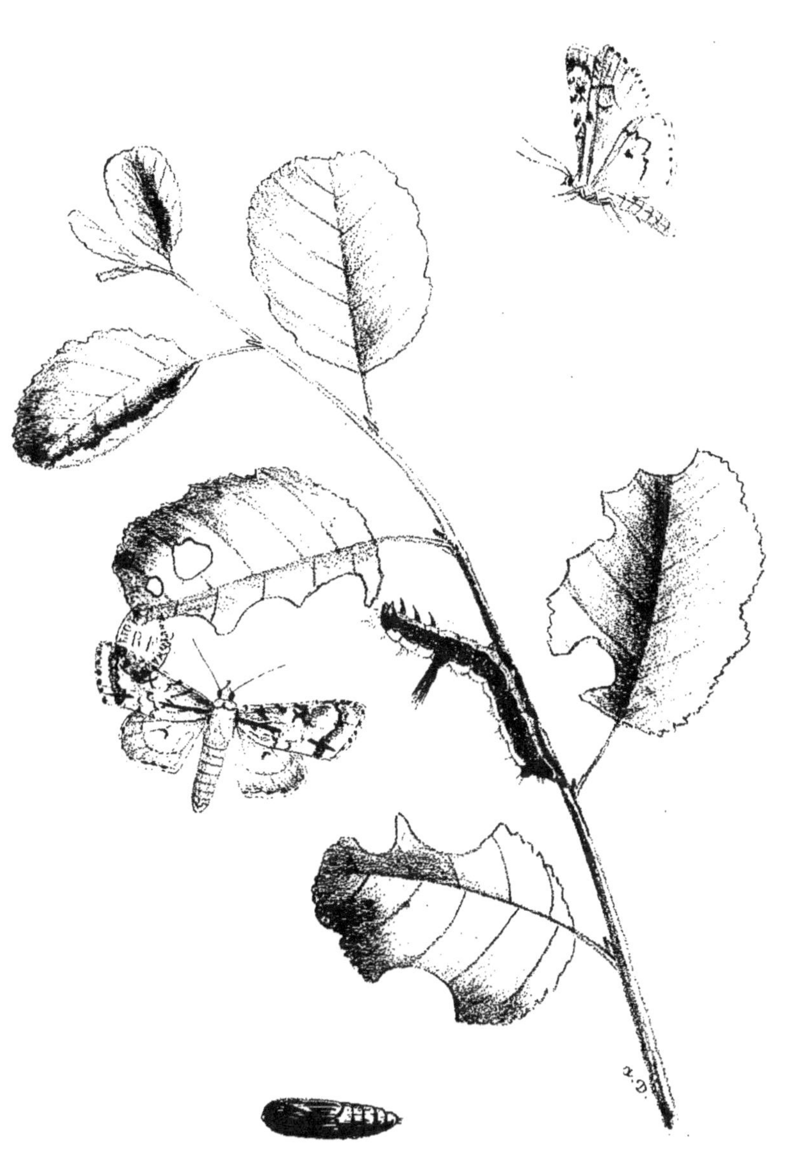

Acronycte de la Rose.

ACRONYCTE DE LA ROSE.

ACRONYCTA CUSPIS, Hubn.

ROSENEULE.

Hubn. Noct. pl. 108, f. 504. — Treits. Schm. Eur. V, 1, p. 32. — Dup. Lép. III, 15, 1. — Frey, Beitr. pl. 57. — Boisd. Ind. p. 94, nº 715. — An. de la Soc. ent. B. I, 75. — Spey. Geogr. verb. II, 49. — Staud. Cat. 77, nº 1044.

Noctua cuspis, Hb. — Acronycta cuspis, Tr.

Cette espèce habite plusieurs contrées de l'Europe centrale, mais elle est rare presque partout ; elle a été observée dans le sud de la Scandinavie, en Livonie, en Russie, en Allemagne, en Belgique et dans la France centrale et occidentale. On la rencontre également, par-ci par-là, depuis l'Altaï jusqu'à Pékin ; M. Speyer dit l'avoir reçue du Delaware et du Maryland, mais les individus de ces provenances sont notablement plus grands que ceux de l'Europe.

La chenille vit en septembre et en octobre sur l'aune *(Alnus glutinosa)*; suivant Hubner on la trouverait aussi sur la rose sauvage *(Rosa canina)*, d'où est venu le nom allemand de *Roseneule*, traduit plus tard en français ; dans le catalogue publié dans les annales de la Société entomologique belge, le prunellier *(Prunus spinosa)* est indiqué comme plante nourricière de cette chenille.

Les métamorphoses ont lieu entre des feuilles réunies par un léger tissu soyeux. L'insecte parfait, qui est assez rare en Belgique, vole à la fin de mai et en juin. J'en ai pris deux exemplaires à Ixelles en juin 1873.

Acronycte de la Menyanthe
sur le Myrica galle.

ACRONYCTE DE LA MÉNYANTHE.

ACRONYCTA MENYANTHIDIS, View.

THE LIGHT KNOT-GRASS. — BITTERKLEE EULE

View. TAB. VERZ. p. 50, pl. 2, f. 1, 2. — Esp. SCHM. pl. 144, f. 5. — Hubn. NOCT. pl. 2, f. 6, 7. — Treits. SCHM. EUR. V, 1. p. 34. — Dup. LEP. DE FR. VI, pl. 88, f. 1. — Frey. N. BEITR. pl. 668. — Curt. BRIT. ENT. pl. 320. — ANN. SOC. ENT. B. I, 175. — Spey. GEOGR. VERB. II, 50 et 290. — Staud. CAT. 77; n° 1045.

NOCTUA MENYANTHIDIS, View. — ACRONYCTA MENYANTHIDIS, Treits. — A. MENYANTHEDIS, Westw.

L'aire géographique de cette espèce s'étend entre le 70e et le 50e degré, depuis l'Angleterre jusqu'à la longitude de Saint-Pétersbourg. Elle est très-commune dans le nord de l'Allemagne, mais n'existe pas en France; la Belgique est donc sa limite méridionale et encore ne s'y montre-t-elle qu'accidentellement; elle a été observée pour la première fois dans notre pays le 21 mai 1857 à la Sauvenière, près de Spa, par M. H. Coubeaux.

La chenille vit de juillet en septembre sur le ményanthe *(Menyanthes trifoliata)*, la canneberge *(Oxycoccos palustris)*, le myrica *(Myrica galle)* etc.

La chrysalide hiverne, et la noctuelle vole en mai et en juin de l'année suivante.

La chenille et la chrysalide de notre planche sont faites d'après les figures données par M. Freyer *(Neue Beitr.* pl. 668.)

Acronycte chevelure dorée
sur le Gentiana asclepiadea.

ACRONYCTE CHEVELURE DORÉE.

ACRONYCTA AURICOMA, SCHIFF.

THE SCARCE DAGGER. — BOCKSBEER-EULE.

Sch. W. V. 67. — Fab. MANT. 174. — Esp. SCHM. IV, pl. 177, f. 4-6. — Hubn. NOCT. pl. 2, f. 8 et pl. 134, f. 614. — Mull. ZOOL. DAN. 104. — Treits. SCHM. EUR. V, 1, p. 35. — Dup. LEP. DE FR. VI, pl. 87, f. 6. — Frey. N. BEITR. pl. 542 et 623. — Guen. SP. LEP. I, 55. — ANN. SOC. ENT. B. I, 76. — Spey. GEOGR. VERB. II, 50. — Staud. CAT. 77, n° 1047.

NOCTUA AURICOMA, Sch. — PHALÆNA LUNULATA, Mull. — ACRONYCTA AURICOMA, Treits. — A. AURICOMA (ALPINA) Frey.

Cette espèce est très-commune dans une grande partie de l'Europe. On la rencontre depuis l'Angleterre jusqu'aux monts Altaï et depuis le 60e jusqu'au 44e degré, mais elle est assez rare dans les contrées du midi.

La chenille vit, principalement dans les bois, sur une infinité de végétaux, tels que les ronces *(Rubus cæsius* et *fruticosus)*, la bruyère *(Calluna vulgaris)*, l'airelle myrtille *(Vaccinium myrtillus)*, l'airelle ponctuée *(V. vitis-idæa)*, la gentiane *(Gentiana asclepiadea)* et autres plantes herbacées, ainsi que sur les bouleaux, les saules et les peupliers croissant en buissons. On trouve cette chenille dans toute sa taille en juin et en septembre. La chrysalidation se fait entre des feuilles ou dans les crevasses des écorces, mais toujours dans un cocon grisâtre formé d'un tissu assez serré.

Les noctuelles de la première génération volent en juillet et août; celles de la seconde prennent leur essor en mai de l'année suivante ou même en avril (1).

---

(1) Comme précocité de cette espèce, on peut citer la capture faite le 30 mars 1872, dans la forêt de Soignes, par M. N. Fondu.

Acronycte de l'Euphorbe,
sur l'Euphorbia esula.

ACRONYCTE DE L'EUPHORBE

ACRONYCTA EUPHORBIÆ, Fab.

WOLFSMILCH EULE.

Fab. MANT. 174. — Borkh. EUR SCHM. IV, 227. — Hubn. NOCT. pl. 114, f. 529. — Treits. EUR. SCHM. V, I. p. 40. — Frey. N. BEITR. pl. 177 et 538. — Guen. PHAL. 1, 56. — ANN. SOC. ENT. B. I, 76. — Spey. GEOGR. VERB. II, 51. — Staud. CAT. 78, n° 1051.

NOCTUA EUPHORBIÆ, Fab. — N. CYPARISSIÆ, Hb. — ? N. EUPHRASIÆ, Brh. — ? N. ESULÆ, Hb. — ACRONYCTA EUPHORBIÆ, Treits. — *Var.* : MONTIVAGA, Gn. = EUPHRASIÆ, Fr. (pl. 737).

Cette espèce se rencontre dans presque toute l'Europe, depuis le 60e degré jusqu'au Piémont et le nord de l'Espagne, mais elle est rare dans beaucoup de pays et très-rare en Belgique. Elle habite également l'Altaï.

On trouve la chenille en mai et en juin, puis à la fin d'août jusqu'en septembre, sur les euphorbes (*Euphorbia esula* et *cyparissias*), le bouillon-blanc (*Verbascum tapsus*), le plantain (*Plantago lanceolata*), le sureau yèble (*Sambucus ebulus*) et probablement sur d'autres plantes encore.

Les métamorphoses ont lieu à l'intérieur d'une coque fixée contre un arbre, un mur ou même aux plantes nourricières. L'insecte parfait vole en avril ou en mai, suivant la température, et en août.

La var. *Montivaga* se caractérise par une taille un peu plus forte et une teinte plus sombre.

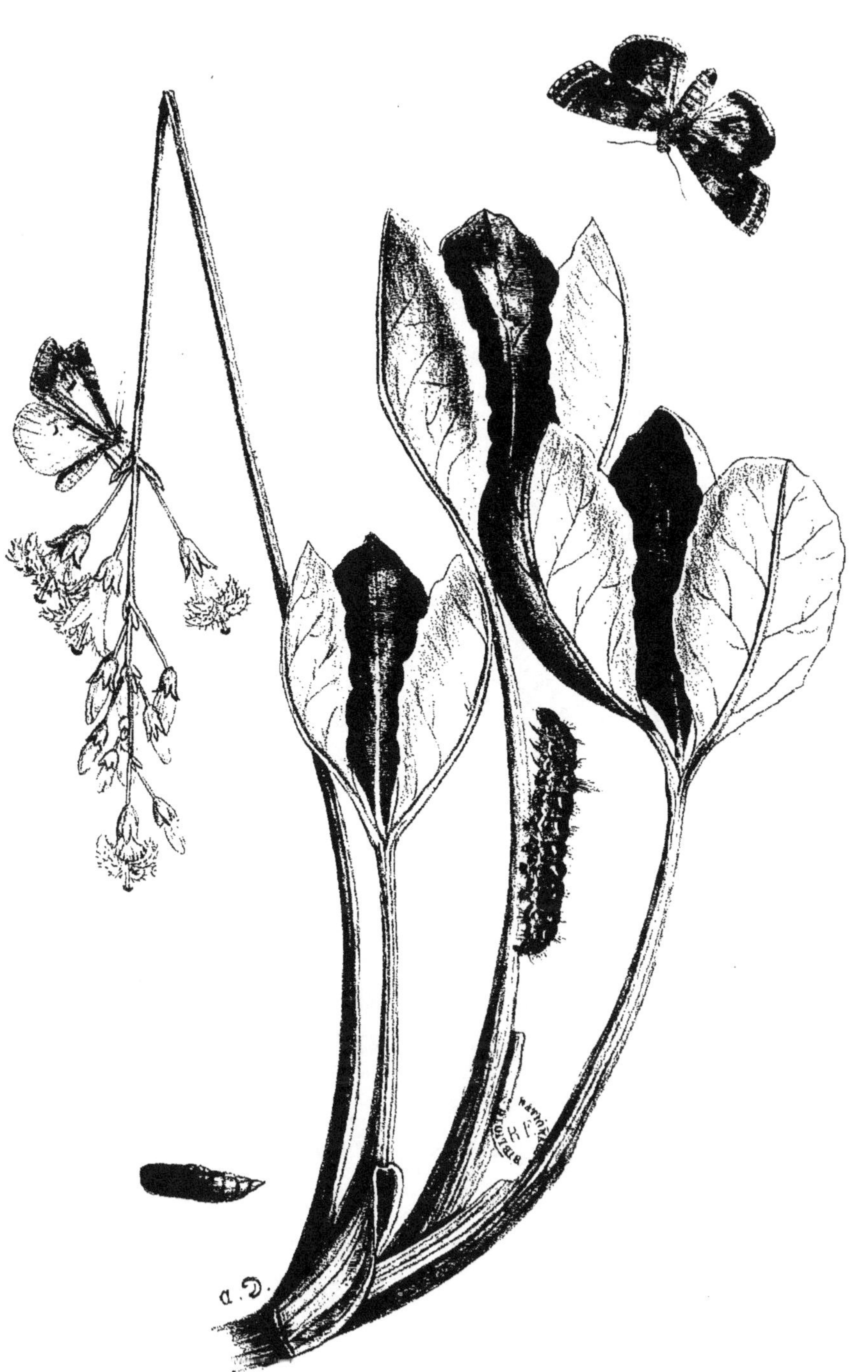

Acronycte de la Patience
sur le Menyanthes trifoliata.

ACRONYCTE DE LA PATIENCE.

ACRONYCTA RUMICIS, Lin.

THE KNOT-GRASS. — AMPFEREULE.

Lin. S. N, x, 516; F S. 318. — Esp. Schm. pl. 117, f. 8, 9. — Hubn. Noct. pl. 2, f. 9. — Treits. Schm. Eur. V, 1, p. 38 — God. Pap. de Fr. VI, pl. 88, f. 2. — Frey. N. Beitr. pl. 543. — Ann. de la Soc. ent. B., I, 76. — Spey. Geogr. verb. II, 52. — Staud. Cat. 78, n° 1053.

Phalæna rumicis, L. — Noctua rumicis, Hb. — N. euphorbiæ, Haw. — Acronycta rumicis, Tr. — A. euphrasiæ, Step.

Cette noctuelle est très-commune dans toute l'Europe, en Sibérie et dans plusieurs autres parties de l'Asie jusqu'au Japon; on la trouve depuis la Laponie jusqu'en Syrie et en Algérie.

La chenille est polyphage; on la trouve, depuis le mois de juin jusqu'en octobre, principalement sur les ronces, la persicaire *(Polygonum persicaria)*, la renouée *(P. aviculare)*, les patiences *(Rumex crispus* et autres*)*, le fraisier, les euphorbes, les plantains, ainsi que sur le chêne, l'orme, les peupliers, les saules, etc. Cette chenille se file une coque grisâtre dans la composition de laquelle entrent quelques poils.

L'insecte parfait vole depuis le mois de mai jusqu'à la fin de juillet. Il est très-commun partout et ne paraît avoir qu'une génération par année dans les pays de l'Europe septentrionale.

Acronycte du troëne,
sur le Troëne.

ACRONYCTE DU TROÈNE

ACRONYCTA LIGUSTRI, Schiff.

THE CORONET. — HARTRIEGELEULE.

Schiff. W. V. 70. — Fab. Mant. 172 — Esp. Schm. pl. 119, f. 2-4 — Hubn. Noct. pl. 5. f. 21. — Treits. Schm. Eur. V, I. p. 20. — Haw. Pr. 17, 1802. — Dup. Lep. Fr VI, pl. 89, f. 1. — Frey. Beitr. pl. 142. — Ann. Soc. ent. B. I, 75. — Spey. Geogr. verb. II, 52. — Staud. Cat. 78, n° 1055.

Noctua ligustri, Schiff. — N. coronina, coronulina et coronula, Haw. — Acronycta ligustri, Treits.

Cette espèce habite l'Europe centrale et septentrionale, depuis le midi de la France jusqu'en Suède (du 59e au 44e degré), et depuis les îles Britanniques jusqu'au Volga ; elle est rare en Belgique et dans plusieurs autres contrées.

On trouve généralement la chenille en juin et en juillet sur le troène (*Ligustrum vulgare*) et le frêne (*Fraxinus excelsior*) ; mais on la rencontre parfois encore en août et même au commencement de septembre.

La chrysalidation a lieu à l'intérieur d'un cocon parcheminé, d'un gris-brunâtre. La chrysalide hiverne, et l'insecte parfait vole depuis la fin de mai jusqu'en juillet, aussi bien dans les plaines que dans les régions montagneuses.

1. Bryophile lupule, 2. B. chloé.

BRYOPHILE LUPULE

BRYOPHILA RAVULA, Hubn.

Hubn. f. 461 et 573. — Dup. IV, pl. 69, f. 4; pl. 82, f. 9; VII, pl. 115, f. 4; pl. 122, f. 6. — Treits. V, 1, p. 66. — Frey. Beitr. pl. 84, f. 1, 2; N. B. pl. 52, f. 1 et pl. 522. — Ann. S. E. B. I, p. 77.—Spey. G. V. II, p. 54. — Staud. Cat. p. 78, n° 1065.

Noctua ravula et lupula, Hb. —Bryophila lupula, B. — B. ravula, Stg. - *Var.*: Ereptricula, Tr. = Troglodyta, Frey. — Vandalusiæ, Dup.

Cette espèce habite l'Allemagne, la Belgique, la France, l'Italie, l'Autriche, la Dalmatie, la Turquie et la Grèce. Elle est rare en Belgique où on la rencontre dans la forêt de Soignes près de Bruxelles, dans les environs d'Enghien, etc.

La chenille vit en mai et en juin sur des lichens et se métamorphose sur la terre. L'insecte parfait vole en juillet.

BRYOPHILE CHLOÉ

BRYOPHILA ALGÆ, Fab.

Fab. S. E. p. 614. — Esp. pl. 158, f. 3 4 — Hb. Larv. Lep. IV, C. c. f. 1, a. — Treit. V, 1, p 64. — Dup. VI, pl. 86, f. 5. — Borkh. IV, p. 170. — Frey. N. B. pl. 179, f. 4. — Ann. Soc. ent. B. I. p. 77. — Spey. Geogr. verb II. p. 56. — Staud. p. 78, n° 1066.

Noctua algæ, F.—N. spoliatricula, Hb. —Bryophila spoliatricula, Tr.—B. algæ, B. — *Ab.*: Degener, Esp = Strigula, Dup.

Ce lépidoptère habite l'Europe continentale entre le 55e et le 36e degré; on l'observe également dans l'Asie mineure et dans l'Arménie. Il est peu commun en Belgique.

La chenille se tient sur les troncs d'arbres où elle vit de lichens et de jungermanes, entre lesquels se font les métamorphoses. L'insecte parfait vole en mai et paraît faire une seconde apparition en juillet et août.

1. Bryophile des murailles, 2. B. perle.

BRYOPHILE DES MURAILLES

BRYOPHILA MURALIS, Forst.

Forst. n° 74. — Fab. SYST. ENT. III, p. 104,312. — Esp. SCHM. 118, f. 8. — Hb. f. 24. — Treits. V, 1, p. 58. — Dup. VI, pl. 86, f. 1-3. — Frey. N. BEITR. pl. 70, f. 2. — ANN. SOC. ENT. B. I, p. 76. — Spey. GEOGR. VERB. II, p. 53.—STAUD. CAT. p. 79, n° 1068.

NOCTUA MURALIS, Forst. — N. GLANDIFERA, Hb. — N. LICHENIS, Fab. — BRYOPHILA GLANDIFERA, Treits. — B. MURALIS, Stg. — *Var.* : PAR, Hb.

Ce bryophile habite l'Europe méridionale et centrale jusqu'au 52 1/2°, ainsi que l'Asie mineure; il est assez commun en Belgique sur les murailles et les troncs d'arbres couverts de lichens. La var. *Par* se rencontre dans l'Europe méridionale et occidentale ainsi qu'en Dalmatie.

La chenille se nourrit de lichens et de jungermannes et on la trouve sur ces plantes en mai et en juin. Elle se métamorphose à la fin de juin et l'insecte parfait vol en juillet et août.

BRYOPHILE PERLE

BRYOPHILA PERLA, Fab.

Fab. MANT. p. 173. — Esp. pl. 177, f. 2. — Hubn. f. 25. — Treits. V, 1, p. 61. — Frey. N. BEITR. pl. 70, f. 1. — ANN. SOC. ENT. B. I. p. 76. — Spey. GEOGR. VERB. II, p. 53. — Staud. CAT. p. 79, n° 1071.

NOCTUA PERLA, Fab. — N. GLANDIFERA, Borkh. — BRYOPHILA PERLA, Tr.

Cette espèce habite l'Europe centrale, méridionale et occidentale à partir du sud de la Scandinavie; son aire de dispersion s'étend depuis l'Angleterre jusqu'au centre de la Russie. Elle est commune en Belgique.

La chenille vit à la même époque et se nourrit des mêmes plantes que la précédente.

L'insecte parfait vole également en juillet et août.

Mome orion,

sur le Chêne sessiliflore

GENRE MOME. — MOMA, Cur.

MOME ORION.

MOMA ORION, CUR.

THE SEARCE MARVEL-DU-JOUR. — EICHENBAUMEULE.

Ochsenh., t. V, 1, p. 54. — Esp., t. IV, pl. CXVIII. — Spey., GÉOGR. VERB., t. II, p. 46. — Boisd., p. 95, nº 724. — NOCTUA ORION, Esp. — N. LUDIFICIANA, Haw. — N. APRILINA, Panz. — PHALÆNA RUNINA, Lin. — DIPHTERA ORION et D. RUNICA, Steph.

On trouve cette espèce en Suède, en Livonie, dans la région du Volga, en Russie, en Allemagne, en Grande-Bretagne, en Hollande, en Belgique, en France et en Toscane.

Ce lépidoptère se rencontre dans presque toutes les parties boisées des pays plats, sauf dans les forêts de conifères. La chenille vit sur les chênes pédonculé et sessiliflore (*Quercus pedunculata* et *sessiliflora*) et sur le charme (*Carpinus betulus*).

La chrysalidation a lieu pendant l'automne entre les fissures de l'écorce des arbres; à cet effet, la chenille s'enveloppe d'une espèce de tissu feutré couvert de lichens, qui doit la protéger contre le froid et la pluie. Dans le mois de mai, on trouve souvent cet insecte contre les troncs d'arbres.

1. Agrote ondulée, 2. A. de la bruyère.

AGROTE ONDULÉE

AGROTIS PORPHYREA, Schiff.

Schiff. W. V. p. 83. — Thunb. M. N. p. 72.—Esp. pl. 152, f. 1.— Hubn. f. 93 et 473.—Bkh. IV, p. 206. — Fab. ENT. SYST. p. 291. — Don. B. J. T. 360. — Treits. V, 2, p. 73. —Frey. BEITR. pl. 34. — ANN. SOC. ENT. B. I, p. 80. — Staud. CAT. p. 79, n° 1076.

NOCTUA PORPHYREA, Schiff. (1776). — N. STRIGULA, Thunb. (1788). — N. CONCINNA, Esp. (1790). – N. BIRIVIA, Bkh. — N. PICTA, F.—PHALÆNA ERICÆ, Don.—TRACHEA PORPHYREA, Treits. — CHERSOTIS PORPHYREA, Boids. — LYCOPHOTIA PORPHYREA, Step. — AGROTIS PORPHYREA, Led. — A. STRIGULA, Stgr.

Cette espèce habite l'Europe centrale et septentrionale depuis le 46° jusqu'au 61°; elle est commune dans les bruyères de la Belgique.

On trouve la chenille en été sur les bruyères; elle se chrysalide dans la terre en septembre et l'insecte parfait vole en juillet.

AGROTE DE LA BRUYÈRE

AGROTIS MOLOTHINA, Esp.

Esp. pl. 85, f. 1. — Boisd. IND. p. 104. — Frey. N. BEITR. pl. 515, f. 3. — Germ. FAUN. INS. EUR. 22, pl. 13. — Bell. ANN. SOC. ENT. FR. 1860, p. 665, pl. 12, f. 6, 7. — ANN. SOC. ENT. B. VI, p. 171. — Staud. CAT. p. 79, n° 1077.

NOCTUA MOLOTHINA, Esp. — CHERSOTIS ERICÆ, Boisd. — C. VELUM, Germ — AGROTIS ERICÆ, Led. — A. MOLOTHINA, Stgr. — *Var.* : OCCIDENTALIS, Bell.

L'agrote de la bruyère n'a encore été observée qu'en Allemagne et dans le centre de la France (Gien, forêt de Fontainebleau, etc.). M. Fologne a trouvé en Belgique, dans les bruyères de Calmpthout, la var. *Occidentalis* (fig. 3 de la pl.), qui est propre aux parties occidentales de la France, c'est-à-dire aux départements des Landes et de la Gironde.

Cet insecte vole vers la fin de mai dans les lieux arides, et on le prend assez facilement, le soir, à la miellée.

Agrote ombre
sur la Clématite

AGROTE OMBRE

AGROTIS SIGNUM, Fab.

GARTENWELDENEULE.

Fab. MANT. INS., 154; ENT. SYST., III, 2, p. 65. - Esp. SCHM. IV, p. 471, pl. 142, f. 3.—Borkh. EUR. SCHM. IV, p. 517.—Hubn NOCT. pl. 26, f. 122 ; LARV. LEP IV, NOCT. II, f. 1 a. b.; BEITR., II, 2 pl. 3. —Treits. SCHM. EUR., V, 1, p. 212. - God. LEP. DE FR. V, pl. 64, f. 1.— Frey. BEITR. pl. 124. — ANN. SOC. ENT. B. I, 82. — Led. NOCT. 29 et 80. — Spey. GEOGR. VERB. II, 103. - Staud. CAT. 80, n° 1079.

NOCTUA SIGNUM, Fab. — N. NUBILA, Esp. — N. CHARACTEREA, Bkh. — N. SIGMA, UMBRA et UMBROSA, Hb. — AGROTIS SIGMA, Led. — A. SIGNUM, Staud.

Cette noctuelle a été observée dans le sud de la Scandinavie, en Allemagne, en Hollande, en Belgique, dans le nord de la France, en Suisse, en Piémont, dans la Russie centrale et méridionale, dans l'Altaï et en Arménie. Il est donc probable que l'aire géographique de cette espèce s'étend du 60e au 41e degré, à l'exclusion des îles Britanniques et des petites îles de la Baltique. Elle est très-rare en Belgique, mais on la prend parfois dans les environs de Liége et de Namur.

La chenille vit en automne sur la clématite (*Clematis vitalba*) et sur l'arroche (*Atriplex hortensis*). Elle hiverne et continue à croître au printemps; ce n'est que dans le courant de mai qu'elle a toute sa taille. Les métamorphoses ont lieu dans la terre et l'insecte parfait vole en juin et en juillet.

Agrote à casque
sur le gouet taché.

AGROTE A CASQUE

AGROTIS JANTHINA, Schiff.

THE LESSER BROAD-BORDER. — GRAUFLECKIGE EULE.

Schiff. W. V. 78. — Esp. SCHM. IV, pl. 104, f. 4, 5. — Hubn. NOCT. pl. 21, f. 100. — Knoch, BEITR. II, 63, pl 4, f. 5.—Treits. SCHM. EUR. V, 1, p. 269.—God. Lep. Fr. V, pl. 59. f. 6. — Frey. N. BEITR, pl. 262. — Led. NOCT. 29 et 80. — ANN. SOC. ENT. B. I, 79. — Spey. GEOGR. VERB. II, 125. — Staud. CAT. 80, n° 1081.

NOCTUA JANTHINA, Sch. — N. DOMIDUCA, Kn. — PHALÆNA DOMIDUCA, Got. — TRIPHÆNA JANTHINA, Treit. — AGROTIS JANTHINA, Led.

Ce lépidoptère habite toute l'Europe centrale et méridionale, depuis l'Espagne jusqu'à la Hongrie, ainsi que la partie Nord-ouest de l'Asie mineure; mais on ne le trouve ni en Russie, ni au-delà du 55e degré de lat. N. Il est rare en Belgique, où on le rencontre parfois dans les environs de Bruxelles, de Liége, de Namur, de Dinant, etc.

La chenille vit, en avril et mai, sur les primevères (*Primula*), le gouet taché (*Arum maculatum*), le mercuriale (*Mercurialis annua*), les arroches (*Atriplex*), l'alsine (*Alsine media*) et autres plantes herbacées.

Les métamorphoses se font dans la terre et l'insecte parfait se montre au bout de quatre semaines, c'est-à-dire en juin et en juillet.

Agrote lignée.
sur la Primevère odorante.

AGROTE LIGNÉE.

AGROTIS LINOGRISEA, Schiff.

BRAUNGBRANDETE EULE

Sch. Syst. verz. 79. — Esp. Schm. IV. pl. 108, f. 3. — Hubn. Noct. pl. 21, f. 101 et pl. 114, f. 531, — Treits. Schm. Eur. V, 1, p. 272. — Frey, Beitr. pl. 249. — Boisd. Ind. 102, n° 756. — An. de la Soc. ent. B. I, 79. — Led. Noct 80. — Spey. Geogr. verb. II, 124. — Staud. Cat. 80, n° 1082.

Noctua linogrisea, Sch. — N. agilis, Dew. — Triphæna linogrisea, Treits. — Agrotis linogrisea, Led.

L'agrote lignée habite l'Europe centrale et méridionale, sauf les iles Britanniques et la Hollande; on la trouve également en Hongrie, en Dalmatie, en Turquie, en Grèce et dans la partie nord-ouest de l'Asie mineure. Son aire géographique s'étend donc entre le 40° et le 53 1/2 degré; mais elle est rare presque partout.

Après avoir hiverné, la chenille se montre au printemps dans les champs et le long des haies sur une infinité de plantes berbacées, particulièrement sur les primevères, la mâche *(Valerianella locusta)*, la paquerette, l'oseille sauvage, etc. (1). Elle se tient cachée pendant le jour et se métamorphose sous terre en avril ou en mai.

L'insecte parfait vole en juin et en juillet. Il est très-rare en Belgique, où il a été pris dans les provinces de Liége et de Namur.

---

(1) La plante figurée est la *Primula suaveolens*.

Agrote frangée
sur la Primevère pubescente.

AGROTE FRANGÉE.

AGROTIS FIMBRIA, Lin.

THE BROAD-BORDERED YELLOW UNDERWING. — SCHLUSSELBLUMEN EULE.

Lin. S. N. xii, 842; Hufn. Berl. Mag. III, 404. — Esp. Schm. pl. 103., f 1.-3. — Fab. Ent. syst. III, 2, 59, 165; 2, 57, 159. — Schreb. Nov. sp. Ins. 15. — Schk., Schr. Berl. Gesel. I, 297, pl. 8, f. 1. — Hubn. Noct. pl. 22, f. 102, et pl. 119, f. 551-2. — Treits. Schm. Eur. V, 1, p. 276. — God. Pap. de Fr. V, pl. 60, f. 1, 2. — Boisd. Ind. 102. n° 760. — Frey. Beitr. pl. 381. — Steph. Brit. lep, 60. — Led. Noct. Eur., 29 et 80. — Ann. Soc. ent. B. I, 80. — Spey. Geogr. verb. I, 125. — Staud. Cat. 80, n° 1083.

Phalæna fimbria, L. — Ph. domiduca, Hufn. — Ph. parthenii, Schk. — Noctua fimbria, Hb. — N. solani, Fab. — Triphæna fimbria, Treits. — Agrotis fimbria, Led.

Cette noctuelle habite presque toute l'Europe et vole aussi bien dans les montagnes que dans les plaines; on la rencontre depuis les îles Britanniques et les côtes occidentales de l'Europe jusqu'au Caucase et l'Asie mineure, et en général dans tous les pays de l'Europe situés entre le 56e et le 37e degré.

La chenille est polyphage et vit sur une infinité de plantes herbacées, telles que pissenlit, mâche (*Valerianella locusta*), primevères, pomme de terre, etc. (1). Il est très-difficile de la trouver, parce qu'elle se tient cachée pendant le jour sous le feuillage des plantes basses. Cette chenille hiverne et se transforme en chrysalide vers la fin de mars ou au commencement d'avril. Les métamorphoses ont lieu dans la terre mais à peu de profondeur.

L'insecte parfait, qui est assez rare en Belgique, vole dans les bois en juin, juillet et août.

(1) La plante figurée est la *Primula pubescens*.

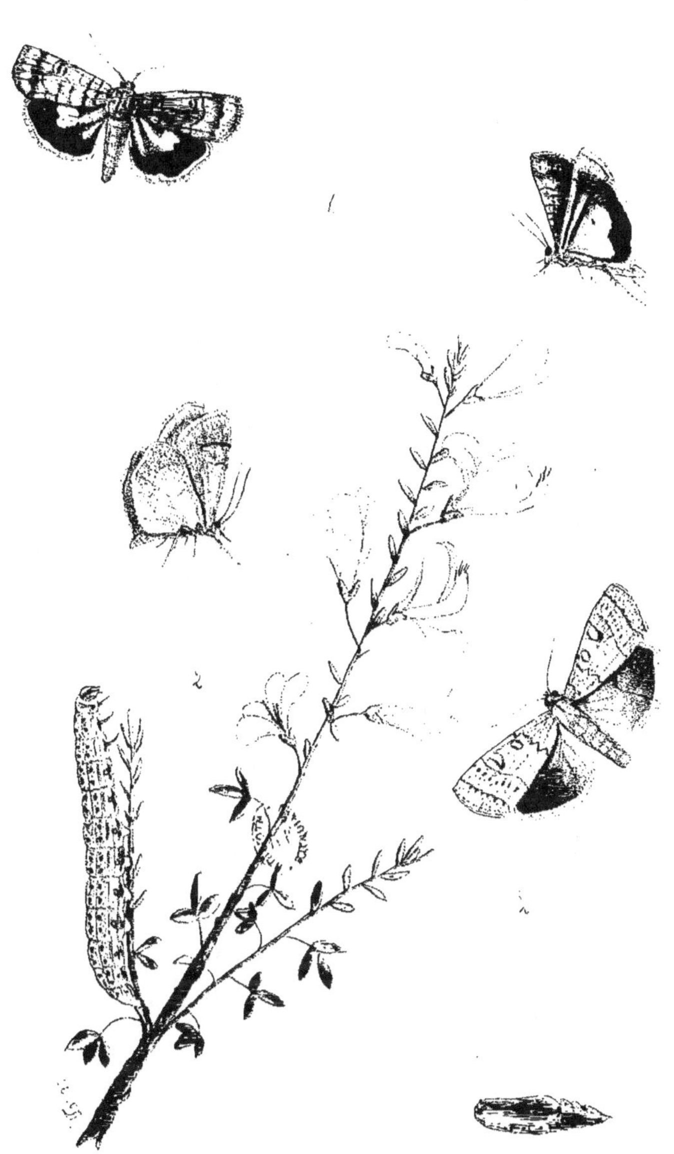

1. Agrote intermédiaire, 2. A. simple.

AGROTE INTERMÉDIAIRE

AGROTIS INTERJECTA, Hb.

Hubn. f. 107. — Treits. Schm. Eur. V, 1, p. 253. — God. V. pl. 59, f. 1. — Frey. N. Beitr. pl. 292, f. 1. — Led. Noct pp. 29,80. — Ann. Soc. ent. B. I, p 79. — Spey. Geogr. verb. II, p. 125. — Staud. Cat. p. 80, no 1084.

Noctua interjecta, Hb. — Triphæna interjecta, Treits. — T. circumspecta, Drap. — Agrotis interjecta, Led.

Cette espèce habite l'Allemagne occidentale, l'Angleterre, la France et la Corse; elle est très-rare en Dalmatie, dans les Pays-Bas et en Belgique, où elle a été observée en Campine.

La chenille vit en avril et mai sur diverses plantes herbacées. L'insecte vole en juin.

AGROTE SIMPLE

AGROTIS NEGLECTA, Hb.

Hubn. f 160. — Esp pl. 187, f. 8-11 (*Var.*).— Treits. Schm. Eur. V, 2, p 199. — Frey. N. Beitr. pl. 136, f 2. pl. 489 et 312. — Dup. VI, pl. 78, f. 4. — Boisd. Ind. p. 140 — Ann. Soc. ent. B. I, p 96. — Led. Noct. pp. 28,81. — Spey. Stett. Ent. z. 1858, p. 105 et Geogr. verb. II, p 97. — Staud. Cat. p. 81, no 1095.

Noctua neglecta, Hb. — Mythimna neglecta, Treits. — Orthosia neglecta, Boids.— Agrotis neglecta, Led. — *Var.*: Castanea, Esp.

L'agrote simple habite l'Europe centrale et occidentale depuis le centre de l'Allemagne jusqu'en Sardaigne ; elle est très-rare en Belgique, où on la prend quelquefois dans la province de Liége. La var. *Castanea* se rencontre en Allemagne et en Angleterre (1).

La chenille vit, depuis le mois de mars jusqu'en juin, sur les bruyères, les rumex, le myrtille, les genêts, etc. L'insecte vole à la fin de juillet et en août.

(1) M. Speyer a démontré que l'*A. castanea*, Esp. n'est qu'une variété de l'*A. neglecta*. M. Staudinger admet le *castanea* comme type spécifique et le *neglecta* comme variété, ce qui n'est pas rationnel.

Agrote de la Ronce

sur la Ronce

AGROTE DE LA RONCE

AGROTIS PUNICEA, Hubn.

BROMBEERSTRAUCH EULE

Hubn. Noct. pl. 25, f. 115. — Treits. Schm. Eur. VI, 1, p. 386. — God. Lep. de Fr. V. pl. 63, f. 5. — Frey. Beitr. pl. 15. — Boisd. Ic. hist. lep. pl. 83, f. 4. — Guen. Sp. lep. I, 333.—Ann. Soc. ent. B. I, 81. — Led. Noct., 29 et 80. — Spey. Geogr. verb. II, 99.— Staud. Cat., 80, n° 1087.

Noctua punicea, Hb. — Agrotis punicea, Led.

Cette espèce est peu répandue et elle est rare presque partout où elle habite. On ne l'a encore observée qu'en Bavière, en Suisse, en France, en Belgique, ainsi que dans les monts Ourals et Altaï. Elle est très-rare dans notre pays, où elle a été prise pour la première fois à Waterloo par M. Charlier.

La chenille hiverne dans des feuilles mortes roulées. D'après M. Freyer, on la trouve en septembre, puis en avril et mai sur les ronces, le pissenlit et le plantain; elle a toute sa taille vers le milieu de mai.

La chrysalide repose dans la terre à l'intérieur d'un léger tissu. L'insecte parfait vole en juin et en juillet.

La rareté de cette espèce nous a obligé à reproduire les chenilles et chrysalide figurées par M. Freyer.

Agrote agréable.
sur la Stellaire moyenne.

AGROTE AGRÉABLE

AGROTIS OBSCURA, Brahm.

THE STOUT DART. — WELLENSTRICHIGTE EULE.

Brahm, Ins. Kal. I, 191; II, 412. — Schiff. W. V. 80. — Borkh. Eur. Schm. IV, 538. — Esp. Schm., pl. 150, f. 2; pl. 142, f. 4, 5; pl. 71, f. 2. — Hubn., Noct., pl. 131, f. 600. — Haw., L. B. 220. — Treits., Schm. Eur., V, 1, p. 207. — Step., H. II, 130.— Boisd. Ind. 106, n° 799.—God. Lep. de Fr. V. pl. 66, f. 6. — Frey. N. Beitr, pl. 208. — Ann. Soc. ent. B. 1, 175. — Spey. Geogr. Verb. II, 110. — Led. Noct. 29 et 80. — Staud. Cat. 80, n° 1091.

Noctua obscura, Brahm. — N. ravida. Sch. — N. obducta, austera et bigramma, Esp. — N. crassa, Haw.—Graphiphora crassa, Step. — Spælotis ravida, Boisd. — Agrotis ravida, Led. — A. obscura, Staud.

L'agrote agréable habite toute l'Europe centrale et septentrionale, depuis le 60e jusqu'au 45e degré (Pyrénées). On rencontre également cette noctuelle en Sibérie, dans l'Altaï, ainsi que dans les provinces de l'Amour; M. Guenée dit qu'elle se trouve aussi dans l'Amérique du Nord. Elle est très-rare en Belgique, où elle a été observée pour la première fois, par M. De Fré, en Campine et dans les environs de Louvain.

On trouve la chenille en avril sur les *Stellaria, Rumex et Bunias orientalis*. Elle se cache pendant le jour sous des racines ou des mottes de terre, et ne se nourrit que vers le soir.

Les métamorphoses se font dans la terre, à une profondeur de cinq à sept centimètres, et à l'intérieur d'un tissu formé en grande partie de terre. La chrysalide est très-molle et meurt facilement quand on l'enlève de son enveloppe. L'insecte parfait prend son essor au bout de quatre à six semaines, c'est-à-dire en juin ou en juillet; on le rencontre parfois encore en août.

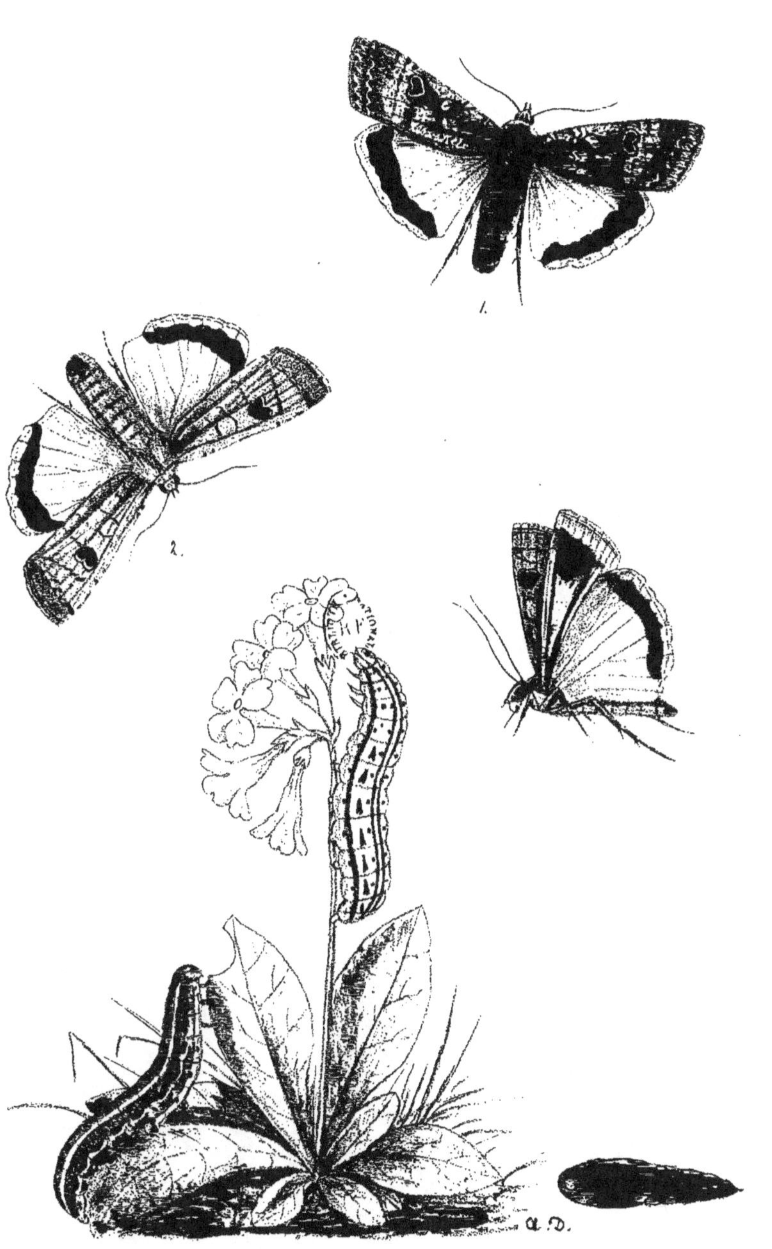

Agrote fiancée
sur la Primula auricula.

AGROTE FIANCÉE.

AGROTIS PRONUBA, Lin.

THE LARGE YELLOW UNDERWING. — SAUERAMPFEREULE.

Lin. S. N. x, 512. — Esp. Schm IV, pl. 102. — Hubn. Noct. pl. 22, f. 103. — Treits. Schm. Eur. V, 1, p. 260. — God. Pap. de Fr. V, pl. 58. — Frey. N. Beitr. pl. 274. — Led. Noct. Eur p. 29, 80. — Ann. Soc. ent. B. I, 80. — Spey. Geogr. verb. II, 127. — Staud. Cat. 81, nº 1092.

Phalæna pronuba, L. — Noctua pronuba, Hb. — Triphæna pronuba, Tr. — Agrotis pronuba, Led. — *Var.:* Innuba Tr.— *Ab.:* Hoegei, HS.

L'aire de dispersion de cette espèce est très-étendue: on la trouve depuis l'Islande jusqu'en Syrie et en Algérie, et depuis les îles Britanniques jusqu'en Sibérie; dans l'Europe orientale elle ne dépasse guère au nord le 56e degré, tandis que dans la partie occidentale elle atteint la côte septentrionale de l'Islande *(Speyer)* placée sous le 65e degré. Elle est très-commune en Belgique de même que sa variété *Innuba*.

La chenille est de couleur variable; elle se trouve en automne et, après l'hivernation, en avril et mai sur un grand nombre de plantes herbacées, telles que pissenlits, primevères, violettes, choux, etc.; elle est très-vorace et occasionne parfois des dégâts notables dans les potagers. Les métamorphoses ont lieu dans la terre à l'intérieur d'un léger tissu. L'insecte parfait éclôt en juin et en juillet.

La figure 2 de notre planche représente la var. *Innuba*.

Agrote orbone
sur la Laitue vireuse.

AGROTE ORBONE.

AGROTIS ORBONA, Hufn.

THE LESSER YELLOW UNDERWING — VOGELKRAUTEULE.

Hufn. Berl. Mag. III, 304. — Rott. Naturf. IX, 125. — Hubn. Noct. pl. 23, f. 105 et 106; Btr. I, 3, 4, Y. — Sch. Syst. Verz. 79. — Treits. Schm. Eur. V, I, p. 258 — Frey. N. Beitr. pl. 269 — God. Pap. de Fr. V, pl. 59, f. 5 — Step. Cat. 59. — Ann. de la Soc. ent. B., I, 80. — Led. Noct. Eur. 29, 80. — Spey. Geogr. verb. II, 126. — Staud. Cat. 81, nº 1093.

Noctua orbona, Hufn. — N. subsequa, Sch. — Triphaæna subsequa, Treits. — T. orbona, Step. — Agrotis orbona, Led. — *Ab.*: Subsequa, Hb — Consequa, Hb. — ? Curtisii, Newm.

L'agrote orbone habite toute l'Europe centrale et méridionale à partir du centre de la Scandinavie, ainsi que les îles Britanniques; la Grèce est peut-être le seul pays du continent où elle n'a pas encore été observée. On la trouve également dans la partie septentrionale de l'Asie mineure, en Arménie et dans l'Asie occidentale jusqu'aux monts Himalaya (v. Hügel).

La chenille se nourrit d'une infinité de plantes herbacées, telles que graminées (*Aira canescens* et autres), laitues, primevères, etc. Elle se tient cachée pendant le jour sous des feuilles, passe l'hiver très-petite, change quatre fois de peau et atteint toute sa taille à la fin de mars ou en avril. En captivité le développement se fait plus vite, et l'insecte parfait éclôt parfois déjà à la fin de janvier. Les métamorphoses ont lieu dans la terre, et l'insecte parfait prend son essor au bout de trois à quatre semaines. On le rencontre en juin et en juillet dans presque toute la Belgique, mais il est peu commun.

Agrote suivante
sur le Trèfle fraisier.

AGROTE SUIVANTE

AGROTIS COMES, Hubn.

THE LUNAR YELLOW UNDERWING.

Hubn. Noct. pl. 111, f. 521. — Fab. Mant. 150. — Esp. Schm. IV, pl. 104, f. 2, 3. — Treits. Schm. Eur. V, 1, p. 254-56. — Frey. N. Beitr. pl. 268. — Ann. Soc. ent. B. I, 80. — Led. Noct. 29, 80 — Spey. Geogr. verb. II, 126. — Staud. Cat. 81, n° 1094.

Noctua comes, Hb. — N. orbona, F. — N. subsequa, Esp. — triphæna comes, Treits. — Agrotis comes, Led. — *Ab.* : Adsequa, Tr. — Prosequa, Tr.

Ce lépidoptère habite, à partir du sud de la Suède, toute l'Europe centrale et méridionale, l'Asie mineure, le nord du Maroc, l'Algérie et les îles Canaries. En Belgique il est plus répandu que l'*orbona* (1)

Cette espèce est souvent confondue avec l'orbone : celle-ci se reconnaît aux petites taches noires, placées sur le bord antérieur des ailes supérieures, près de l'angle apical (2); ces taches n'existent jamais chez l'*A. comes*.

Après l'hivernation, on retrouve la chenille de ce dernier, en avril et en mai, sur les trèfles, les primevères et autres plantes herbacées. Les métamorphoses se font dans la terre.

L'insecte parfait vole en juillet et en août. Il est très-variable dans sa coloration.

---

(1) L'*Agrotis orbona* (*subsequa*, Schiff) paraît être très-rare en Belgique, contrairement à ce que nous avons dit en parlant de cette espèce.

(2) Le coloriage a atténué considérablement ces taches sur notre planche.

1. Agrote oméga. 2. A. agathine.

AGROTE OMÉGA

AGROTIS AUGUR, Fab.

Fab SYST. ENT. p. 604. - Esp. pl. 131, f 2.—Hubn. pl. 31, f. 148. — Treits. V, 1. p. 210. — Dup. VI, pl 73, f. 6 — Bkh. IV, p. 209. — ANN. SOC. ENT. B. I, p. 82.—Staud. CAT. p. 80, nº 1088.

NOCTUA AUGUR, Fab. — N. ASSIULANS, Bkh. — N. OMEGA, Esp. — N. HIPPOPHAES, H. G. — SPAELOTIS AUGUR Boisd. — AGROTIS AUGUR, Led.

L'agrote oméga est répandue dans presque toute l'Europe, depuis l'Angleterre jusqu'aux monts Altaï et du 60° au 44°; elle est peu commune en Belgique.

La chenille hiverne et vit au printemps sur le pissenlit et autres plantes voisines. L'insecte vole en juin et juillet.

AGROTE AGATHINE

AGROTIS AGATHINA, Dup.

Dup. VII, 1. p. 359, pl. 122. f. 2.-Boisd. Ic. pl. 77, f. 1. — Step. CAT. B. L. p. 62. — ANN. SOC. ENT. B. I, p. 80. — Mill. Ic. p. 151, pl. 67, f. 7-10.—Staud. CAT. p. 81, nº 1101.

CHERSOTIS AGATHINA, Dup. — CH. LIDIA, Boisd. — LYTÆA ALBIMACULA et AGATHINA, Step. — AGROTIS AGATHINA, Led. — *Var.:* SCOPARIÆ, Mill.

Cette rare espèce a été observée en France, en Angleterre et dans l'Allemagne occidentale et centrale; en Belgique elle a été trouvée dans les environs de Liége par M. Donckier.

La chenille est encore inconnue; mais M. Millière a découvert celle de la var. *Scopariæ*, qu'il a trouvée en abondance à Cannes sur l'*Erica scopariæ*. Celle-ci se métamorphose à la fin d'avril ou au commencement de mai, sous la mousse et à l'intérieur d'une coque solide. L'éclosion du lépidoptère a lieu dès le milieu de juin et on le rencontre jusqu'en juillet, tandis que l'*agathina* ne vole qu'en août et même en septembre.

Nous reproduisons sur la planche ci-contre la chenille de la var. *Scopariæ* figurée dans l'Iconographie de M. Millière; le papillon représente l'espèce type.

1. Agrote sigma, 2. A. de la belladone
sur le Fraisier.

AGROTE SIGMA

AGROTIS TRIANGULUM, Hufn.

THE DOUBLE SQUARE SPOT. — DOPPELTE DREYECK.

Hufn. Berl. M. III, 306. — Esp. pl. 186, f. 1-4 — Kn. Beitr. III, pl. 4, f. 7. — God. pl. 60, f. 6. — Schiff. W. V. 312. — Treits. v, 1 p. 240. — Frey. Beitr. pl. 64; N. Beitr. 569, f. 3. — Step. Cat. 72. — An. Soc. e. B. I, 81 — Led. Noct. 81. — Spr. Geog. Verb. II, 101. — Stgr. Cat. 82, nº 1103.

Phalæna triangulum, Hufn. — Noctua ditrapezium, Sch. — N. triangulum, Gos. — N. sigma, Kn. — N. montana, Frey. — Graphiphora triangulum, Step. — Agrotis triangulum, Led.

Habite l'Europe centrale entre le 57e et le 41e degré, depuis les îles Britanniques jusqu'en Russie ; il est rare en Belgique où il a été trouvé dans la forêt de Soignes et aux environs de Liége.

La chenille hiverne; elle a toute sa croissance en avril et mai; elle vit principalement sur les primevères et le fraisier. Les métamorphoses ont lieu dans la terre à l'intérieur d'un léger tissu. L'insecte vole en juin et en juillet.

AGROTE DE LA BELLADONE

AGROTIS BAJA, Fab.

THE DOTTED CLAY. — TOLLKRAUTEULE

Fab. Mant 175 — Esp. pl. 167, f. 6. — Hb. pl 25, f. 119. — God. v. pl. 63, f. 4. — Treits. v, 1. p. 215. — Frey B. pl. 74. — Step. Cat. 70. — Ann. Soc. e. B. I, 82. — Led. Noct. 81. — Spr. Geogr. verb. II, 101. — Staud. Cat. 82, nº 1104.

Noctua baja, F. — N. tricomma, Esp. — Graphiphora baja, Step. — Agrotis baja, Led.

Habite l'Europe centrale et septentrionale entre le 60e et le 44e degré, depuis les îles Britanniques jusqu'aux monts Altaï. Rare en Belgique : trouvé dans les mêmes localités que le précédent.

La chenille hiverne; on la retrouve au printemps sur le myrtille, la belladone, les primevères, les fraisiers, etc.; on peut également la nourrir avec de l'herbe ordinaire. La chrysalidation se fait sous terre. L'insecte parfait vole en juillet et en août, parfois déjà en juin.

Agrote C noir
sur le Stellaria holostea.

AGROTE C NOIR

AGROTIS C NIGRUM, Lin.

SETACEOUS HEBREW CHARACTER. — SPINATEULE

Lin. S. N. x, 516; F.S. 316. — Hubn. Noct. pl. 24, f. 111. — Esp. Schm. III, pl. 76, f. 3. — Borkh. Eur. Schm. iv, 492. — Treits. Schm. Eur. V, 1. p. 237. — God. V, pl. 61, f. I. — Frey. N. Beitr. pl. 608. — Boisd. Ind. 104, n° 777. — Step. Cat. B. L. 72. — Led. Noct. 29. et 81. — Ann. soc. ent. B. I, 81. — Spey. Geogr. verb. II, 102. — Staud. Cat. 82, n° 1114.

Phalæna C nigrum, L. — Noctua C nigrum, Hb. — N. gothica var. Esp. — N. nunatrum, Bkh. — Graphiphora C nigrum, Step. — Agrotis C nigrum, Led.

Cette noctuelle habite presque toute l'Europe, depuis le sud de la Laponie jusqu'en Espagne et en Sicile; on la rencontre également, suivant Speyer, dans l'Asie tempérée jusqu'à l'Inde et dans l'Amérique septentrionale. Elle est assez commune en Belgique. On trouve les jeunes chenilles en août et en septembre, mais ce n'est qu'après l'hivernation, c'est-à-dire en avril, qu'elles ont toute leur croissance. Elles se nourrissent principalement des stellaires (*Stellaria media* et *holostea*), de l'épilobe (*Epilobium palustre*), des lamiers (*Lamium*), des molènes (*Verbascum*), etc.

La chrysalidation se fait dans la terre, et l'insecte parfait prend son essor en mai.

Agrote sérieuse,
sur le Lamium galeobdolon.

AGROTE SÉRIEUSE

AGROTIS STIGMATICA, Hubn. (1)

THE SQUARE – SPOTTED CLAY. – RAUTENFLECKIGE EULE

Hubn. Noct. pl. 100, f. 470-71. — Esp. Schm. IV, pl. 140, Noct. pl. 70, f. 3. — Treits. Schm. Eur. V, 1, p. 231. — God. Lep. Fr. pl. 62. f. 5. — Frey. N. Beitr. pl. 309. — Guen. Sp. lep. I, 330. — Step. Cat. Br. lep. 71. — Ann. Soc. ent. B. I, 81. — Led. Noct. 30 et 81. — Spey. Geogr. Verb. II, 101. — Staud. Cat. 82. n° 1120.

Noctua rhomboidea, Esp. — N. stigmatica, Hb. — Graphiphora rhomboidea, Step. — ? G. tristigma, Step. — Agrotis rhomboidea, Led. — A. stigmatica, Staud.

L'agrote sérieuse est répandue dans l'Europe centrale entre le 56e et le 45e degré, depuis les iles Britanniques jusqu'à Moscou ; elle est rare en Belgique et en France.

La chenille vit, en avril et en mai, sur différentes plantes herbacées, telles que : primevères, plantains, lamiers (*Lamium*), pulmonaires (*Pulmonaria*), etc. Elle ressemble beaucoup à la chenille de l'*A. baja*, dont il est souvent difficile de la distinguer.

La chrysalidation se fait dans la terre. L'insecte parfait vole dans les grands bois, en juin et en juillet.

---

(1) Comme nous avons adopté la classification et les dénominations proposées par M. Staudinger, nous n'avons pas cru devoir dévier de cette voie pour l'espèce qui nous occupe en ce moment ; mais il est à remarquer, que c'est le nom donné par Esper (*rhomboidea*) qui doit avoir la priorité.

Agrote trimaculée
sur la Violette des Bois

AGROTE TRIMACULÉE.

AGROTIS XANTHOGRAPHA, Schiff.

THE SQUARE SPOT RUSTIC. — GELBGEZEICHNETE EULE.

Schiff. W. V. 83. — Fab. Mant. 170. — Hubn. Noct. pl. 29, f. 138. — H. Schäf. Syst. B. Schm. Eur. 95, 7, II, 209. — Haw. L. B. 161. — Treits. Schm. Eur. V, 2, p. 196 — Frey. N. Beitr. pl. 250 — Guen. Sp. gén. des Lép. I, 337 et 247. — Step. Cat. B. Lep. 61. — Led. Noct. 30 et 82. — Ann. Soc. ent. B., I, 79. — Spey. Geogr. verb. II, 97. — Staud. Cat. 83, nº 1122.

Noctua xanthographa, Schiff. — N. tetragona, Haw. — Segetia xanthographa, Step. — Mythimna zanthographa, Treits. — Agrotis xanthographa, Led. — *Ab.* : Cohæsa, H. S.

L'agrote trimaculée habite l'Europe centrale et méridionale; elle est surtout commune en Angleterre, en Belgique et en France, mais elle paraît manquer dans l'Europe orientale.

La chenille hiverne; on la retrouve au printemps, depuis le mois d'avril jusqu'en juin, sur un grand nombre de plantes herbacées, principalement sur les primevères *(Primula officinalis* et *elatior)*, les violettes *(Viola canina, odorata,* etc.*)* et sur certaines graminées.

La chrysalidation a lieu, au bout de neuf à douze semaines, à l'intérieur d'un tissu caché dans la terre. L'insecte parfait se montre vers la fin d'août jusqu'en octobre. Il est de coloration très-variable.

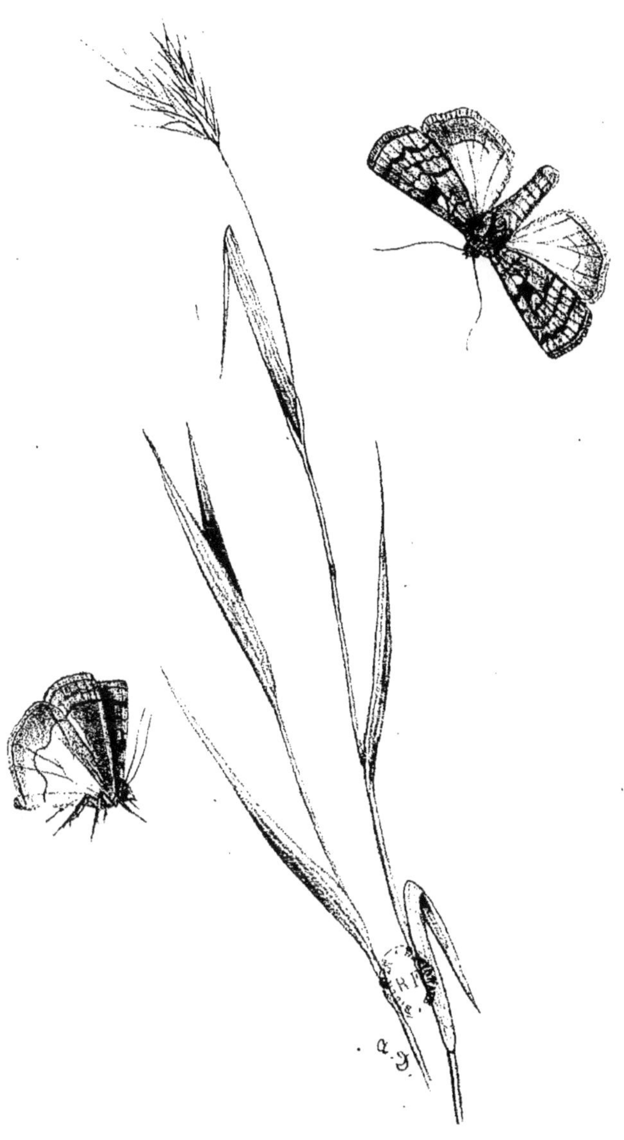

Agrote ombreuse.

AGROTE OMBREUSE

AGROTIS UMBROSA, Hubn.

THE SIX-STRIPED RUSTIC.

Hb. Noct f. 456-7. — ? Esp. Schm. pl. 143, f. 3. — Treits. Schm. Eur. V, 2, p. 123. — God. V, pl. 63, f. 3. — Led. Noct. pp. 30,82. — Ann. Soc. ent. B. I, p. 81. — Spey. Geogr. verb. II, p. 98. — Staud. Cat. p. 83, nº 1124.

Noctua umbrosa, Hb. — N. sex-strigata, Haw. — Lytæ umbrosa, Step. — Apamea umbrosa, Treits. — Agrotis umbrosa, Led. — *Var.* : ? Radicea, Esp.

L'agrote ombreuse est généralement rare, mais elle paraît être plus répandue en Angleterre que sur le continent; ici on la rencontre en Allemagne, en Hollande, en Belgique, dans le nord et le centre de la France et au Piémont. Dans notre pays elle a été trouvée, mais rarement, dans les environs de Bruxelles, sur les bords de la Meuse, etc.

La chenille hiverne; on la retrouve au printemps dans les endroits arides, mais elle se tient cachée pendant le jour. Elle se nourrit de graminées et autres plantes herbacées. Vers la fin de mai, cette chenille se construit une coque formée en grande partie de grains de sable, pour y opérer ses métamorphoses.

L'insecte parfait vole à la fin d'août et en septembre.

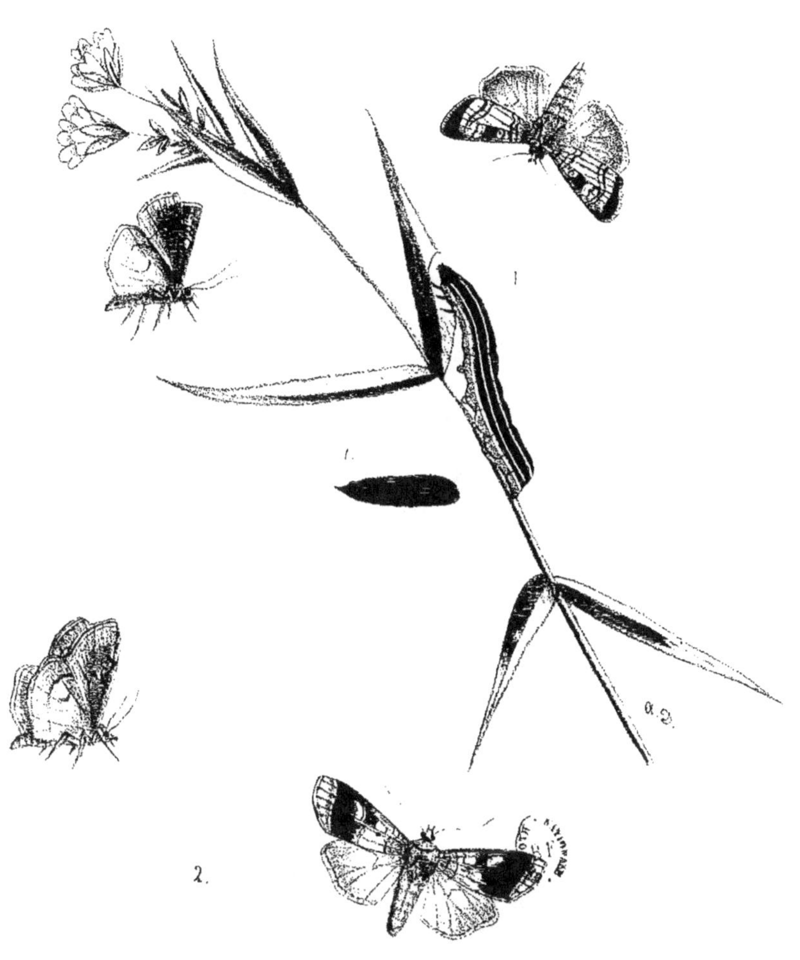

1. Agrote bella, 2. A. point noir

AGROTE BELLA

AGROTIS RUBI, View.

View. TAB. VERZ. 57 pl. 3, f. 5 —Bkh. EUR. SCHM. IV, p. 605.—Hb. NOCT. pl. 101, f. 477.— Treits. SCHM. EUR. V, 2, p. 121. — Frey. N. BEITR., pl. 100. — Step. CAT. p. 71. — ANN. SOC. ENT. B. I, 81. — Led. NOCT. 30, 82. — Staud. CAT. 83, n° 1125.

NOCTUA RUBI, View.—N. QUADRATUM, Hb.—N. BELLA, Bkh.— N. PUNICEA, Haw.—APAMEA BELLA, Tr. — GRAPHIPHORA BELLA, West. — G. PUNICEA et G. RUBI, Step. — AGROTIS RUBI, Led.

Habite l'Europe centrale entre le 57ᵉ et le 46ᵉ degré, depuis l'Angleterre jusqu'aux monts Oural ; rare en Belgique.

Chenille depuis la fin de mars jusqu'en mai sur les stellaires, le pissenlit, etc.; pendant le jour elle se tient à terre, roulée sur elle-même, et ne mange que durant la nuit. La chrysalide est enveloppée d'un tissu formé en grande partie de terre. Vole en juillet et en août.

AGROTE POINT NOIR

AGROTIS DAHLII, Hubn.

Hubn. NOCT. pl 99, f. 465-66.—Treits. SCHM. EUR. V, 1, p. 222.—God. V, pl. 62, f. 1, 2. — Hw. LEP. B. 227. — Step. CAT. 71. — Led. NOCT. 30, 82. — ANN. SOC. ENT. B. I, 82. — Staud. CAT., 83, n° 1127.

NOCTUA DAHLII, Hb. — N. ERYTHROCEPHALA, Hw.—GRAPHIPHORA DAHLII et G. CANDELISEQUA, Step. — AGROTIS DAHLII, Led.

Cette noctuelle est répandue entre le 56ᵉ et le 46ᵉ degré, depuis l'Angleterre jusqu'aux monts Altaï, mais elle n'a encore été observée ni en Scandinavie, ni en Hollande. Elle est très-rare en Belgique, où on la prend parfois dans la forêt de Soignes et dans les provinces de Liége et de Namur.

La chenille hiverne; on la retrouve au printemps sur les plantains et autres plantes basses. Les métamorphoses se font dans la terre et l'insecte parfait vole en juillet.

Agrote brune

sur la Primevère officinale

AGROTE BRUNE.

AGROTIS BRUNNEA, CUR.

THE PURPLE CLAY. — STOCKERBSENEULE.

Ochsenh., t. V, 1, p. 219. — Esp., t. IV, pl. CXLII. — Spey., GEOGR. VERB., t. II, p. 100. — Boisd., p. 105, nº 792. — NOCTUA BRUNNEA, Schiff. — N. BRUNNEA et N. LUCIFERA, Esp. — N. FRAGARIÆ, Borkh. — GRAPHIPHORA BRUNNEA, Step.

Les pays dans lesquels on rencontre ce lépidoptère sont les suivants : la Norwége, la Suède, la Russie (particulièrement dans le voisinage du Volga), la Hongrie, l'Allemagne, la Suisse, la Hollande, la Grande-Bretagne, la Belgique et la France.

Il vit dans les bois et même dans les parties boisées les plus élevées de la région sub-alpine. Il est plus ou moins abondant dans certaines localités, mais dans d'autres il est rare, ou ne s'y trouve même pas du tout.

On trouve les chenilles de cette espèce, d'abord au printemps, puis une seconde fois en automne ; ces dernières sont toujours de nouvelle génération. Elles se tiennent sur les primevères élevée et officinale (*Primula elatior* et *officinalis*), sur la benoîte commune (*Geum urbanum*), et sur les patiences à feuilles obtuses et maritime (*Rumex obtusifolius* et *maritimus*) ; mais durant le jour, on ne les aperçoit qu'à la naissance des racines de l'herbe ou sous les feuilles des plantes que nous venons de citer.

Lorsqu'elles sont parvenues au terme de leur croissance, elles pénètrent dans la terre pour opérer leur métamorphose ; les insectes parfaits, de la génération printanière, sortent de leur chrysalide au bout de quinze jours, et font alors leurs ébats depuis mai jusqu'en juillet.

Agrote de la Primevère
sur la primevère officinale.

AGROTE DE LA PRIMEVÈRE

AGROTIS FESTIVA, Schiff.

THE INGRAILED CLAY. — PERLFARBENE EULE

Schiff. SYST. VERZ. p. 314.—Hubn. NOCT., pl. 24, f. 114 ; pl. 99, f. 467-69. — Esp. SCHM. IV, pl. 136, f. 5, 6. — Fab. ENT. SYST. p. 93.—Treits., SCHM. EUR., V, 1, p. 224. — Haw. LEP. BRIT. p. 226-27. — Frey. BEITR. pl. 41. — God. LEP. DE FR. V, pl. 61, f. 5, 6.—Step. CAT. B. LEP. 71. — ANN. SOC. ENT. B. I, 82. — Led. NOCT. 38 et 82. — Spey. GEOGR. VERB. II, 99. — Staud. CAT. 83, nº 1130.

NOCTUA FESTIVA, Schiff. — N. PRIMULÆ, Esp. — N. MENDICA, Fab. — GRAPHIPHORA FESTIVA, Step. — AGROTIS FESTIVA, Led. — *Ab.* : NOCTUA SUBRUFA, Hw.

Ce lépidoptère habite l'Europe centrale entre le 57e et le 45e degré, depuis l'Angleterre jusqu'aux monts Altaï, mais il est plus commun dans le nord que dans le sud. Il est très-commun dans plusieurs localités de la Belgique; sa limite méridionale paraît être le centre de la France et le Piémont.

La chenille vit solitairement sur les primevères, le pissenlit, la laitue, etc., et se tient cachée, pendant le jour, sous des feuilles ou de la mousse. On la trouve en automne et, après son réveil, en avril et en mai. La chrysalidation a lieu dans la terre.

L'insecte parfait vole en juillet et en août et se montre de préférence dans les bois et les endroits humides.

Agrote gravier
sur le Genêt à balai.

AGROTE GRAVIER.

AGROTIS GLAREOSA, Esp.

THE AUTUMNAL RUSTIC. — HERBSTEULE.

Esp. Schm. pl. 128, f. 3. — Hubn. Noct. pl. 140, f. 642-43. — Treits. Schm. Eur. x, 2, p. 79. — Boids. Ind. 140, no 1125. — Frey. N. Beitr. pl. 201, f. 1, 2. — Dup. Lep. de Fr. VI, pl. 77, f. 6. — Step. B. Lep. 72. — Guen. Sp. gen. Lep. I, 324. — Led. Noct. 30 et 82. — Mill. Icon. I, p. 234, liv. 5, pl. 2, f. 4-8. — Ann. Soc. ent. B. I, 96; XIV, p. ii. — Spey. Geogr. verb. II, 103. — Staud. Cat. 83, no 1133.

Noctua glareosa, Esp. — N. hebraica, Hb. — Graphiphora I-geminum, Dup. — G. glareosa, Step. — Orthosia hebraica, Boisd. — Caradrina glareosa, Treits. — Agrotis glareosa, Led.

Cette noctuelle n'habite que l'Europe occidentale. On la rencontre en Grande-Bretagne, en Belgique, en Hollande, en Prusse, en Bavière, en Suisse, en France et dans le nord de l'Espagne.

La chenille vit, d'après M. Freyer, à la fin de mai et en juin sur l'épervière des murailles *(Hieracium murorum)*; on la trouve également sur les patiences *(Rumex)*, mais c'est le genêt *(Genista scoparia)* qu'elle paraît préférer.

Voici ce que M. Millière rapporte, d'après M. A. Constant, sur les mœurs de cette chenille : « Elle reste longtemps dans la terre avant de se chrysalider : un mois au moins. Elle n'a pas de coque; elle pratique seulement une cavité arrondie, où il n'entre pas le moindre fil de soie. Je n'ai jamais vu un insecte aussi régulier pour l'époque de son éclosion; les premières noctuelles paraissent toujours le 15 septembre : cette époque n'oscille jamais plus de deux jours, soit en deçà, soit au delà, et en très-peu de temps toutes sont écloses. Je ne dis cela, bien entendu, que pour les chenilles élevées en captivité. »

Cette espèce est très-rare en Belgique.

Les chenilles et la chrysalide de notre planche sont faites d'après les figures de l'*Iconographie* de M. Millière.

1. Agrote à taches angulaires. 2. A. pyrophile.

AGROTE A TACHES ANGULAIRES

AGROTIS MULTANGULA, Hubn.

Hubn. Noct., f. 116. — Treits. V, 1, p. 127. — Boisd. Icon. pl. 76, f. 1, 2. — Frey. N. B. pl. 339. — Ann. Soc. ent. B. I, p. 175. — Staud. Cat. p. 83, n° 1137.

Noctua multangula, Hb. — Agrotis multangula, Treits. — Chersotis multangula, Boisd. — *Var.* : Rectangula, Boisd.

Cette rare noctuelle habite l'Allemagne centrale et méridionale, les Alpes, l'Autriche, la Hongrie et l'Altaï; on la rencontre également dans certains départements montagneux de la France et au Piémont. Plusieurs exemplaires ont été pris en Belgique, près de Huy, par M. de Francquen.

On trouve la chenille, en avril et mai, dans les régions montagneuses; elle vit principalement sur les plantes du genre *Galium*. Les métamorphoses ont lieu dans la terre et la noctuelle vole en juin.

AGROTE PYROPHILE

AGROTIS SIMULANS, Hufn.

Hufn. Berl. Mag. III, p. 396. — Rott. Naturf. IX, 131. — Sch. W. V. p. 71. — Esp. pl. 143, f. 1, 2. — Hubn. f. 43. — Treits. V, 1, p. 102. — Led. Noct pp. 30,83. — Ann. Soc. ent. B. I, p. 83 — Staud. Cat. p. 84, n° 1157.

Phalæna simulans, Hufn. — Noctua pyrophila, Sch. — N. simulans, F. — N. radicea, Esp. — Agrotis pyrophila, Treits. — Spælotis pyrophila, Boisd. — Agrotis simulans, Led.

Habite, entre le 62e et le 45e degré, presque toute l'Europe depuis l'Angleterre jusqu'à l'Altaï ; le Piémont forme sa limite méridionale. Cette espèce est très-rare en Belgique, où elle a été prise près de Bruxelles et de Laroche.

La chenille hiverne; on la retrouve en avril sur des graminées, mais elle se tient cachée pendant le jour. Les métamorphoses se font dans la terre et la noctuelle vole en juin et en juillet.

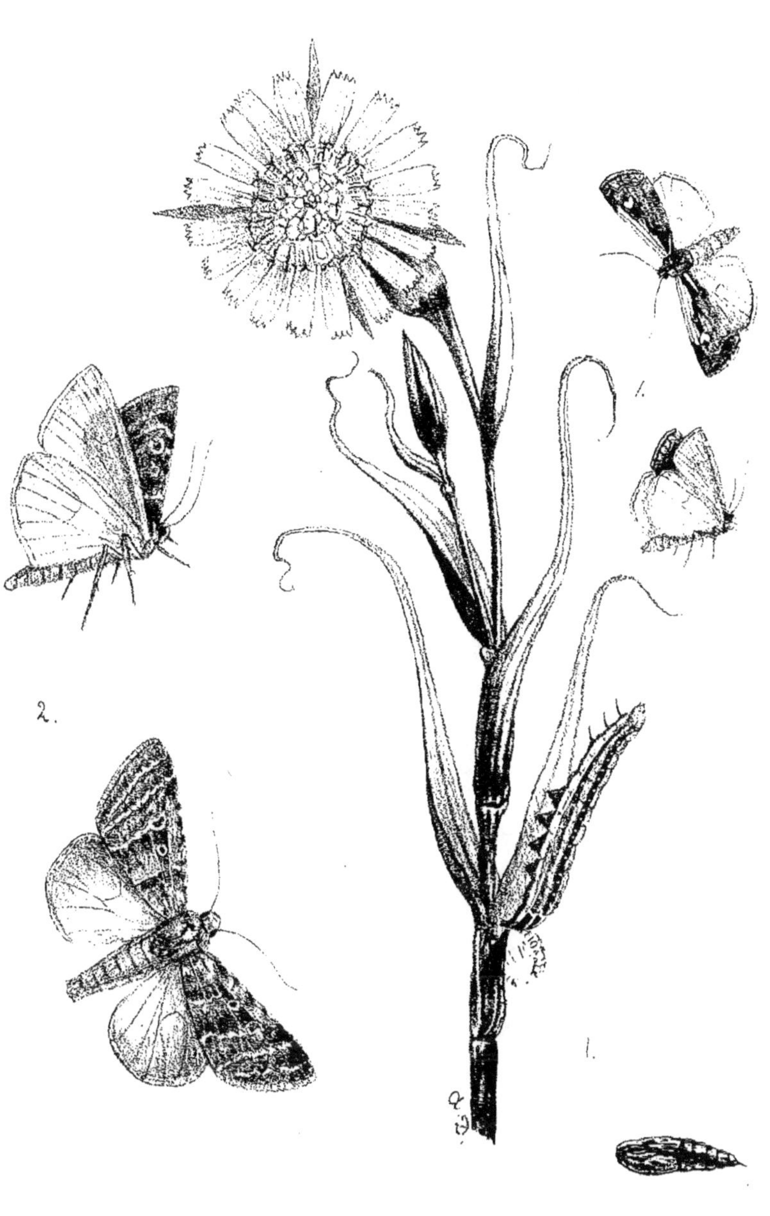

1. Agrote cordon blanc, 2. A. lucipète
sur le Salsifis des près.

AGROTE CORDON BLANC

AGROTIS PLECTA, Lin.

Lin. F. S. p. 321. — Esp. Schm. pl. 143, f. 4-5. — Hubn. f. 117. — Treits. V, 1, p. 248. — God. V, pl. 60, f. 3. — Frey. N. Beitr. pl. 678, f. 1. — Ann. Soc. ent. B. I, 81. — Staud. Cat. p. 84, n° 1148.

Phalæna plecta, L. — Noctua plecta, Hb. — Graphiphora plecta, Step. — Chersotis plecta, Boisd. — Agrotis plecta, Led.

Cette espèce habite toute l'Europe entre le 60° et le 42° degré, depuis l'Angleterre jusqu'à l'Oural; elle est assez commune en Belgique.

On trouve la chenille à l'arrière saison sur différentes plantes potagères, et principalement sur l'endive, l'arroche, la chicorée, le céleri, la laitue, la caille-lait *(Galium verum)*, etc. Elle hiverne et se chrysalide en avril. La noctuelle vole depuis le mois de mai jusqu'en août.

AGROTE LUCIPÈTE

AGROTIS LUCIPETA, Schiff.

Schiff. W. V. 71 — Esp. pl. 120 f. 3. — Hub. f. 41. — Treit. V, 1, p. 200. — God. V. pl. 70, f. 5. — Ann. Soc. ent. B. I, p. 83. — Staud. Cat. p. 85, n° 1164.

Noctua lucipeta, Sch. — Agrotis lucipeta, Treits. — Spælotis lucipeta, Boisd.

On trouve cette espèce dans l'Allemagne centrale et méridionale, en Hongrie, en Turquie, en Suisse, au Piémont, en France et très-rarement en Belgique, où elle a été prise près de Namur et de Huy.

La chenille vit en avril et mai sur le *Tussilago farfara*, mais elle se cache dans la terre pendant le jour. La noctuelle vole dans les endroits rocailleux depuis la mi-juin jusqu'au commencement de juillet.

1. Agrote putride, 2. A. pointillée

sur le Liseron des champs

AGROTE PUTRIDE

AGROTIS PUTRIS, Lin.

Lin. F. S., p. 315.—Esp. SCHM. pl. 138, f. 4, 5. — Treits. SCHM. EUR. V. 3, p. 29. — Hubn. BOMB. pl. 50, f. 245. — Frey. N. BEITR. pl. 557. — ANN. SOC. ENT. B. I, p. 84. — Spey. GEOGR. VERB. II, p. 112. — STAUD. CAT. p. 85, n° 1167.

NOCTUA PUTRIS, L. — N. LIGNOSA, Hb.—XYLINA PUTRIS, Treits. — AGROTIS PUTRIS, Boisd.

Généralement répandue entre le 60e et le 44e degré, depuis l'Angleterre jusqu'à l'Oural; elle est commune en Belgique.

La chenille vit, en été, sur les liserons, le pissenlit et les plantains; elle se métamorphose, en automne, à l'intérieur d'un cocon très-fragile formé de terre. L'insecte parfait vole en mai et en juin.

AGROTE POINTILLÉE

AGROTIS CINEREA, Hub.

Hubn. NOCT., pl. 33, f. 155-57. — Treits. SCHM. EUR. V, 1, p. 178. — God. VI, pl. 71, f. 56; Dup. LEP. DE FR. III, pl. 17, f. 1. — ANN. SOC. ENT. B. I, p. 84.—Spey. GEOGR. VERB. II. p.114. — Staud. CAT. p. 86, n° 1189.

NOCTUA CINEREA, Hb. — AGROTIS CINEREA, Treits.

Habite l'Europe centrale entre le 63e et le 43e degré, depuis le sud de l'Angleterre jusqu'à l'Oural et l'Arménie; elle est généralement rare et très-rare en Belgique, où elle a été observée près de Louvain, dans le Luxembourg, etc.

La chenille vit, pendant l'été et l'automne, sur différents rumex; elle hiverne et opère en avril ses métamorphoses dans la terre. Vole en juin.

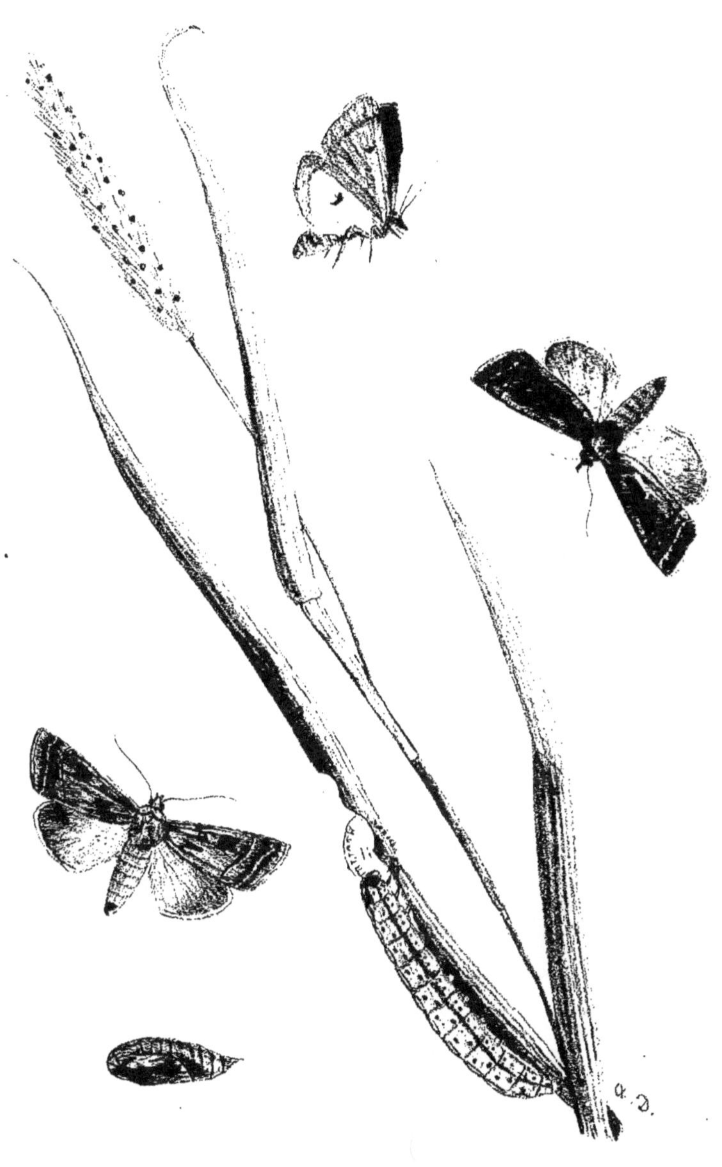

Agrote double tache,
sur la Fléole des Prés.

AGROTE DOUBLE TACHE.

AGROTIS EXCLAMATIONIS, LIN.

THE HEART AND DART. — KREUZWURZEULE.

Lin. S. N. x, 515. — Clerck, ICON. INS. I, f. 4. — Hufn. BERL. MAG. III (1769) 298. — Esp. SCHM. pl. 64. f. 1-2. — Hubn. NOCT. pl. 31, f. 149. — Treits. SCHM. EUR. V, 1, p. 160. — God. LEP. DE FR. VI. pl. 67, f. 3, 4. — Guenée, SP. LEP. I, 180. — Step. CAT. BRIT. LEP. 67. — ANN. DE LA SOC. ENT. B. I, 83. — Spey. GEOGR. VERB. II, 120. — Staud. CAT. 86, n° 1191.

PHALÆNA EXCLAMATIONIS. L. — PH. CLAVUS, Hufn. — NOCTUA EXCLAMATIONIS, Esp. — N. PICEA, Haw. — AGROTIS EXCLAMATIONIS, Step. — *Aber.* : A. PLAGA, Step.

Cette espèce est généralement commune dans toute l'Europe, depuis la Laponie jusqu'en Sicile et en Espagne; elle habite également tout le nord de l'Asie jusqu'au Japon, ainsi que l'Amérique septentrionale.

La chenille vit en août et en septembre sur des graminées; elle se tient généralement cachée pendant le jour sous des pierres ou autres abris. En automne elle se construit, sous terre, une coque assez solide dans laquelle elle hiverne; la chrysalidation n'a lieu qu'en avril. L'insecte parfait vole en juin et en juillet.

Agrote coureuse
sur l'Euphorbia esula.

AGROTE COUREUSE

AGROTIS CURSORIA, Hufn.

THE COAST DART. — DER ROTHBART.

Hufn. BERL. MAG. III, 416. — Hubn. NOCT., pl. 116, f. 540. — Fab. ENT. SYST. p. 36. — Treits., SCHM. EUR. V, 1, p. 176; X, 2, p. 25. — Frey. N. BEITR. pl. 99. — Boisd. IND. pl. 79, f. 3. — ANN. SOC. ENT. B. I, p. 84. — Spey. GEOGR. VERB. II, 116. — Staud. CAT. p. 86, nº 1200.

NOCTUA CURSORIA, Hufn. — N. MIXTA, Fab. — N. CONCOLOR et N. CONCOLORINA, Haw. — N. VENOSA, Step.—AGROTIS CURSORIA, Treits. — *Ab.* : OBSCURA, Stg.

Cette espèce est répandue depuis les côtes occidentales de l'Angleterre et de la France jusqu'au centre de la Russie, et depuis le 57e degré (Livonie) jusqu'au 46e. Elle est rare en Belgique, où on la rencontre parfois dans les dunes et en Campine. L'aberration *Obscura* habite la Poméranie.

La chenille vit, en mai, dans les endroits arides et sablonneux sur l'euphorbe *(Euphorbia esula)*, le bouillon blanc (*Verbascum thapsus)*, l'armoise *(Artemisia campestris)*, et l'on peut même la nourrir de laitue *(Lactuca sativa)*. Pendant le jour, elle se cache sous terre à environ cinq centimètres de profondeur, où elle se tient roulée sur elle-même ; elle ne se nourrit que pendant la nuit. Les métamorphoses se font également sous terre.

L'insecte parfait vole à partir du milieu de juillet jusqu'en septembre.

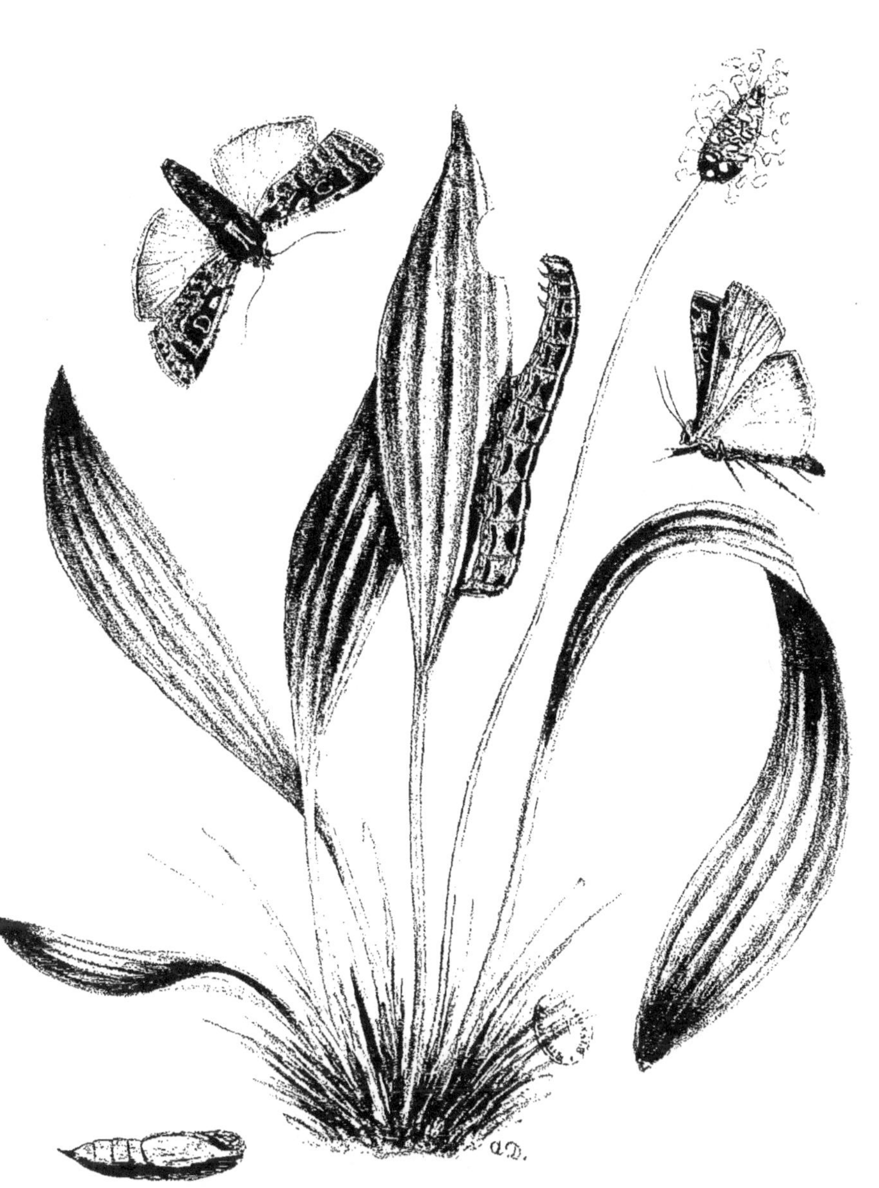

Agrote rubiconde
sur le Plantain lancéolé.

AGROTE RUBICONDE

AGROTIS SAUCIA, Hb.

THE PEARLY UNDERWING.

Hubn. NOCT. pl. 81, f. 378, pl. 122. f. 564. — Borkh. EUR. SCHM. IV, 520 — Haw. LEP. BRIT. 218. — Treits. SCHM. EUR. V. I. pp. 149,150. — God. LEP. FR. V, pl. 69 f. 4. — Frey. N. BEITR. pl. 525 et 112. — ANN. SOC. ENT. B. I, 83. — Spey. GEOGR. VERB. II, 115. — Staud. CAT. 88, n° 1226.

NOCTUA SAUCIA et N. ÆQUA, Hb. — ? N. POLYGONA, Bkh. — N. MAJUSCULA, Haw. — AGROTIS SAUCIA et A. ÆQUA, Tr — *Ab.* : NOCTUA MARGARITOSA, Haw.

Cette espèce habite l'Europe centrale, occidentale et méridionale ; on la rencontre au nord jusqu'à St-Pétersbourg et la partie septentrionale de l'Angleterre ; on l'observe également en Algérie, au Maroc, aux îles Canaries, en Asie Mineure, en Arménie et, suivant MM. Speyer, en Colombie et au Brésil ; il n'est cependant pas encore bien prouvé que les individus de l'Amérique appartiennent réellement à l'espèce qui nous occupe en ce moment.

La chenille vit, depuis le mois d'août jusqu'en octobre, sur les plantains *(Plantago major* et *lanceolata)*, les patiences *(Rumex acutus* et autres). La métamorphose a lieu en automne dans la terre. La noctuelle vole en mai et en juin. Elle est très-rare en Belgique où elle paraît n'avoir été prise que dans la province de Liége.

1. Agrote puta, 2. A. obélisque.

AGROTE PUTA

AGROTIS PUTA, Hubn.

Hb. Noct. f. 255 et 715-16. — Treits. V, 3, p. 31,32. — God. V, pl. 67, f. 5-7. — Boisd. Ic. 81, 5, 6. — Step. B. L. p. 68. — Mill. Icon. pl. 112, f. 3, 4. — Ann. Soc. ent. B. I, p. 84. Led. Noct. p. 30. — Spey. Geogr. Verb. II, p. 120. — Staud. Cat. p. 86, n° 1190.

Noctua puta, Hb. — Xylina puta et erythroxylea, Tr. — Bombyx radius, Haw. — Agrotis radia, Step. — A. puta, Led. — *Ab.* : Lignosa, God.

Cette espèce habite l'Europe méridionale; elle est rare dans le sud de l'Angleterre et de l'Allemagne ainsi qu'en Belgique, mais on la prend parfois dans la province de Liége. On la trouve également au nord du Maroc, en Algérie, en Asie mineure et en Syrie.

La chenille, longtemps inconnue, a été trouvée par M. Millière dans les environs de Cannes, à la fin de février; cette chenille était dans toute sa taille et à moitié enfouie dans le sable; elle fut nourrie de graminées, mais elle se chrysalida au bout de quelques jours à l'intérieur d'une coque molle. L'insecte parfait vole en août et en septembre.

Notre chenille est la reproduction de celle figurée par M. Millière.

AGROTE OBÉLISQUE

AGROTIS OBELISCA, Hubn.

Hub. Noct. f. 123,416. — Treits. V. 1, p. 143-46. — God. V, pl. 64, f. 3. — Spey. Geogr. verb. II, p. 119 — Staud. Cat. p. 87, n° 1220. — Ann. Soc. ent. B. XIV, p. 11.

Noctua obelisca, Hb. — Agrotis obelisca, Tr. — *Ab.* : Ruris, Hb.

L'agrote obélisque habite la Livonie, le sud de la Suède et l'Europe centrale, méridionale et orientale. Elle a été prise pour la première fois en Belgique, près de Rochefort, par M. A. Dufour, en septembre 1870.

On trouve la chenille en automne et au printemps sur le pissenlit et les gaillets, mais elle se tient cachée pendant le jour. Les métamorphoses ont lieu à la fin de mai. L'insecte vole en juillet et août et parfois jusqu'en septembre.

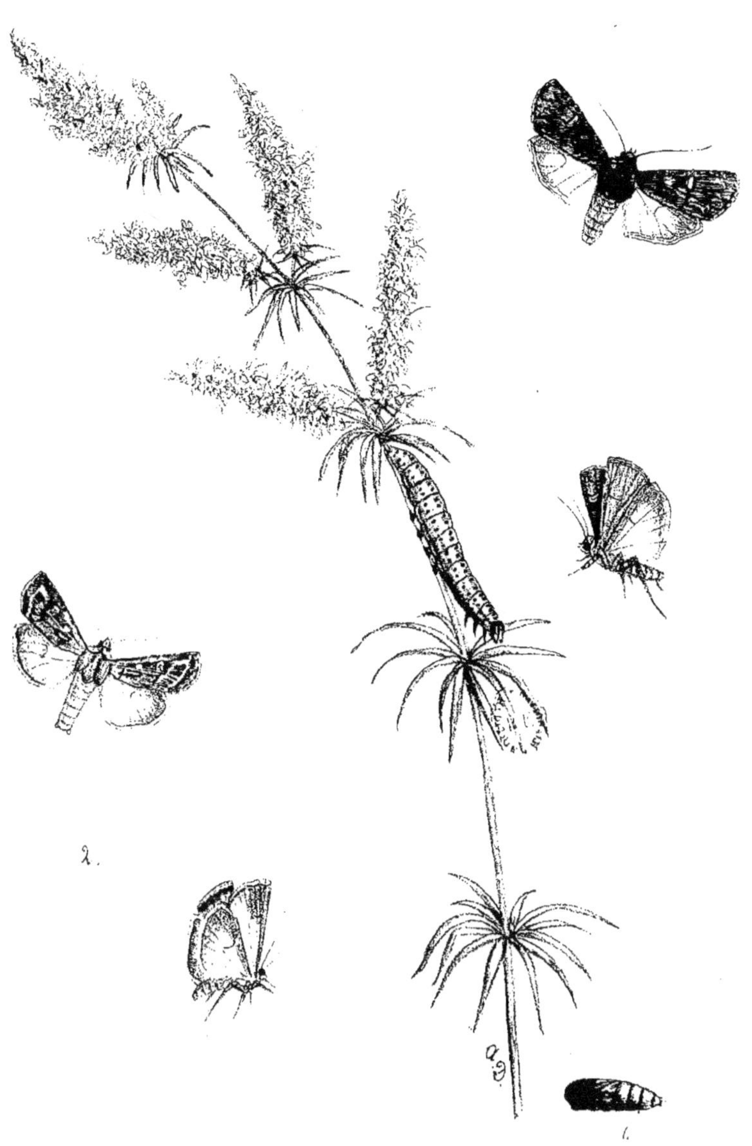

1. Agrote noirâtre, 2. A. du Froment

sur le Galium verum

AGROTE NOIRATRE

AGROTIS NIGRICANS, Lin.

Lin. F. S 322.—Esp. IV, p. 175, pl. 130, f. 8. — Hb. f. 153 et 701-2. — Treits. V, 1, p. 140. God. V, pl. 70, f. 3,4; pl. 71, f. 3. — Ev. Bull. M. 1842, III, 545. — Ann. Soc. ent. B. I, 84. — Spey. Geogr. Verb. II, p. 117. — Staud. Cat. p. 87, n° 1208.

Phalæna nigricans, L. — Noctua fumosa et N. carbonea, Hb. — N. rustica, HS. — N. nigricans, F. — N. ursina, God. — Agrotis fumosa, Tr. — A. nigricans, Step. — *Ab.:* Rubricans, Esp.

Habite, entre le 62e et le 38e degré, toute l'Europe depuis l'Angleterre jusqu'à l'Altaï et l'Asie mineure. Elle est rare en Belgique où on la rencontre en Campine.

La chenille hiverne; on la trouve en été et, après son réveil, en avril et mai sur les *Galium, Taraxacum* et autres plantes basses. Pendant le jour elle se tient cachée dans la terre et elle s'y métamorphose en juin. L'insecte parfait vole en juillet et août.

AGROTE DU FROMENT

AGROTIS TRITICI, Lin.

Lin. F. S. p. 320. — Esp. pl. 143, f. 6. — Hb. f. 135, 479, 535 et 623 — Treits. V, 1 pp. 134 et 137. — God. V, pl. 65, f. 4,5. — Boisd. Ic. 77, f. 2, 3. — Ann. Soc. ent. B. I, p. 84. — Spey. Geogr. verb. II, p. 118. —Staud. Cat., p. 87, n° 1213.

Phalæna tritici. L. — Agrotis tritici, Tr. — *Var.:* Eruta, Hb. = Siliginis, Gn.—Aquilina, Hb. = Fictilis et Praticola, Hb. = Vitta et nigrofusca, Esp. = Domestica, F.

Répandue en Europe depuis l'Angleterre jusqu'à l'Altaï, et depuis la Scandinavie (60°) jusqu'en Espagne. Le type et la var. *Aquilina* sont rares en Belgique : on trouve parfois l'un et l'autre en Campine et dans la Hesbaye.

La chenille hiverne et on la retrouve au printemps sur des graminés, des *Galium* et autres plantes herbacées. Elle se cache dans la terre pendant le jour et s'y métamorphose à la fin de mai. L'insecte vole en juillet.

Agrote écorce

sur le Brome de Schrader.

AGROTE ÉCORCE

AGROTIS CORTICEA, Schiff.

THE HEART AND CLUB. — RINDENFARBENE EULE.

Schiff. Syst. verz. p. 81. — Hubn. Noct. pl. 31, f. 145. — Rott. Naturf. VIII, p. 109. — Treits. Schm. Eur. V, 1, p. 158. — God. Hist. n. lep. V, pl. 88, f. 3,4. — Frey. N. Beitr. pl. 544, f. 2; 627; 628. — Ann. Soc. ent. B. I. p. 84. — Spey. Geogr. Verb. I, p. 121. — Staud. Cat. p 88. n° 1232.

Noctua corticea, Schiff. — N. clavis, Rott. — N. sinceri, Fr. — N. corticea v. obscura, Fr. — ? N. sordida, Hb. — ? N. corticoides, Morav. — Agrotis corticea, Treits. — Bombyx clavigerus et subfuscus, Haw.

L'agrote écorce habite presque toute l'Europe : on la rencontre, entre le 62° et le 45°, depuis l'Angleterre jusqu'à l'Altaï, mais elle est généralement peu abondante ; dans les montagnes on l'observe jusqu'à la limite des arbres. Elle est rare en Belgique.

On trouve la chenille en juillet, mais elle se tient cachée sous des pierres et ne sort de sa cachette que pendant la nuit. Elle se nourrit de racines de graminées et probablement aussi d'euphorbes et du pissenlit. Cette chenille hiverne dans un cocon et n'atteint tout son développement qu'au printemps.

L'insecte parfait vole en juin.

Ce lépidoptère est assez variable dans sa coloration.

Agrote valligère,

sur le Paturin annuel.

AGROTE VALLIGÈRE

AGROTIS VESTIGIALIS, Hufn.

THE ARCHER 'S DART. — HORNFARBIGE EULE

Hufn. N. Cat.—Rott, Naturf. VIII, 107 - Esp. Schm. III, pl. 63, f. 5 et pl. 75, f. 6. - Hubn. Noct. pl. 32, f. 150 et pl. 101, f. 478 — Goze. Ent. Beitr. III, 3 pl. 45 — Vill. Ent. Lin., II, 174. - Treits. Schm. Eur. V, 1, p. 163. — God. Lep. Fr. V. pl. 65, f. 2. 3. — Frey. N. Beitr. pl. 81. — Led. Noct. 31 et 85 — Ann. soc. ent. B. I, 85. — Spey. Geogr. verb. II, 122. — Staud. Cat. 89, n° 1241.

Phalæna vestigialis, Hufn. — Noctua valligera Hubn. — N. clavifera, Vill. — N. hibernica, Haw. — Bombyx clavis et B. trigonalis, Esp. — B. valligera, Goz. — B. sagittiferus, Haw. — Agrotis valligera, Treit. — A. vestigialis, Led.

L'agrote valligère habite l'Europe centrale et méridionale, depuis la Corse jusqu'au sud de la Suède, et depuis les îles Britanniques jusqu'au Volga. D'après M. Koch, on le trouverait également dans l'Amérique du nord. En Belgique il est assez commun dans les dunes et en Campine.

La chenille hiverne ; on la retrouve dans toute sa croissance à la fin d'avril et en mai, sous des graminées et même près des racines de gazon ; pendant le jour elle se cache souvent sous des pierres, où elle se tient roulée sur elle-même. La chrysalidation a lieu dans la terre à l'intérieur d'un léger tissu. L'insecte parfait vole en août et en septembre.

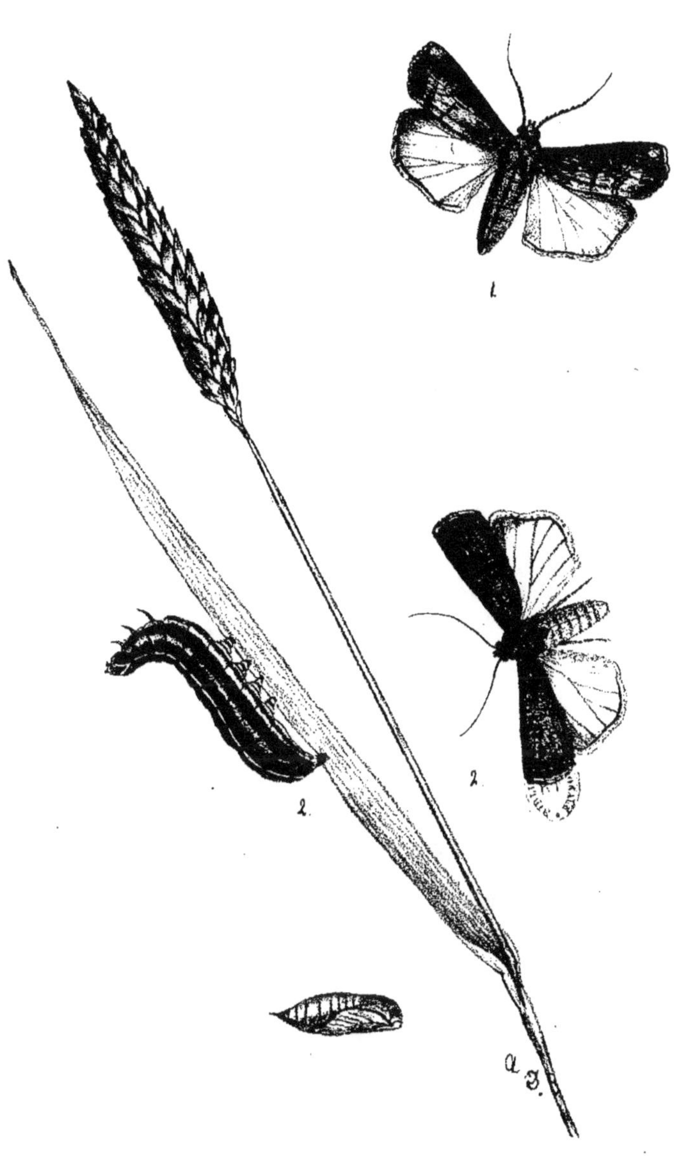

1. Agrote épineuse, 2. A. moissonneuse.

AGROTE ÉPINEUSE

AGROTIS SUFFUSA, Sch.

Sch. SYST. VERZ. p. 80. — Rott. NATURF. XI. p. 141. — Esp. pl. 63, f. 6, 7. — Hb. f. 134. — Treits. V, 1 p. 152. — God. pl. 69, f. 1, 2. — ANN. SOC. ENT. B. I, p. 83. — Spey. GEOGR. VERB. II, p. 121. — Staud. CAT. p. 88, nº 1229.

NOCTUA SUFFUSA. Sch. — PHALÆNA YPSILON, Rott. — BOMBYX STIGMATICUS, Haw. — AGROTIS SUFFUSA, Treits. — A. YPSILON, Stgr.

Cette espèce est, selon Speyer, la noctuelle la plus répandue : on la trouverait, à partir du 60°, depuis les côtes occidentales de l'Europe jusqu'aux côtes orientales de l'Asie, en Australie, dans le nord de l'Afrique et dans les deux Amérique. Elle est rare dans certaines localités de l'Europe et assez rare en Belgique.

On trouve la chenille en mai et en juin aux racines de diverses graminées. Elle se métamorphose dans la terre et l'insecte parfait vole en avril et mai ; il se montre une seconde fois à la fin de juillet jusqu'en septembre.

AGROTE MOISSONNEUSE

AGROTIS SEGETUM, Sch.

Sch. SYST. VERZ. p. 81 — Hb. f. 146.147. — Esp. III, pl. 64, f. 4. — Rott. NATURF. VIII, p. 109. — Treits. V, 1, p. 155. — Zell. Is. 1847, p. 439. — ANN SOC. ENT. B. I, p. 83. — Spey. GEOGR. VERB. II, p. 121. — Staud. CAT. p. 88, nº 1230.

NOCTUA SEGETUM, Sch. — N. SEGETIS, F. — N. FERVIDA, Hb. — N. CLAVIS, Rott. — N. DIMIDIA. Z. — BOMBYX CALIGINOSA et FUSCOSA, Esp. — AGROTIS SEGETUM, Treits.

Cette agrote est commune partout et sa chenille est souvent nuisible. On la trouve dans toute l'Europe, à partir du 64°, dans une grande partie de l'Asie jusqu'à Ceylan où elle ravage les cafiers, dans le sud de l'Afrique et dans l'Amérique du Nord.

La chenille vit, en été et en automne, au dépens des racines de céréales et d'autres plantes herbacées. Elle hiverne dans la terre ou sous des pierres et se chrysalide en avril ou en mai. La noctuelle vole depuis mai jusqu'en juillet.

Agrote précoce
sur l'armoise

AGROTE PRÉCOCE

AGROTIS PRÆCOX, Lin.

BRAUNGERANDERTE EULE.

Lin. S. N. x, 517, xII. 854. — Esp. Schm. IV, pl. 168, f. 4-7. — Schiff. W. V. 82. — Hubn. Noct. pl. 15, f. 70. — Treits. Schm. Eur. V, 2. p. 69. — Boids. Ind. 107, nº 803. — Guen. Spec. gen. lép. I, 296. — Frey. N. Beitr. pl. 614. — Dup. Lep. de Fr. II, pl. 73. f. 2. — Ann. soc. ent. B. I, 82. — Led. Noct. 85. — Spey. Geogr. verb. II, 123. — Staud. Cat. 89. nº 1244.

Phalæna præcox, L. — Noctua præcox, Esp. — N. præceps, Schiff. — Trachea præcox. Treits. — Spælotis præcox, Boisd. — Agrotis præcox, Led.

Cette noctuelle habite toute l'Europe centrale et la Sibérie occidentale. On la rencontre en Livonie, dans la Russie centrale, en Allemagne, en Autriche, dans le nord de la France, en Belgique, en Hollande et aux Iles Britanniques. Elle est rare dans notre pays, où on la trouve parfois en Campine et près de la mer.

La chenille naît en automne, et hiverne après avoir atteint presque toute sa taille; on la retrouve en avril et en mai sur l'armoise, *(Artemisia vulgaris)*, la vipérine *(Echium vulgare)*, la buglosse *(Anchusa officinalis)* et surtout sur l'euphorbe *(Euphorbia cyparissias)*. Pendant le jour elle se tient cachée à terre, sous des feuilles. La chrysalidation a lieu au commencement de juin; la chrysalide repose dans la terre sans la moindre enveloppe.

La noctuelle apparaît en juillet.

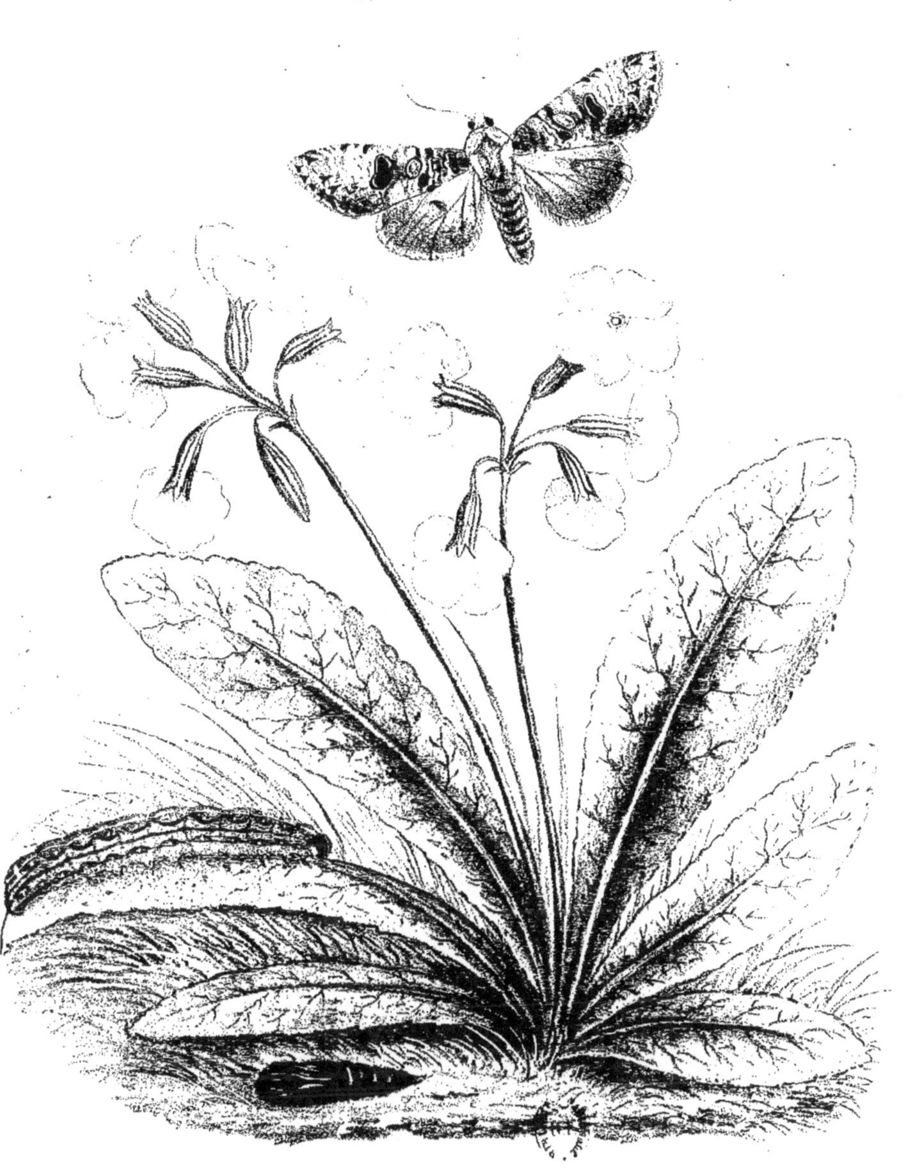

Aplecte du raifort,

sur la Primevère élevée.

APLECTE DU RAIFORT.

APLECTA HERBIDA, GUEN.

THE GREEN ARCHES. — MEERETTIG-EULE.

Treits., t. V, 2, p. 56. — Esp., t. IV, pl. CXIX. — Spey., GEOGR. VERB., t. II, p. 128. — Boisd., p. 123, n° 979. — Frey., BEIT., t. I, n° 53, p. 131. — Lederer, NOCT., p. 86. — PHALÆNA JASPIDÆA, Bork. — NOCTUA HERBIDA, Schiff. — N. EGREGIA et N. JASPIDEA, Esp. — N. PRASINA, Fab. — N. LIGUSTRINA, N. MIXTINA et N. MIXTA, Haw. — EUROIS HERBIDA, Hüb. — POLIA HERBIDA, Step.

Ce lépidoptère habite la Livonie, la Norwége, la Suède, la Russie, l'Allemagne, la Hollande, la Belgique, la France, l'Italie et la Grande-Bretagne ; il se trouve également dans l'Amérique du Nord.

Les œufs éclosent en juillet ou vers le commencement du mois d'août ; les chenilles se tiennent sur la primevère élevée (*Primula elatior*), la primevère officinale (*P. officinalis*), le raifort sauvage (*Cochlearia armoracia*), le cranson officinal (*C. officinalis*), l'airelle myrtille (*Vaccinium myrtillus*), l'airelle des fanges (*V. uliginosum*), et sur d'autres plantes herbacées. Ces chenilles, ordinairement vertes avant leur changement d'épiderme, varient beaucoup de couleur, elles sont tantôt plus claires, tantôt plus foncées. Leur terme de croissance n'arrive qu'en mai de l'année suivante ; à cette époque, elles sont assez faciles à trouver dans les bois riches en primevères, sur lesquelles elles se tiennent habituellement cachées dans une feuille un peu roulée. Leur présence se manifeste par le dégât qu'elles causent aux plantes qui portent des traces très-visibles de leur voracité. La métamorphose de ces chenilles s'opère dans un léger tissu entremêlé d'un peu de terre. Le papillon quitte sa chrysalide au bout de trois à quatre semaines ; ce dernier varie beaucoup de couleur et de dessins.

Agrote occulte
sur le Séneçon vulgaire.

AGROTE OCCULTE

AGROTIS OCCULTA.

THE GREAT BROCADE. — VERDECKTE EULE

Lin. S. N. x, 514. — Clerck, ICON. INS. I, 6. — Hubn. NOCT. pl. 17, f. 79. — ? Esp. SCHM. pl. 131, f. 5. — Treits. SCHM. EUR. v. 2, p. 52. — Dup. LEP. DE FR. III. pl. 49, f. 4 et VI, pl. 97, f. 2. — Frey. BEITR. pl. 10. — Guen. SP. LEP. II, 76, pl. 7, f. 6. — Lef. ANN. SOC. ENT. DE FR. (1835), p. 394, pl. 10, f. 4. — Staud. STETT. ENT. ZEIT. (1857) p. 304. — Zett. INS. LAP. 940. — Step. Cat. 101. — ANN. SOC. ENT. B. I, 90. — Spey. GEOGR. VERB. II, 128. — Led. NOCT. pp. 31, 86. — Staud. CAT. 89, n° 1246.

PHALÆNA OCCULTA, L. — NOCTUA OCCULTA, Hb. — ? N. TRIMACULOSA, Esp. — POLIA OCCULTA, Tr. — APLECTA OCCULTA, G. — EUROIS OCCULTA, Step. — AGROTIS OCCULTA, Led. — *Var.* : IMPLICATA, Lef. = EXTRICATA, Zett.

Cette noctuelle habite l'Europe centrale, le midi de la Russie, le Piémont, la Toscane et les îles Britanniques; on la rencontre également dans le nord de l'Asie, dans l'Altaï et les provinces de l'Amour. La var. *Implicata* a pour patrie la Laponie, le Groenland et le Labrador.

La ponte a lieu en juillet et les œufs éclosent au bout d'une dizaine de jours. Les chenilles vivent sur le pissenlit, la laitue, le plantain et autres plantes herbacées. Il arrive quelquefois que les plus précoces se métamorphosent à la fin d'août et donnent encore l'insecte parfait en septembre. Mais la plupart des chenilles hivernent, continuent à croître au printemps et ne se métamorphosent que vers la fin de mai. La chrysalide repose librement dans la terre sans la moindre enveloppe.

L'insecte parfait vole en juillet, parfois déjà à la fin de juin. Il est très-rare en Belgique où il a été pris dans les provinces de Luxembourg et de Liége.

www.ingramcontent.com/pod-product-compliance
Lightning Source LLC
LaVergne TN
LVHW010829120826
845149LV00016B/12

* 9 7 8 2 0 1 1 3 0 9 7 9 2 *